Axure RP9

原型设计实战案例教材

邓钊 编著

人民邮电出版社

北 京

图书在版编目（ＣＩＰ）数据

Axure RP9原型设计实战案例教材 / 邓钊编著. --
北京 ：人民邮电出版社，2022.6（2024.3 重印）
　ISBN 978-7-115-58621-6

　Ⅰ. ①A… Ⅱ. ①邓… Ⅲ. ①网页制作工具—程序设
计—教材 Ⅳ. ①TP393.092.2

中国版本图书馆CIP数据核字（2022）第026857号

◆ 编　著　邓　钊
　责任编辑　赵　轩
　责任印制　陈　犇

◆ 人民邮电出版社出版发行　　北京市丰台区成寿寺路 11 号
　邮编　100164　电子邮件　315@ptpress.com.cn
　网址　https://www.ptpress.com.cn
　北京七彩京通数码快印有限公司印刷

◆ 开本：787×1092　1/16
　印张：25　　　　　　　　2022 年 6 月第 1 版
　字数：560 千字　　　　　2024 年 3 月北京第 11 次印刷

定价：79.90 元

读者服务热线：**(010)81055410**　印装质量热线：**(010)81055316**
反盗版热线：**(010)81055315**
广告经营许可证：京东市监广登字 20170147 号

前 言

软件介绍

Axure 是一款专业的原型设计工具。经过多年的发展，虽然 Axure 面临各种软件的挑战，但它在原型设计领域的地位依然不可动摇。Axure 最早被知名互联网公司的设计师使用，目前已经成为互联网从业者的一个必备工具。无论是产品经理、UI 和 UE 设计师，还是程序开发人员，都将 Axure 视为一个必须掌握的设计工具。它除了能快速设计出产品原型，还能在开发初期帮助团队快速迭代原型。

本书基于 Axure RP9 编写，建议读者使用该版本软件进行学习和操作。

内容介绍

第 1 课 "走进 Axure 的世界"讲解 Axure 的重要性，以及学习 Axure 的过程，主要包括基础知识、交互知识、变量和函数 3 个阶段的学习要点；同时介绍了本书强调实战、内容覆盖网页端和移动端的特点。

第 2 课 "掌握 Axure 的基础操作——功能模块"讲解软件的基础环境，包括在欢迎界面中快速新建文件和保存文件的方法，以及设置主要工作区的方法。

第 3 课 "组织原型页面——产品结构"通过不同的实例讲解移动端和网页端的产品结构，并介绍了使用 Axure 组织互联网产品结构的方法。

第 4 课 "制作线框草图——基本元件"讲解线框草图、低保真原型和高保真原型之间的区别和联系，同时介绍如何使用基本元件制作微信线框草图。

第 5 课 "快速原型工具——工具栏"讲解使用工具栏提高原型制作效率的方法，使读者学会如何使用工具栏中的选择模式、连接、绘画、锚点、调整层、锁定和缩放等设计常用设计工具。

第 6 课 "制作流程图——元件库"讲解流程图的作用，基础元件库、流程元件库和图标元件库的使用方法，以及综合运用元件库制作线框流程图和基础流程图的方法。

第 7 课 "用浏览器打开原型——预览和发布"主要讲解发布 HTML 文件的方法，以及预览原型时该如何设置浏览器；同时介绍使用 AxShare 在线服务发布和预览原型的知识。

第 8 课 "创建自适应页面——页面设置"讲解自适应页面的作用，如何进行基本页面设置，以及如何设置网页自适应页面和手机自适应页面。

第 9 课 "设计手机原型——APP 规范和样式"讲解互联网产品的迭代思维，以及通过 APP 原型规范设计出手机高保真原型的技巧（注：APP 亦可写作 App，全书为与截屏图一致，统一写作 APP）。

第 10 课"设计网页原型——网页规范和样式"讲解互联网产品设计的一致性原则，以及通过原型规范设计出网页高保真原型的技巧；同时讲解调整高保真原型的自适应页面的方法，以及"概要"面板的使用方法。

第 11 课"设计手机登录交互——按钮和文本框"开始讲解交互设计的知识，包括通过添加按钮和文本框了解交互设计的基本原理，以及讲解如何设计手机登录页的交互细节。

第 12 课"设计网页登录交互——图标和形状"讲解网页登录原型的设计方法，以及添加图标交互状态和新建交互的方法。

第 13 课"设计状态切换交互——选项组切换"通过注册页面标签切换和微信导航切换的案例，讲解选项组切换的交互设计知识。

第 14 课"切换频道页面——框架元件"介绍基础元件中内联框架的使用方法，以及在页面中链接外部网址、内部页面、本地视频和本地图片的方法。

第 15 课"管理相似模块——母版"讲解如何使用母版修改多页面上的元素，从而提升设计效率，以及使用母版管理引发事件的技巧。

第 16 课"设计动态效果——动态面板"讲解如何通过动态面板实现显示和隐藏、图片轮播、拖动效果，通过添加动态面板固定到浏览器的交互，讲解如何增加页面跟随效果。

第 17 课"运用变量设计交互——变量和函数"讲解 Axure 中的变量和函数知识：使用局部变量结合表达式，完成交互中的运算设计；使用全局变量，进行数据的存储和读取，实现跨页面的交互效果。

第 18 课"添加条件判断——启用情形"讲解梳理交互流程的知识，以及在设计满足多个条件才能触发的交互案例时，如何通过启用情形来完成其交互。

第 19 课"设计带交互的列表——中继器"通过设计商品列表页案例，讲解中继器的使用方法，以及使用中继器进行排序和筛选的知识。

第 20 课"制作翻页效果——中继器的变量"讲解使用中继器设计分页效果的方法，以及中继器的默认变量知识。

第 21 课"设计商品内容页——综合运用中继器"通过添加商品推荐图标案例和商品内容页案例，讲解如何使用中继器变量，以及如何使用中继器的添加行、标记行和删除行功能。

第 22 课"设计 10 个拓展案例——变量与函数运用"讲解中继器、元件、窗口、字符串、日期、指针、数字、数学等变量和函数，以及如何使用它们设计出复杂的案例效果，丰富原型中的交互设计。

本书特色

产品理论

本书除了讲解 Axure 的基础知识之外，还讲解了产品设计过程中涉及的理论知识。读者不但可以学会产品的基本设计规范，还可以学会如何对互联网产品进行迭代。

互联网思维

本书结合了互联网思维设计实战案例。读者可以从前期的线框草图开始学习设计，然后随着对本书的深入学习，慢慢把它迭代成高保真原型图，最后迭代成产品交互原型图。通过这个过程，读者能更好地理解并掌握互联网产品迭代知识。

网页端和移动端

本书覆盖了网页端和移动端的设计技巧。通过学习，读者可以掌握网页端和移动端交互设计的区别与联系，从而在多端口的原型设计中游刃有余，达到熟练掌握 Axure 的学习目标。

讲解视频

针对一些较为复杂的设计细节和扩展知识，本书在学习体验上进行了精心的设计，在"每日设计"APP 中搜索关键字即可观看相关的视频教程。视频教程与书中内容相辅相成、相互补充。

增值服务 ————————

在应用商店中搜索并下载"每日设计"APP，打开 APP，搜索书号"58621"，即可进入本书的相关页面，获得全方位增值服务。

配套资源

① 图书导读音频：由作者讲解，介绍全书的精华所在。

② 配套视频：针对一些复杂的知识点，配有讲解视频，让学习更简单。

③ 配套讲义：是对全书知识点的梳理及总结，方便读者更好地掌握学习重点。

④全书思维导图：可通览全书讲解逻辑，帮助读者明确学习目标。

软件操作和作业提交

① 案例和练习题的素材文件与源文件。素材文件和源文件能够让读者的实践之路畅通无阻，便于读者对比本书效果，完善自己的作品。读者在"每日设计"APP 的本书页面"图书详情"栏目底部可以直接下载素材文件和源文件。

② 复杂知识点的详细讲解视频。知识点复杂不易学不用怕，详细讲解视频来帮忙。在"每日设计"APP 的本书页面"配套视频"栏目中，读者可以在线观看全部配套视频。此外，读者还可以直接搜索关键字观看对应视频。

③ 训练营。读者做完的练习题可以上传至"每日设计"APP 的"训练营"栏目，获得专业人士的点评。

拓展学习

老师好课。在"每日设计"APP 的"老师好课"栏目，读者可以学习其他相关的优质课程，全方位提高自己。

本书说明

书中案例只为讲解软件功能，商品描述与配图无关。制作实际项目时，请注意核查商品信息。

本书难免存在错漏之处，希望广大读者批评指正。如果读者在阅读本书的过程中有任何建议，可以发送电子邮件至 dengzhao@live.com 或 zhaoxuan@ptpress.com.cn 联系我们。

编者

2022 年 5 月

课时计划参考

课程名称	Axure RP9 原型设计实战案例教材		
教学目标	讲练结合的方式，使读者既可以了解 Axure 的原型设计知识，又可以领会产品设计的相关原理，还可以掌握完整的互联网产品设计技能，达到 Axure 从入门到精通的学习目标		
总课时	64	总周数	8
课时安排			

周次	建议课时	教学内容	作业/实操
1	8	走进 Axure 的世界（本书第 1 课）	0
		掌握 Axure 的基础操作——功能模块（本书第 2 课）	7
		组织原型页面——产品结构（本书第 3 课）	
		制作线框草图——基本元件（本书第 4 课）	
		快速原型工具——工具栏（本书第 5 课）	
		制作流程图——元件库（本书第 6 课）	
		用浏览器打开原型——预览和发布（本书第 7 课）	
		创建自适应页面——页面设置（本书第 8 课）	
2	8	设计手机原型——APP 规范和样式（本书第 9 课）	2
		设计网页原型——网页规范和样式（本书第 10 课）	
3	8	设计手机登录交互——按钮和文本框（本书第 11 课）	2
		设计网页登录交互——图标和形状（本书第 12 课）	
4	8	设计状态切换交互——选项组切换（本书第 13 课）	3
		切换频道页面——框架元件（本书第 14 课）	
		管理相似模块——母版（本书第 15 课）	
5	8	设计动态效果——动态面板（本书第 16 课）	2
		运用变量设计交互——变量和函数（本书第 17 课）	
6	8	添加条件判断——启用情形（本书第 18 课）	2
		设计带交互的列表——中继器（本书第 19 课）	
7	8	制作翻页效果——中继器的变量（本书第 20 课）	2
		设计商品内容页——综合运用中继器（本书第 21 课）	
8	8	设计 10 个拓展案例——变量与函数运用（本书第 22 课）	1

目 录

进阶篇：交互知识

高级篇：变量和函数

第 17 课　运用变量设计交互——变量和函数

第 18 课　添加条件判断——启用情形

第 19 课　设计带交互的列表——中继器

入门篇：基础知识

走进 Axure 的世界

在互联网思维的大前提下，产品开发越来越强调以用户为中心。在让人眼花缭乱的产品世界中，如何把用户留下来，是竞争激烈的互联网行业面临的一个重大课题。各种研究表明，在用户使用产品的过程中，好的交互设计能更快抓住用户的心。而要设计出好的交互，则需要开发者熟练掌握一款方便实用的工具。

经过多年的发展，虽然面临各种软件的挑战，但 Axure 在原型设计领域的地位依然不可动摇。Axure 除了能快速设计出产品原型，还能在开发初期帮助团队快速迭代原型。

本课重点

- 了解 Axure 的重要性
- 学习 Axure 的方法

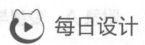
每日设计

第1节　了解Axure的重要性

为什么要学习 Axure 呢？这个问题的答案其实非常简单，因为熟练使用 Axure 已成为互联网行业从业人员的一个技能标配。无论是产品经理、UI 和 UE 设计师，还是程序开发人员，都将 Axure 视为一个必须掌握的设计工具。在招聘相关岗位人员时，互联网公司都要求应聘者能够熟练使用 Axure，如图 1-1 所示。

为什么互联网公司要求应聘者熟练掌握这款设计工具呢？这是因为 Axure 可以梳理交互细节，设计出更符合用户需求的产品原型。在程序开发之前，团队可以通过原型对产品的各个环节进行沟通。原型能最大化地避免开发风险，减少重复开发，从而节约产品开发成本。

因此，无论是计算机专业的在校生、互联网企业的求职者，还是已经进入互联网行业的产品开发者，都需要掌握好这款软件，从而完善自己的技能，提升自己的价值。

游戏 UI/UE 策划招聘要求

产品经理招聘需求

图1-1

第2节　学习Axure的方法

如何才能更好地掌握 Axure 这款软件呢？我们首先要了解 Axure 到底能解决产品设计中的哪些问题。Axure 主要能解决产品设计中的单个页面原型、产品整体原型和交互原型 3 个方面的问题。

知识点1 学习 Axure 的 3 个阶段

学习 Axure 可以分为 3 个阶段，分别对应本书的入门篇、进阶篇和高级篇。

1. 入门篇：基础知识

通过对基础知识的学习，读者不但可以设计出简单的线框草图，还可以设计出复杂的高保真原型图。通过对移动端和网页端相关案例的练习，读者不但可以掌握微信单个页面原型的设计技巧，还可以掌握购物网站单个页面原型的设计方法，如图1-2所示。

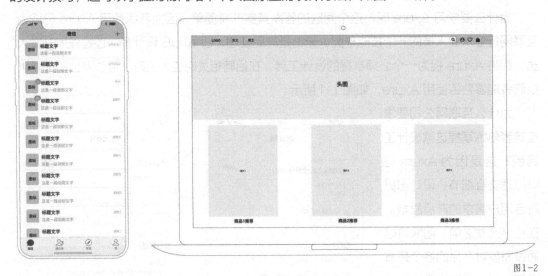

图1-2

2. 进阶篇：交互知识

通过对交互知识的学习，读者不但可以学会如何添加常见的动态效果，还可以掌握梳理产品页面逻辑的方法，从而设计出整套产品原型。通过对移动端和网页端相关案例的练习，读者可以全方位掌握微信和购物网站的原型设计知识。

 打开"每日设计"APP，输入并搜索"SP050101"，观看讲解视频——进阶篇介绍。

3. 高级篇：变量和函数

通过前两个阶段的学习，读者可以掌握 Axure 的主要功能。如果产品原型需要展示出特定的交互动效，那么掌握变量和函数将会让读者事半功倍。掌握了变量和函数的基础知识后，读者不但能设计出复杂的交互细节，还能给产品增加酷炫的动态效果。

 打开"每日设计"APP，输入并搜索"SP050102"，观看讲解视频——高级篇介绍。

知识点2　了解本书的特点

本书全方位引入互联网产品设计思维，以互联网产品从雏形到成品的实战操作流程为线索，通过讲练结合的方式，使读者既可以了解 Axure 的原型设计知识，又可以领会产品设计的相关原理，还可以掌握完整的互联网产品设计技能，以达到 Axure 从入门到精通的学习目标。

本书中除了会讲解 Axure 的基础知识之外，还会详解产品设计的流程。读者不但可以掌握产品的基本设计规范，还可以学会互联网产品迭代的方法，如图1-3所示。

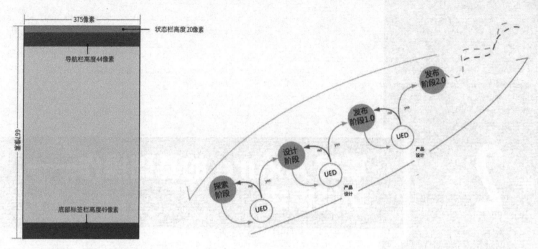

图1-3

本书的实战案例包含产品迭代知识。读者可以从前期的线框草图开始学习相关设计知识，然后随着对本书的深入学习，慢慢迭代成高保真原型图，最后迭代成高级产品交互原型图。通过这个过程，读者能更好地理解并掌握互联网产品迭代知识，如图1-4所示。

图1-4

本书覆盖了网页端和移动端的设计技巧。通过学习，读者可以掌握网页端和移动端交互设计的区别与联系。通过购物网站和微信实战项目的练习，读者能实现在网页端和移动端的原型设计中游刃有余，达到熟练掌握 Axure 的学习目标。

本书强调书本和视频联动。针对一些复杂的知识点，读者可以在"每日设计"APP 中搜索指定关键字，在线观看相关的视频教程。

那么，就让我们开始 Axure 的学习吧！

第 **2** 课

掌握 Axure 的基础操作——功能模块

想要熟练掌握 Axure，首先要了解它的基础环境。Axure 将分散的操作进行了归纳，把同类操作整理到了同一个功能模块中。Axure 的欢迎界面提供了便捷操作的入口，工具栏和左、中、右排列的功能面板区构成了主要工作区。

本课重点

- 使用欢迎界面
- 设置主要工作区

第1节　使用欢迎界面

在欢迎界面中，可进行新建文件、打开文件等便捷操作。

知识点1　新建文件

打开 Axure 后，会出现软件的欢迎界面。在"最近的项目"中可以打开近期编辑过的项目。如果在欢迎界面的左下角勾选了"不再显示"复选框，那么下次打开 Axure 时，欢迎界面就不会出现了，如图 2-1 所示。

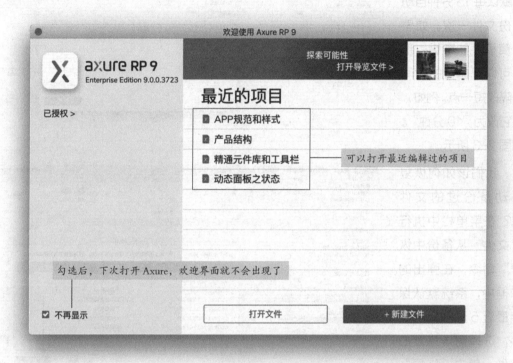

图2-1

单击"打开文件"按钮，可以打开硬盘上扩展名为".rp"的文件，如图 2-2 所示。RP 的全称是 Rapid Prototyping，意思是快速原型。

在欢迎界面关闭的情况下，如果想新建文件，可以在菜单栏中执行"文件 – 新建"命令。

Untitled.rp

图2-2

知识点2　保存文件

在欢迎界面中单击"新建文件"按钮，Axure 会生成一个名为"无标题"的新文件。想要修改文件名，需要先保存这个文件。可以使用快捷键 Ctrl+S 保存文件，也可以在菜单栏中执行"文件 – 保存"命令保存文件。例如，把文件名改为"微信原型"，界面顶部的"无标题"就会被"微信原型"替代。

知识点3 自动备份和恢复文件

在操作软件的过程中，用户可能会忘记保存文件，也可能会遇到意外情况而未来得及保存文件。对于这类情况，Axure 提供了自动备份和恢复文件的功能。

在菜单栏中执行"文件－自动备份设置"命令，在弹出的"偏好设置"弹框中，系统默认每15分钟自动备份文件一次。如果计算机性能不错，那么可以把备份的时间间隔改短一点。例如，将它改为"10分钟"，如图2-3所示。

图2-3

我们该如何恢复自动备份过的文件呢？在菜单栏中执行"文件－从备份中恢复"命令，在弹出的弹框中，系统默认保存最近5天的备份文件，选择需要恢复的文件，单击"恢复"按钮即可将文件保存到硬盘，如图2-4所示。

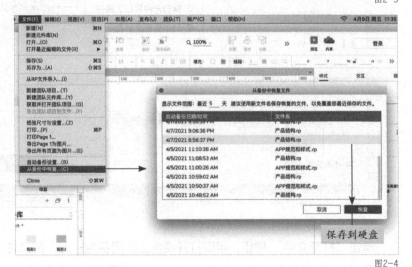

图2-4

第2节 设置主要工作区

Axure 的主要工作区由工具栏和左、中、右排列的功能面板区构成，如图2-5所示。顶部的工具栏集合了常用的工具。左侧功能面板区集合了"页面""元件""概要""母版"四大面板，中间功能面板区是页面设计区，右侧功能面板区集合了"样式""交互""说明"三大面板。

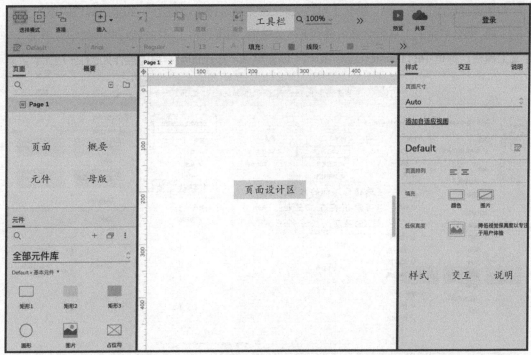

图2-5

知识点1　自定义工具栏

　　我们可以对工具栏进行自定义设置。在工具栏空白处单击鼠标右键，在弹出的右键菜单（又称快捷菜单）中执行"Customize Main Toolbar"（自定义工具栏）命令，打开"Select items to customize the main toolbar"（自定义工具栏）弹框。在"自定义工具栏"弹框中选择想要添加的工具后，它会立即显示到工具栏上。具体操作如图 2-6 所示。

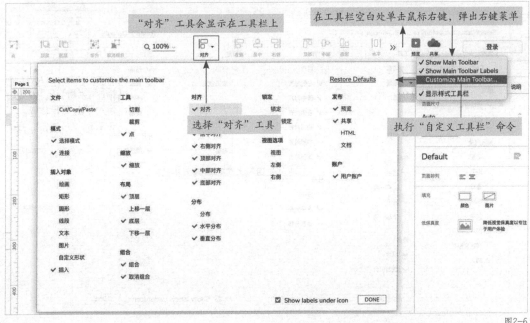

图2-6

如果选择已添加的工具，那么工具栏上对应的图标会被取消显示。如果工具栏中添加了过多的工具，那么多余的工具就会被折叠到下拉菜单里。如果想将工具栏恢复到初始状态，单击"自定义工具栏"弹框中的 Restore Defaults（恢复默认）按钮即可。具体操作如图 2-7 所示。

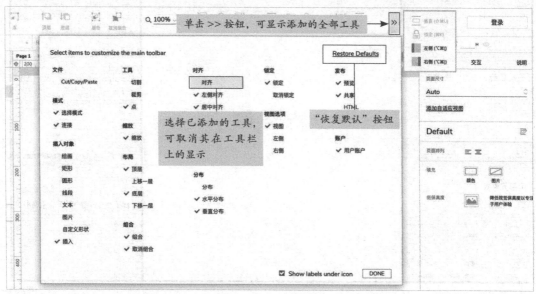

图2-7

知识点2 调整功能面板区

用户可以对功能面板区进行隐藏、显示、拖动、关闭和重置等设置。

通过"自定义工具栏"弹框将"视图"工具添加到工具栏后，可以在下拉菜单中执行"左侧"和"右侧"命令来对其进行隐藏和显示，如图 2-8 所示。

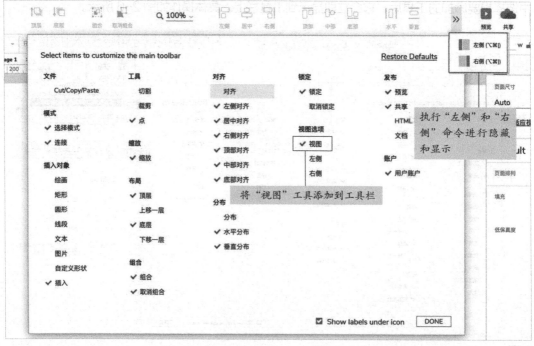

图2-8

也可以通过快捷键来隐藏和显示功能面板区。使用快捷键 Ctrl+Alt+【可以隐藏左侧功能面板区；在左侧功能面板区隐藏的状态下，使用快捷键 Ctrl+Alt+【可以把它显示出来。同样，使用快捷键 Ctrl+Alt+】可以隐藏右侧功能面板区；在右侧功能面板区隐藏的状态下，使用快捷键 Ctrl+Alt+】可以把它显示出来。具体效果如图 2-9 所示。

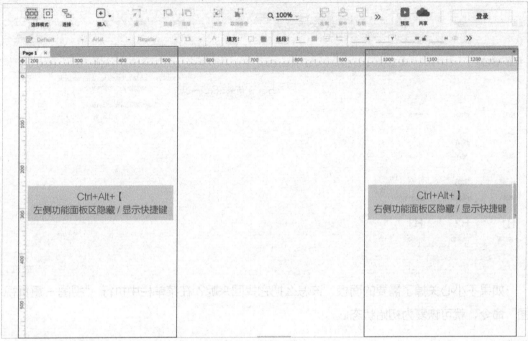

图2-9

用户可以通过拖动的方式自定义功能面板区。将鼠标指针放在面板标题区域附近，按住鼠标左键，可以把它拖动到其他位置；按住鼠标左键拖动面板的边缘，可以对其进行缩放。具体操作如图 2-10 所示。

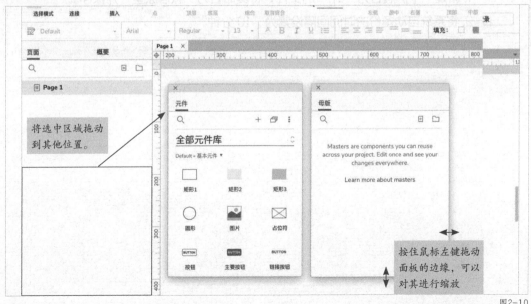

图2-10

23

当拖动某个面板到其他面板附近时，会出现绿色的吸附色块。松开鼠标左键，面板会自动吸附在一起。具体效果如图 2-11 所示。

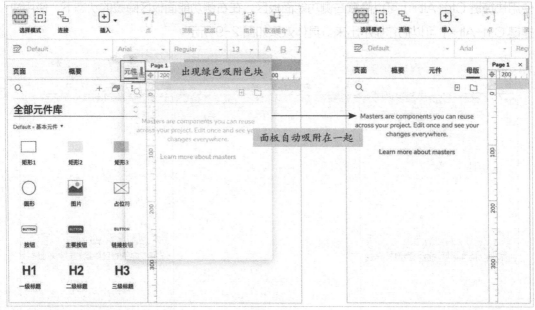

图2-11

如果不小心关掉了需要的面板，该怎么把它找回来呢？在菜单栏中执行"视图 - 重置视图"命令，就可恢复为初始状态。

本课练习题

操作题

1. 新建一个扩展名为".rp"的文件，将其命名为"微信原型"并保存。

2. 将系统自动备份的时间间隔设置为"10 分钟"。

第 3 课 组织原型页面——产品结构

当产品页面增多时，需要通过"页面"面板组织产品结构。合理的产品结构可以帮助用户更好地使用产品，所以在原型设计阶段，组织好页面层级非常重要。"页面"面板默认显示"Page1（页面1）"，我们以"Page1（页面1）"为起点，延伸出一级、二级、三级等多层页面。想要掌握好页面层级知识，需要先了解互联网产品的基本结构。

本课重点

- 互联网产品的结构
- 组织微信产品结构

每日设计

第1节　互联网产品的结构

　　互联网产品种类繁多，但大多数互联网产品包含一些相同的基本结构。下面通过分析国内外各种类型的互联网产品，讲解移动端和网页端产品结构的异同点。

知识点1　移动端产品结构

　　先来分析微信这款社交软件。使用微信时，用户首先需要登录自己的账号。如果没有账号，则需要先注册。登录账号之后进入微信首页，页面的底部是导航区，导航区里包含了各个频道。频道是一个个的列表，单击列表中的选项可以进入下级子页面。在子页面中选择内容后，可以浏览内容详情页，如图 3-1 所示。

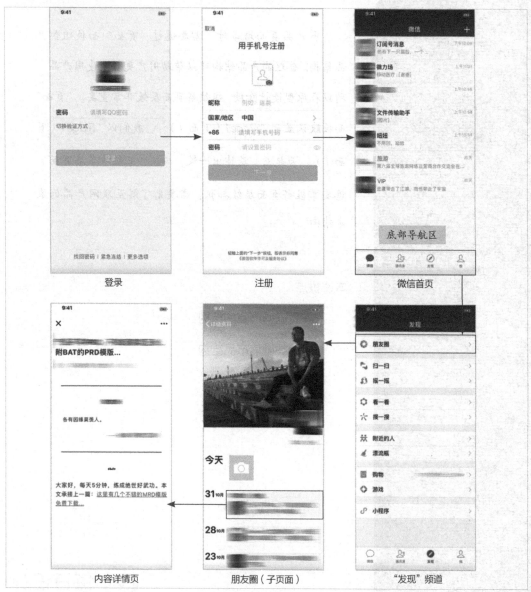

图3-1

接下来分析天猫这款购物软件。打开天猫进入首页，首页的底部是导航区，导航区中包含了多个频道，单击某个频道进入频道页。如果想购物，需要登录、注册账号，如图 3-2 所示。这里可以发现，天猫和微信虽然属于不同的产品类型，却拥有相似的产品结构。

首页　　　　　　　频道页　　　　　注册或登录

图3-2

知识点2 网页端产品结构

移动端的产品结构类似，那么网页端的产品结构会有很大的差异吗？

打开天猫网页版。网站首页的左侧是频道分类导航，展开频道分类后是相关产品子分类的集合。单击子分类可打开商品列表页，单击商品列表页中的商品可以浏览商品详情页。如果想购买商品，需要注册、登录账号。具体内容如图 3-3 所示。

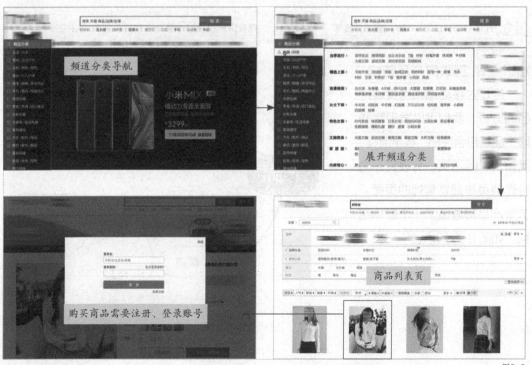

图3-3

接下来，分析一个国外的购物网站。ASOS 网站顶部导航罗列了多个频道，展开频道分类后是相关产品子分类的集合。单击子分类可打开相关的商品列表页。这里单击"鞋子"分类中的"靴子"，展开靴子的列表页。单击其中一款靴子，可打开该款靴子的详情页。如果想购买产品，需要注册、登录账号。具体内容如图 3-4 所示。

图3-4

打开"每日设计"APP，输入并搜索"SP050301"，观看讲解视频——移动端和网页端产品结构分析。

知识点 3 互联网产品结构

经过对移动端和网页端产品的分析，我们可以发现互联网产品都包含注册、登录流程，而首页、频道页、列表页、内容详情页等都是常规的页面，这些产品都遵循了一个基本结构，如图 3-5 所示。

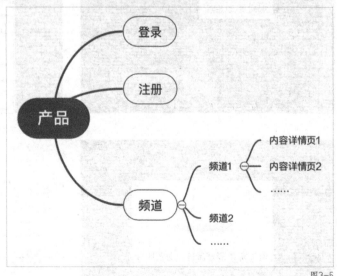

图3-5

第2节 组织微信产品结构

在 Axure 的"页面"面板中可以组织微信的产品结构。微信包含"注册""登录"两个流程和"微信""通讯录"（又称通信录）"发现""我"4 个频道。频道是一个个的列表，单击列表中的选项可进入相应的子页面，如图 3-6 所示。

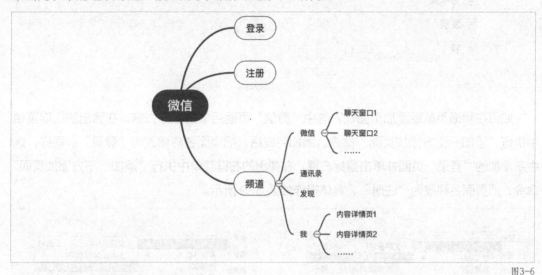

图3-6

知识点1 修改页面名称

有两种操作方法可以修改页面"Page1"的名称。这两种操作方法都和 Windows 系统中修改文件名的操作类似。

第一种方法是选中页面后，单击页面名称，页面名称就变成了可编辑的状态。把"Page1"改为"微信"后，单击附近的空白区域确认修改。

第二种方法是在页面名称上单击鼠标右键，在弹出的右键菜单中执行"重命名"命令，把"Page1"改为"微信"，如图 3-7 所示。

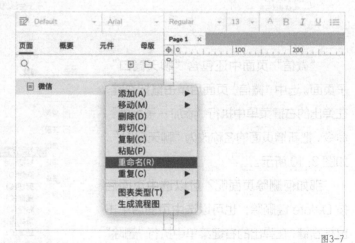

图3-7

知识点2 添加和删除页面

单击"添加页面"按钮可以新增页面。这里新增 3 个页面，并分别改名为"通讯录""发现""我"，如图 3-8 所示。

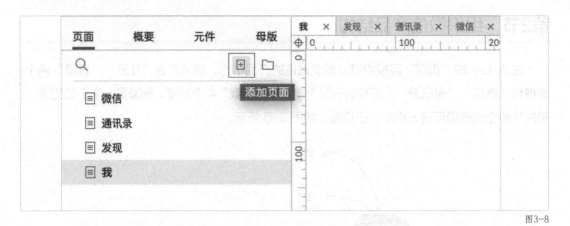

图3-8

如何在频道页前后添加页面呢？选中"微信"页面后单击鼠标右键，在弹出的右键菜单中执行"添加－上方添加页面"命令。添加完成后，把页面名称修改为"登录"。同样，选中新添加的"登录"页面并单击鼠标右键，在弹出的右键菜单中执行"添加－下方添加页面"命令，把页面名称改为"注册"，具体操作如图 3-9 所示。

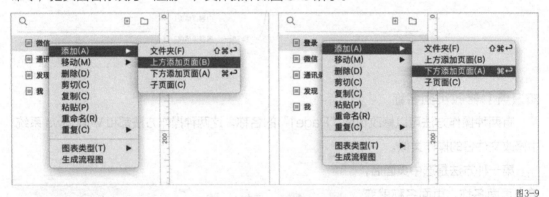

图3-9

"微信"页面中还包含"聊天窗口"
子页面。选中"微信"页面后单击鼠标右键，
在弹出的右键菜单中执行"添加－子页面"
命令，把新增页面的名称改为"聊天窗口"，
如图 3-10 所示。

那如何删除页面呢？可以选中页面后
按 Delete 键删除；也可以选中页面后单击
鼠标右键，在弹出的右键菜单中执行"删除"
命令删除页面。

图3-10

知识点 3 移动页面

在"页面"面板中，可以使用拖动的方式来移动页面。

单击右上角的"添加文件夹"按钮，把新增的文件夹改名为"频道"。接下来将"微

信""通讯录""发现""我"4 个页面选中，并将其拖到"频道"文件夹中，如图 3-11 所示。Axure 中的多选操作和 Windows 系统类似：按住 Ctrl 键的同时分别单击 4 个页面，或按住 Shift 键的同时单击第一个页面和最后一个页面。

也可以运用拖动的方式改变页面层级。新建一个"朋友圈"页面，按住鼠标左键拖动，使其成为"我"页面的子页面，如图 3-12 所示。

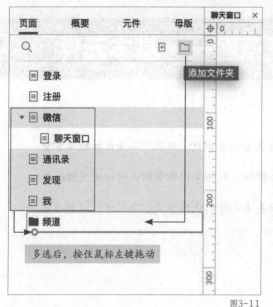

图3-11

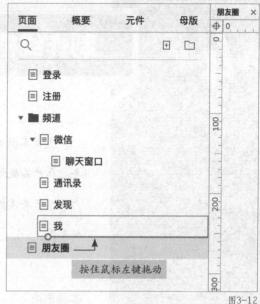

图3-12

本课练习题

选择题

以下选项中，可以完成新增页面的操作是（　　）。

A. 单击"添加页面"按钮

B. 在页面上单击鼠标右键，在弹出的右键菜单中执行"添加 - 上方添加页面"命令

C. 在页面上单击鼠标右键，在弹出的右键菜单中执行"添加 - 下方添加页面"命令

D. 按 Delete 键

答案：A、B、C

操作题

1. 打开平时常用的移动端或网页端产品，分析其结构。

2. 在 Axure 中组织微信的产品结构。

第 **4** 课 制作线框草图——基本元件

线框草图虽然看上去粗糙，但在产品研发初期非常重要。在产品概念阶段，线框草图能帮助设计师快速地迭代产品。只要掌握基本元件的使用方法，我们就可以制作线框草图。

本课重点

- 线框草图、低保真原型和高保真原型
- 制作线框草图

 每日设计

第1节　线框草图、低保真原型和高保真原型

下面先简单介绍一下图 4-1 所示的 3 个原型界面。

图4-1

　　线框草图是原型界面中保真度最低的界面，由于它的制作成本低，因此在产品概念阶段被广泛运用，如图 4-2 所示。

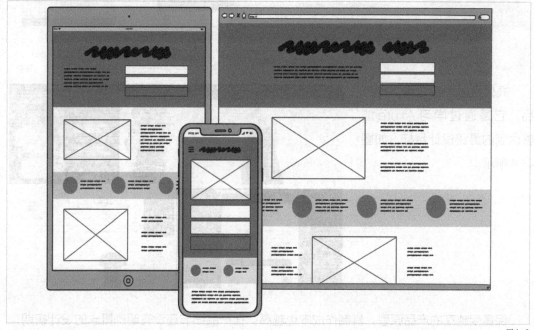

图4-2

低保真原型比线框草图的保真度高，细节更多。低保真原型通常在设计优化过程中出现，如图 4-3 所示。

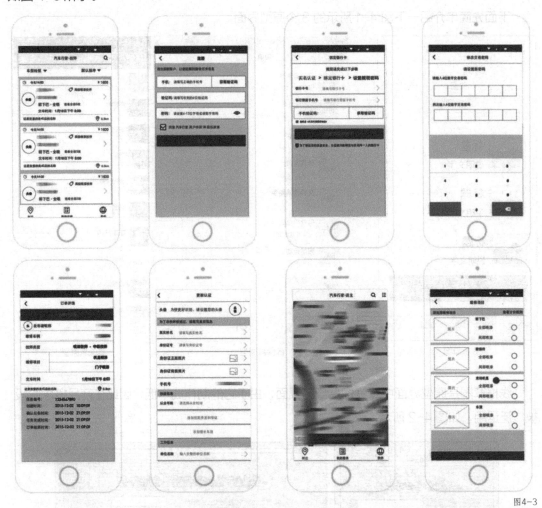

图4-3

高保真原型接近真实的产品，它是通过学习 Axure 能够达到的最终设计目标，如图 4-4 所示。

图4-4

保真度越高的产品原型，其制作成本也越高。在产品细节还没有明确概念的设计初期，快速制作线框草图能更好地推进产品设计进程。

第2节　制作线框草图

"元件"面板是 Axure 最重要的功能面板之一，位于界面左侧。它主要包含 Default（基础元件库）、Flow（流程元件库）、Icons（图标元件库）。其中基础元件库包含基本元件、表单元件、菜单表格元件和标记元件。基本元件中有形状、图片、占位符、按钮、文字和线段等设计元件，如图 4-5 所示。

接下来，使用"元件"面板中的基本元件制作图 4-6 所示的微信线框草图。

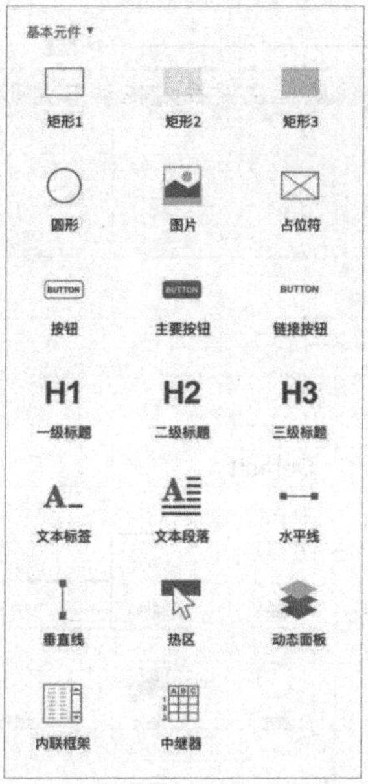

图4-5

图4-6

知识点1　绘制矩形和圆形

基本元件中有"矩形 1""矩形 2""矩形 3"共 3 种不同样式的矩形，如图 4-7 所示。

添加微信线框草图的边框，需要使用矩形元件。有以下 3 种方法将矩形元件添加到页面中。

图4-7

第 1 种方法是直接将矩形从左侧面板拖进右侧页面，绘制一个固定大小的矩形，如图 4-8 所示。

第 2 种方法是在顶部的工具栏中单击"插入"按钮，在弹出的菜单中执行"矩形"命令，然后在页面中按住鼠标左键绘制出任意大小的矩形，如图 4-9 所示。

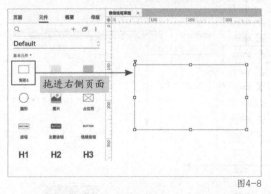

图4-8

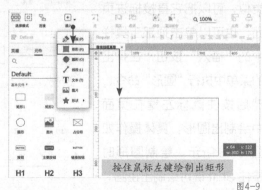

图4-9

第 3 种方法是按快捷键 R 后在页面中绘制出矩形。

矩形元件被选中后，4 个角和 4 条边上都会出现锚点。拖动锚点把矩形调整到手机界面的大小。如果想按比例进行缩放，按住 Shift 键拖动锚点即可，如图 4-10 所示。

矩形左上角有一个黄色三角形，将鼠标指针移至其上方会显示数字0。按住鼠标左键往右拖动三角形可以制作出圆角矩形，如图4-11所示。

按住 Shift 键拖动锚点,可按比例缩放

图4-10

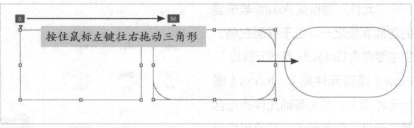

图4-11

将矩形2元件拖进右侧页面后双击，在其中添加文字"头图"，如图4-12所示。

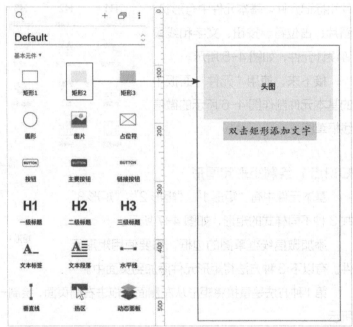

图4-12

圆形的绘制方法和矩形类似，可以把它直接拖进页面；也可以单击顶部工具栏中的"插入"按钮，在弹出的菜单中执行"圆形"命令，然后按住鼠标左键在页面中绘制出圆形。具体操作如图4-13所示。绘制圆形时按住 Shift 键可绘制出正圆。绘制圆形的快捷键是 O。

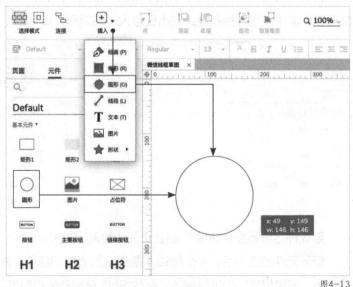

图4-13

知识点 2　插入图片

将图片元件拖到页面中，4 个角和 4 条边上的锚点用于改变图片的大小，往右拖动三角形可以把直角图片变为圆角图片。双击图片后可以用硬盘上的图片将其替换。具体操作如图 4-14 所示。

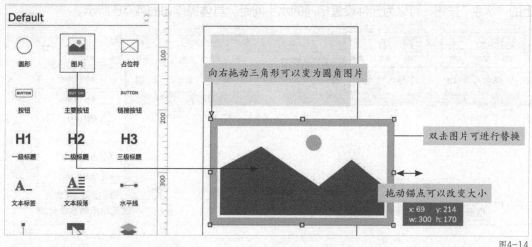

图4-14

知识点 3　移动和复制占位符

可以通过拖动的方式把占位符元件放到页面中。占位符通常表示这个地方还没有想好具体放什么，先放个元件占个位置。例如，底部导航区有 5 个频道，但还不知道各个频道具体是什么，就可以先放 5 个占位符到这里，如图 4-15 所示。

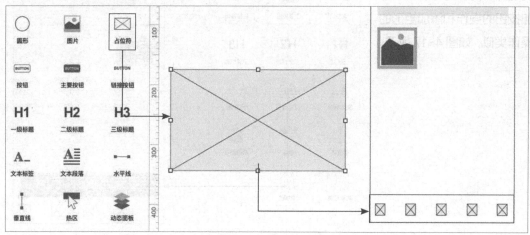

图4-15

复制占位符元件有 3 种方法。第 1 种是选中元件后用快捷键 Ctrl+C（复制）和 Ctrl+V（粘贴）。第 2 种方法是按住 Ctrl 键后，按住鼠标左键拖动元件。第 3 种方法是选中元件后直接使用快捷键 Ctrl+D 进行快速复制。

应用 Axure 时，可以通过按键盘的 ↑、↓、←、→ 键来移动元件，默认每按 1 次移动 1 像素的距离。使用方向键移动元件的同时按住 Shift 键，可一次移动 10 像素的距离。

知识点4 对齐和分布

　　全选 5 个占位符，单击工具栏上的"底部"按钮可以让元件进行底部对齐。"顶部""中部""底部"对齐按钮都可以让元件进行横向对齐。"左侧""居中""右侧"对齐按钮都可以让元件进行纵向对齐。注意，对齐操作会根据第一个选择的元件进行定位。单击工具栏上的"水平"按钮，可以为元件设置相同的水平间距。具体操作如图 4-16 所示。

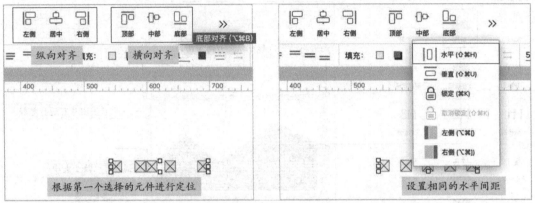

图4-16

知识点5 添加按钮

　　基本元件中的 3 个按钮除了样式不同，本质上没有区别，因此我们可以根据需要选择不同样式的按钮。添加按钮的操作和添加矩形的操作类似，如图 4-17 所示。

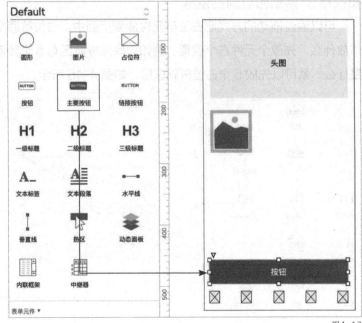

图4-17

知识点6 添加文本

　　一级标题、二级标题、三级标题除了字体大小不同，没有本质上的区别。这里在图片右侧放置三级标题，并在三级标题下方添加文本段落。拖动文本段落边框上的锚点可以改变文本框大小，在文本上双击可以编辑文本。在工具栏中单击"插入"按钮，在弹出的菜单中执行"文本"命令可添加文本段落。添加文本段落的快捷键为 T。具体操作如图 4-18 所示。

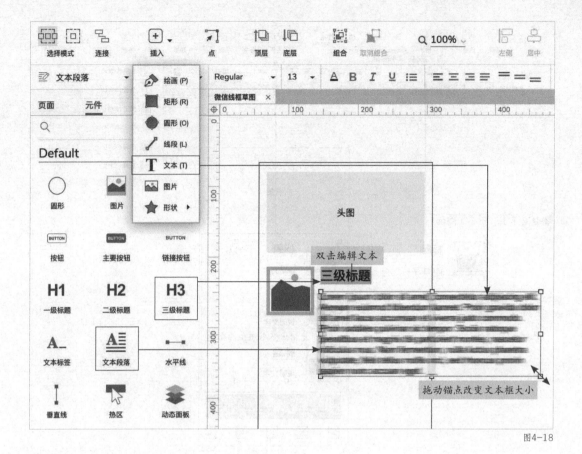

图4-18

知识点 7　添加线段

在 Axure RP9 中，拖动锚点可以把水平线或垂直线变为斜线，如图4-19所示。

单击工具栏中的"插入"按钮，执行"线段"命令或者使用快捷键 L，在页面中按

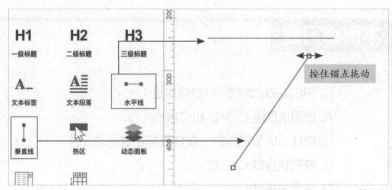

图4-19

住 Shift 键在水平方向可以拖出一条水平线，在垂直方向可以拖出一条垂直线。

知识点 8　快速制作列表——组合按钮

接下来，需要完善微信的线框草图，把头图下方修改为图片文字列表。

按住 Ctrl 键的同时选择图片、标题、说明文字，单击工具栏中的"组合"按钮，图片、标题、说明文字即被打包组合到了一起。复制出两个组合，全选后在工具栏中单击"左侧"按钮，使其"垂直"分布且纵向对齐。具体操作如图 4-20 所示。

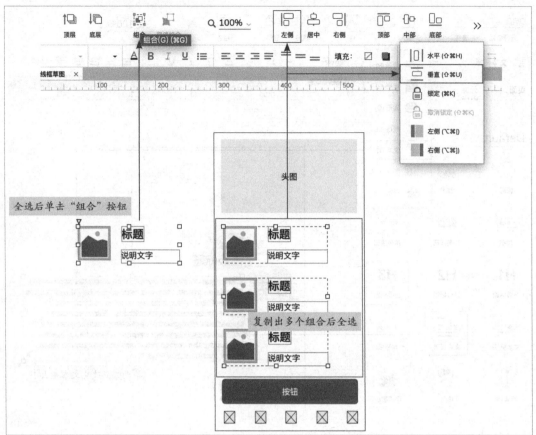

图4-20

本课练习题

选择题

以下可以完成复制元件的操作是（　　）。

A. 使用快捷键 Ctrl+C 和 Ctrl+V

B. 按住 Ctrl 键的同时，按住鼠标左键拖动元件

C. 使用快捷键 Ctrl+D

D. 使用快捷键 L

答案：A、B、C

操作题

使用基本元件制作微信线框草图。

关键步骤：

（1）插入相关元件；（2）移动和复制元件；

（3）对齐和布局元件；（4）快速制作列表组合。

第 **5** 课

快速原型工具——工具栏

使用工具栏中的设计工具能提高制作原型的效率。工具栏中除了有插入、组合、对齐和排列工具之外，还提供了选择模式、连接、绘画/形状、锚点、调整层、锁定、缩放等设计工具。

本课重点

- 选择模式和连接工具

- 绘画 / 形状和锚点工具

- 调整层和锁定工具

- 缩放工具

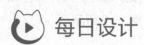 每日设计

第1节　选择模式和连接工具

在页面中框选多个元件时，可以通过选择模式工具对鼠标指针模式进行调整。在设计前期，连接工具可以用来制作基础流程图；在设计中后期，连接工具可以用来绘制线框流程图。

知识点1　选择模式工具

使用鼠标指针框选多个元件时，有两种模式：相交选中和包含选中。在相交选中模式中，鼠标指针经过的内容都会被选中；而在包含选中模式中，元件需要在鼠标指针绘制的选框内才能被选中。具体效果如图 5-1 所示。相交选中模式是符合大多数用户操作习惯的默认模式，一般保持该默认设置即可。

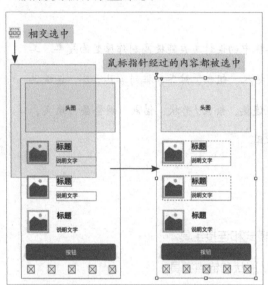
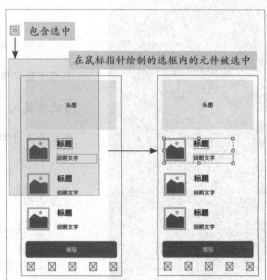

图5-1

知识点2　连接工具

连接工具通常在设计流程时使用。单击"连接"按钮，鼠标指针滑过元件时会出现可以添加连接点的位置。单击流程开始的连接点，按住鼠标左键在页面中拖动出连接线，把该连接线拖动到结束的连接点即可。具体操作如图 5-2 所示。

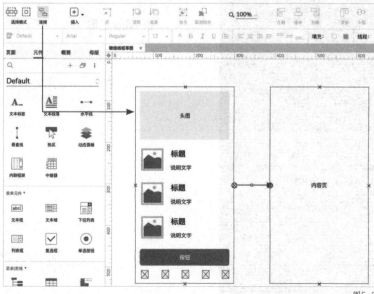

图5-2

第2节 绘画/形状和锚点工具

使用绘画/形状工具可以在页面中添加形状，使用锚点工具则可以通过操作锚点对形状进行修改。

知识点1 绘画/形状工具

前面已经讲解了矩形、圆形、线段和文本的插入方式。除此之外，"插入"按钮的下拉菜单中还包含了绘画/形状工具。

单击"插入"按钮，在弹出的菜单中执行"绘画"命令，在页面中添加多个锚点可以画出形状，如图5-3所示。绘画的快捷键为P。

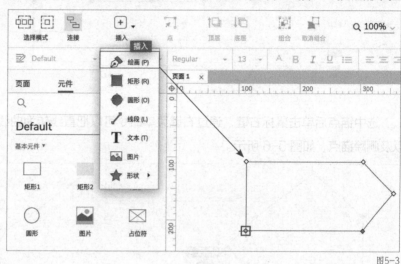

图5-3

单击"插入"按钮，在弹出的菜单中执行"形状"命令，在弹出的子菜单中内置了多个常规形状。单击某个形状，在页面中按住鼠标左键拖动可以拖出任意大小的该形状。例如，分别在页面中画出五角星、心形和菱形。具体操作如图5-4所示。

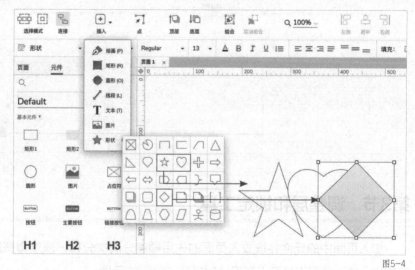

图5-4

知识点2 增加和删除锚点

单击"点"按钮后，单击形状的边框可以新增锚点，拖动锚点可以对形状进行修改，如图5-5所示。

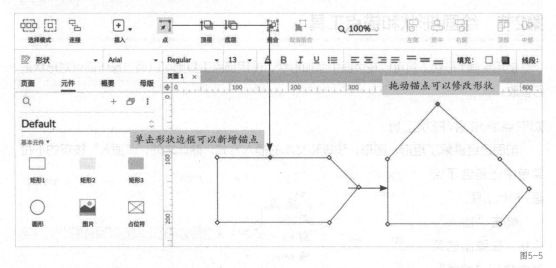

图5-5

选中锚点后单击鼠标右键，通过右键菜单命令可以把直线转为曲线，把曲线转为折线，以及删除锚点，如图 5-6 所示。

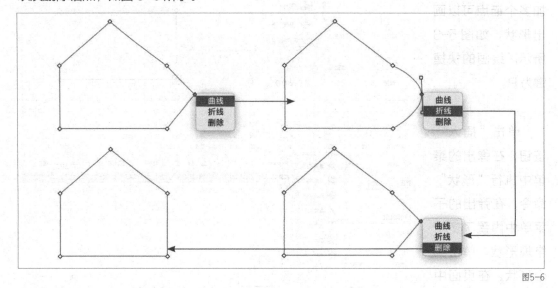

图5-6

第3节　调整层和锁定工具

加入页面中的元件会按放入页面的先后顺序分层次分布，通过调整层工具可以修改元件的层次。使用锁定工具可以在设计时排除被锁定的元件。

知识点1　调整层工具

由于后加入页面中的元件会遮挡先加入的元件，因此在设计过程中经常需要调整元件的层次。例如，第一个加入的五角星位于页面最底层，想要把它放到心形之上，需要将其上移一层。可以选中五角星后单击鼠标右键，在弹出的右键菜单中执行"顺序－上移一层"命令，如图 5-7 所示；也可以选中元件之后直接使用快捷键 Ctrl+ 】。

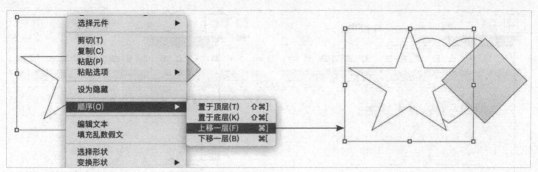

图5-7

如果想要把菱形放到五角星和心形中间，可以选中菱形后单击鼠标右键，在弹出的右键菜单中执行"顺序－下移一层"命令，如图 5-8 所示；也可以选中菱形后直接使用快捷键Ctrl+【。

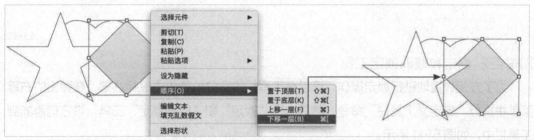

图5-8

如果想要把心形放到最顶层，可以选中它之后单击鼠标右键，在弹出的右键菜单中执行"顺序－置于顶层"命令；也可以选中元件之后直接使用快捷键 Ctrl+Shift+】。如果想要把心形放在最底层，可以选中它之后单击鼠标右键，在弹出的右键菜单中执行"顺序→置于底层"命令；也可以选中元件之后直接使用快捷键 Ctrl+Shift+【。具体操作如图 5-9 所示。

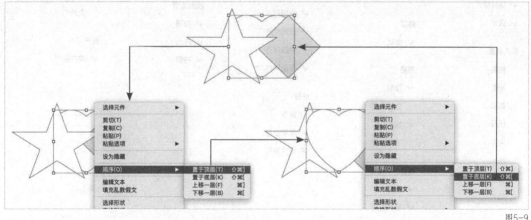

图5-9

层次除了可以通过右键菜单和快捷键来调整外，还可以通过单击工具栏上的层按钮来调整。选中此时位于最底层的心形，单击工具栏上的"顶层"按钮，心形就被放到了顶层。选中此时位于中间层的五角星，单击工具栏上的"底层"按钮，它就被移动到了最底层。具体操作如图 5-10 所示。

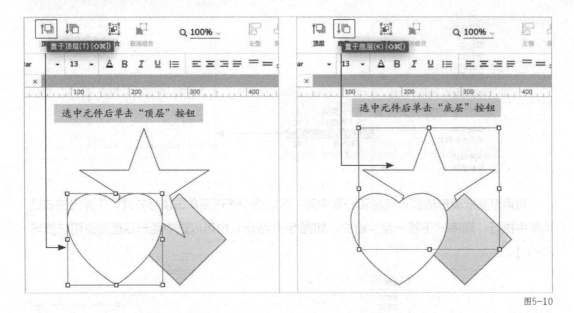

图5-10

知识点2 锁定和取消锁定工具

为了方便快捷地进行锁定操作，可以在工具栏的空白位置单击鼠标右键，在弹出的右键菜单中执行"自定义工具栏"命令，然后选择"锁定"和"取消锁定"工具，将它们添加到工具栏中，如图 5-11 所示。

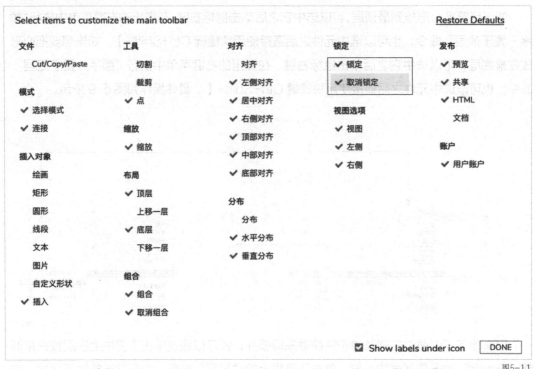

图5-11

在设计过程中，选中元件后单击工具栏中的"锁定"按钮，元件就处于锁定状态；如果想取消锁定，选中元件后单击工具栏中的"取消锁定"按钮即可，如图 5-12 所示。

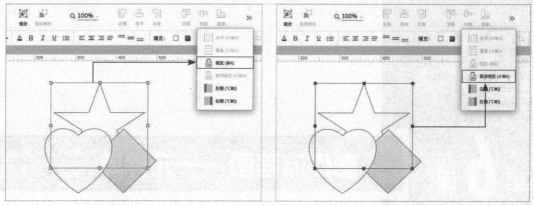

图5-12

第4节　缩放工具

页面区默认提供 100% 的视图，在设计过程中可以使用缩放工具来查看视图的整体或者细节。单击缩放按钮，在下拉列表中可以对页面进行缩小和放大设置，如图 5-13 所示。

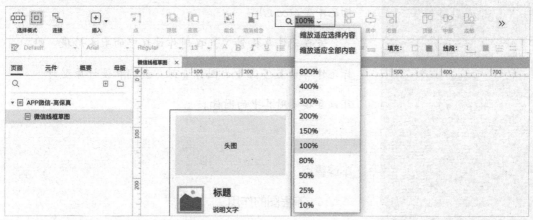

图5-13

在页面区按住 Ctrl 键并滚动鼠标滚轮，可完成页面的快速缩放。

本课练习题

选择题

在下列选项中，正确的说法是（　　）。

A. 可以在设计流程图时使用连接工具

B. 在设计时不能修改锁定元件的位置

C. 将元件移到最顶层的快捷键是 Ctrl+Shift+【

D. 形状元件上的锚点不能进行删除操作

答案：A、B

第 **6** 课

制作流程图——元件库

在基础元件库（*Default*）中，除了基本元件，还包括表单元件、菜单|表格元件、标记元件。在整个元件库中，除基础元件库之外，还包括流程元件库*(Flow)*和图标元件库*(Icons)*。

流程元件库提供了流程制作过程中的基本形状；图标元件库内置了海量的图标资源，我们在设计原型时，可以直接使用其中的图标。

本课重点

- 流程图的作用
- 绘制线框流程图
- 绘制基础流程图
- 玩转元件库

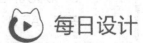
每日设计

第1节　流程图的作用

在产品开发前期，产品团队可以使用流程图进行有效的沟通，从而节约开发成本。在设计过程中，线框流程图和基础流程图是两种常见的流程图，如图 6-1 所示。

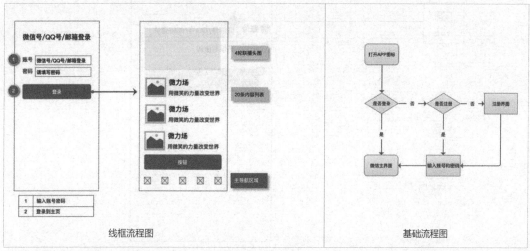

图6-1

第2节　绘制线框流程图

线框流程图既能清晰地表明用户的交互流程，又可以展示出重要的页面细节，如图 6-2 所示。线框流程图修改起来方便快捷，在产品开发初期，能很好地为产品、设计、开发团队服务。近年来，线框流程图越来越受到开发团队的欢迎和重视。在 Axure 中，使用基础元件库就可以完成线框流程图的绘制。

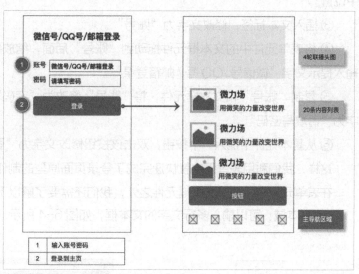

图6-2

知识点1　添加表单元件

基础元件库的表单元件中包含文本框、文本域、下拉列表、列表框、复选框、单选按钮等元件。接下来，我们就一起设计手机登录页面，如图 6-3 所示。

图6-3

①插入矩形，单击矩形框右下角，将其调成手机屏幕大小。

②插入一个三级标题，修改为"微信号/QQ号/邮箱登录"，并将其放到矩形内上方居中位置。

③插入文本标签，修改文字为"账号"。

④将表单元件中的文本框元件拖动到"账号"后面，缩放到需要的大小。双击文本框，输入提示文字"微信号/QQ号/邮箱登录"。

⑤复制"账号"和文本框元件，将"账号"修改为"密码"，双击文本框，修改提示文字为"请填写密码"。

⑥从基本元件中拖入一个按钮，双击该按钮修改文字为"登录"并调整大小。

这样，我们利用表单元件就快速完成了登录页面原型的制作。

在表单元件中，除了文本框元件之外，我们还需要了解以下元件。

- 文本域：可以输入多行文字的文本框，如图6-4所示。

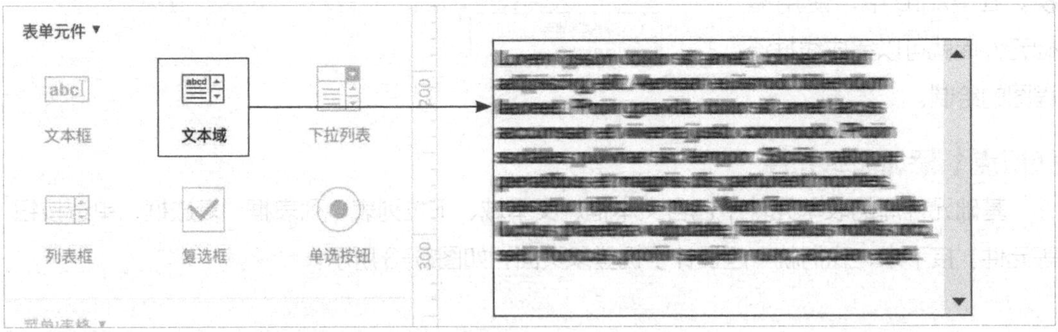

图6-4

· 下拉列表：默认只显示一个选项，单击下拉按钮（▼按钮）后可查看包含全部选项的列表，如图 6-5 所示。

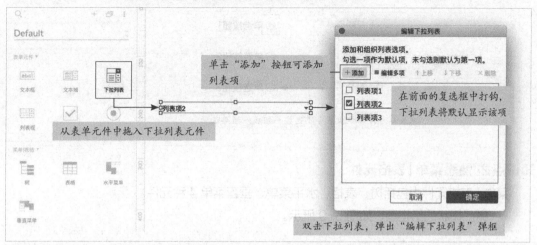

图6-5

· 列表框：提供一组选项，用户在其中可以选择一个或者多个选项，如图 6-6 所示。

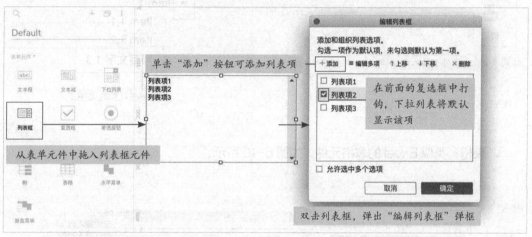

图6-6

· 复选框：用户可以同时选择多个选项，如图 6-7 所示。

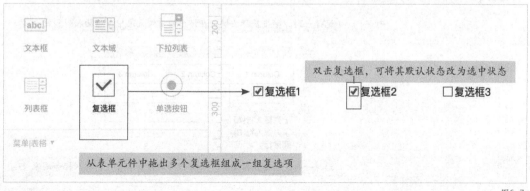

图6-7

- 单选按钮：用户只可以选择其中一个选项，如图 6-8 所示。

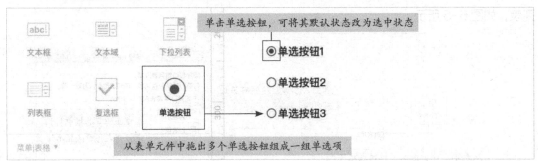

图6-8

知识点2 熟悉菜单 | 表格元件

菜单 | 表格元件中包括树、表格、水平菜单、垂直菜单 4 种元件。

- 树：树状的结构图，如图 6-9 所示。

图6-9

- 表格：类似 Excel 的表格元件，如图 6-10 所示。

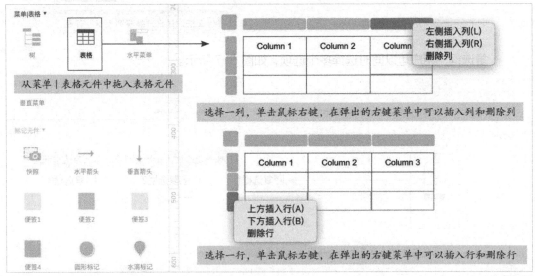

图6-10

- 水平菜单：水平展示的导航菜单，如图 6-11 所示。

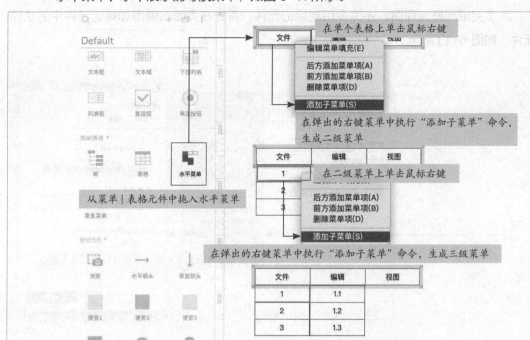

图6-11

- 垂直菜单：垂直展示的导航菜单，如图 6-12 所示。垂直菜单和水平菜单操作一致，只是表现方式有差别。

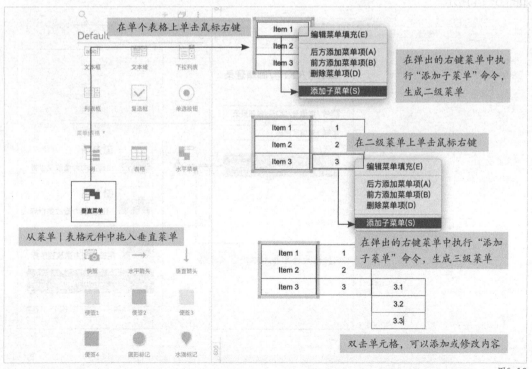

图6-12

知识点 3 添加标记元件

为了完成线框流程图，还需要用到标记元件。首先在页面右侧添加标记元件中的快照元件，如图 6-13 所示。

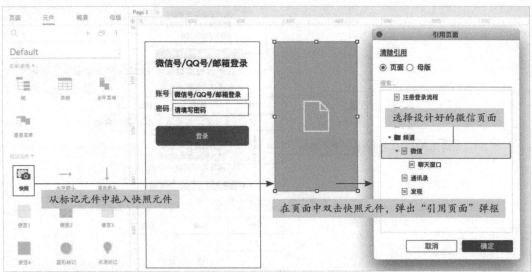

图6-13

快照元件有什么用呢？设计好原型之后，我们可以用快照元件把所有原型放到同一个页面中，然后添加交互。

① 在登录按钮旁添加标记元件中的水平箭头元件，利用水平箭头表现页面间的交互流程，如图 6-14 所示。

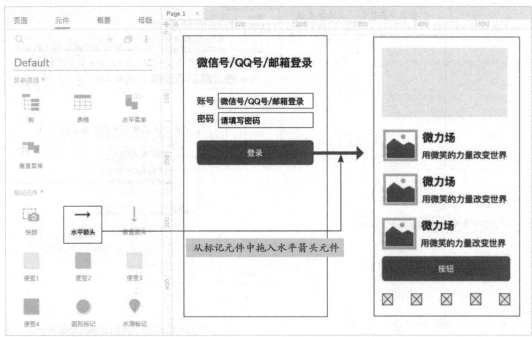

图6-14

② 使用标记元件中不同颜色的便签元件添加页面交互说明。从左侧拖入不同颜色的便签元件之后，双击便签元件添加交互说明文字，如图 6-15 所示。

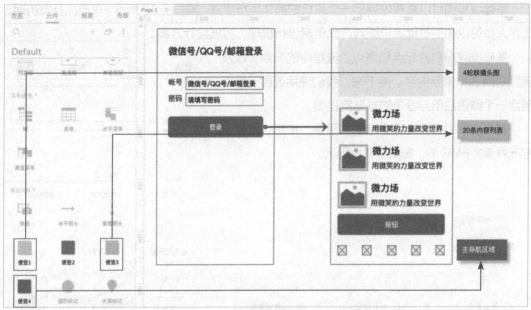

图6-15

③ 拖入标记元件中的圆形标记元件，双击该元件添加序号。然后拖入菜单 | 表格元件中的表格元件，添加圆形标记序号的交互说明，如图 6-16 所示。

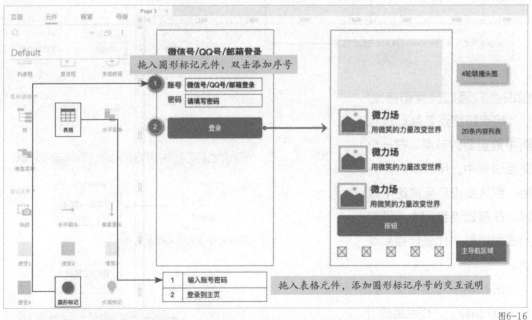

图6-16

这样，我们就完成了线框流程图的绘制。

第3节　绘制基础流程图

基础流程图可以直观地展示一个系统的具体运行步骤，如图6-17所示。在产品开发前期，工作人员可以使用基础流程图对产品逻辑进行梳理，验证设计方案。

基础流程图包含起点和终点、流程中的节点，以及流程判断3个重要内容。接下来，我们使用流程元件库创建一个微信注册与登录的基础流程图。

首先，我们在元件库中单击"更多"按钮，选择流程元件库（Flow），如图6-18所示。

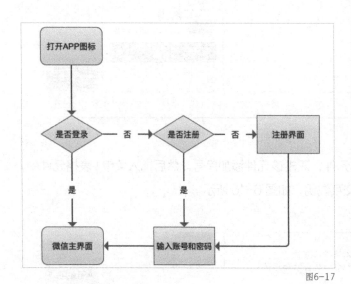

图6-17

图6-18

知识点1　添加起点和终点

起点和终点是基础流程图中最重要的节点。在一个交互过程中，用户从起点开始，到达终点后完成这个过程。在基础流程图中，通常用圆角矩形来代表起点和终点。

在本案例中，起点是"打开APP图标"，终点是成功登录"微信主界面"，如图6-19所示。

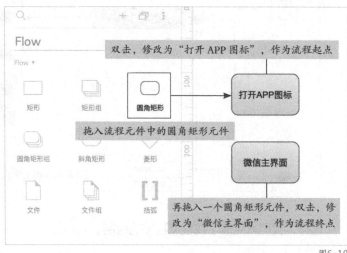

图6-19

知识点 2　增加流程中的节点

在基础流程图中，直角矩形通常代表流程中的节点。微信注册与登录的主要流程包括"输入账号和密码""注册"，如图 6-20 所示。

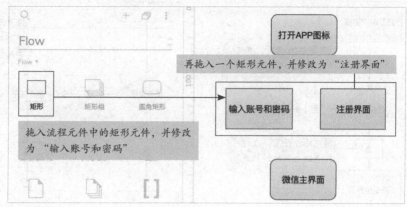

图6-20

知识点 3　添加流程判断

在基础流程图中，菱形通常代表判断节点。在此案例中，需要进行用户是否登录和用户是否注册两个判断。

判断一：用户是否登录。打开 APP 之后，用户如果已经登录，则直接进入微信主界面；如果没有登录，则需要输入账号和密码。

判断二：用户是否注册。打开 APP 之后，如果没有登录，且没有账号，则进入注册界面；注册成功之后，输入账号和密码，进入微信主界面。

接下来，我们在基础流程图中添加这两个流程判断。

① 从流程元件库中拖入两个菱形元件，修改文字为"是否登录"和"是否注册"，如图 6-21 所示。

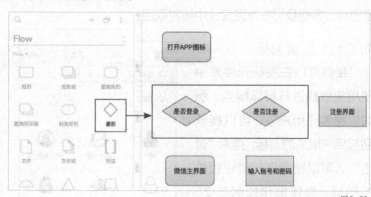

图6-21

② 单击工具栏上的"连接"按钮，进行流程节点间的连线，如图 6-22 所示。

③ 如果判断节点后是否定判断，则在连线上双击，填写"否"；如果判断节点后是肯定判断，则在连线上双击，填写"是"。具体操作如图 6-23 所示。

④ 添加"是否注册"的条件判断连接。如图 6-24 所示。

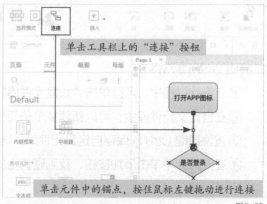

图6-22

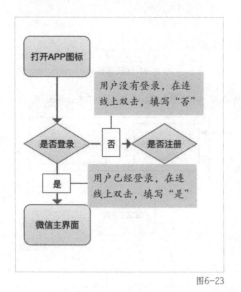

图6-23

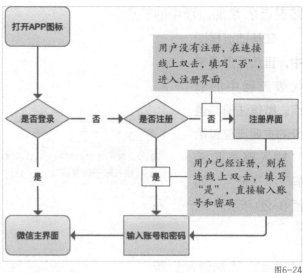

图6-24

这样，我们就完成了微信注册与登录的基础流程图。

第4节 玩转元件库

在学习流程图的设计过程中，我们掌握了基础元件库和流程元件库的用法。在整个元件库中，还有一个特别的元件库——图标元件库 (Icons) 需要我们掌握。图标元件库内置了大量图标，方便我们在原型设计中随时取用。

知识点1 搜索图标

我们可以在图标元件库中使用搜索框进行图标搜索。例如，搜索"用户"，可以搜索到与用户相关的图标；搜索"讨论"，可以搜索到与讨论相关的图标。具体操作如图 6-25 所示。

图6-25

知识点2 新建元件库

① 在设计过程中，可以单击"新建元件库"按钮创建自定义元件库。

② 在自定义元件库中，可以新建多个子元件和编辑子元件。如图 6-26 所示。

③ 按快捷键 Ctrl+S 保存自定义元件库，这里我们将它命名为"微信 .rplib"。

④ 在元件库中单击添加按钮，找到硬盘上的"微信 .rplib"文件，将此元件库导入。

图6-26

知识点3 设置自定义元件库

我们在设计过程中可以在自定义元件库中添加新的元件，如图6-27所示。

当我们不再需要自定义元件库时，可以将其移除，如图6-28所示。

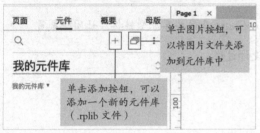

图6-27

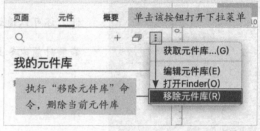

图6-28

本课练习题

操作题

1. 绘制微信登录页面的线框流程图。

2. 绘制微信注册与登录的基础流程图。

第 **7** 课

用浏览器打开原型——预览和发布

在设计过程中，原型可以用浏览器打开预览。面对不同的协作环境，设计师不但可以发布 HTML 格式的原型文件，还可以通过 AxShare 在线共享原型链接，让团队成员能随时随地参与设计过程。

本课重点

- 预览原型
- 发布 HTML 文件
- 使用 AxShare 在线服务

每日设计

第1节　预览原型

在之前的课程中设计了登录页面、微信主页面和注册与登录流程,这些原型页面可以通过浏览器预览。单击工具栏右侧的"预览"按钮,会打开默认浏览器并以网页形式显示原型,如图 7-1 所示。

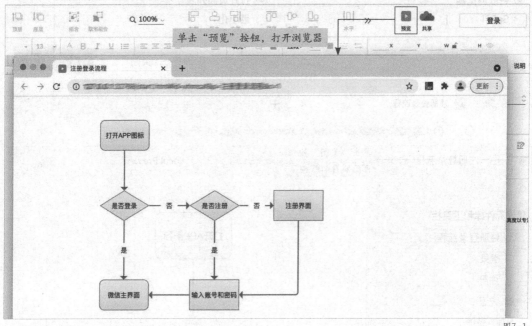

图7-1

知识点1　设置浏览器

设计师可以根据自己的偏好,设置打开原型的浏览器。在 Axure 的菜单栏中执行"发布 - 预览选项"命令,在弹框的左侧可以选择系统中安装的所有浏览器。例如,这里选择谷歌浏览器,单击"预览"按钮之后,系统会默认使用谷歌浏览器打开原型,如图 7-2 所示。

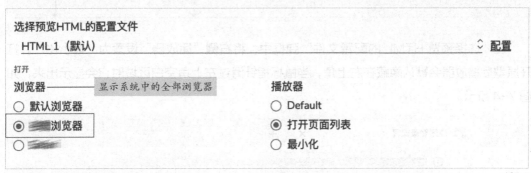

图7-2

知识点2　隐藏和显示播放器

在"选择预览 HTML 的配置文件"弹框中,将右侧的"播放器"设置为"打开页面列表",那么在预览原型时网页左侧会展开页面结构,单击左上角的"关闭"按钮可以把页面结构隐藏,如图 7-3 所示。

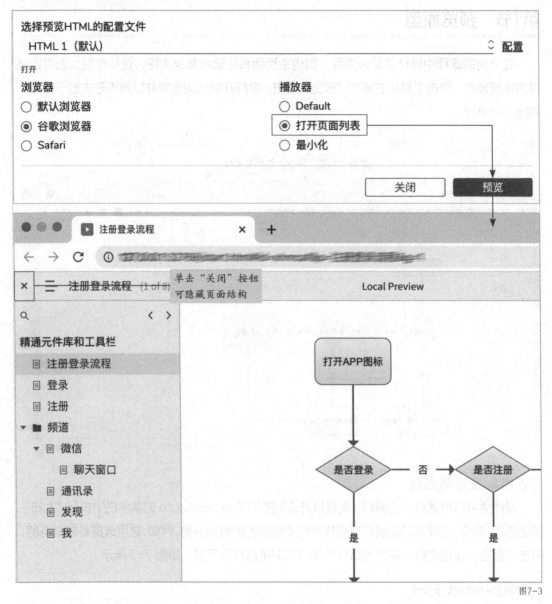

图7-3

在"选择预览 HTML 的配置文件"弹框中，将右侧"播放器"设置为"最小化"。打开原型后播放器会默认隐藏在左上角，当鼠标指针滑过左上角空白区域时它会显示出来，如图 7-4 所示。

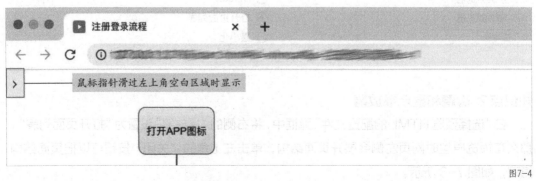

图7-4

第2节　发布HTML文件

在协作的过程中，原型随时可能需要发给团队成员查看。因为可能会遇到部分团队成员没有安装 Axure 的情况，所以设计师一般不会发送 RP 格式的源文件，而是会将其生成 HTML 文件后发送，以方便所有成员查看。

知识点1　生成本地文件

首先在工具栏中单击鼠标右键，在右键菜单中执行"自定义工具栏"命令。在弹框中选择"HTML"工具，把它添加到工具栏上，如图 7-5 所示。

单击"HTML"按钮，在弹框中单击"⋯"按钮选择创建本地文件夹的位置。命名文件夹后，在弹框中单击"Publish Locally"按钮完成发布。这里，把新创建的文件夹放在桌面，并命名为"预览和发布"。具体操作如图 7-6 所示。

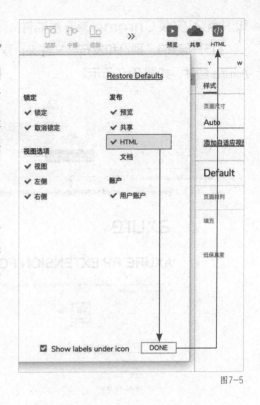

图7-5

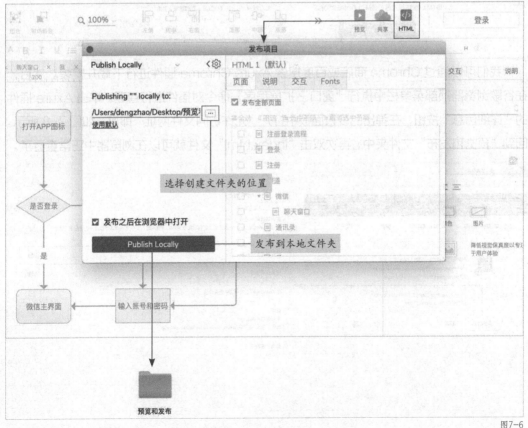

图7-6

知识点2 安装Chrome浏览器插件

打开新建的"预览和发布"文件夹，双击"index.html"文件，谷歌浏览器会提示安装 Axure 插件，如图 7-7 所示。

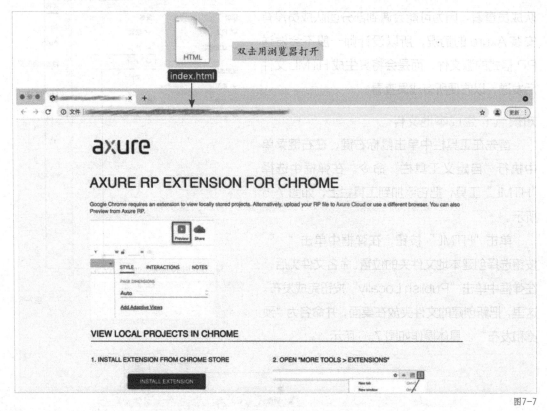

图7-7

我们可以通过 Chrome 商店或百度搜索 Axure Chrome 插件进行下载并安装。然后，在谷歌浏览器顶部菜单栏中执行"窗口 – 扩展程序"命令对插件进行管理。单击 Axure 插件的"详细信息"按钮，在弹出的设置面板中打开"允许访问文件网址"即可，如图 7-8 所示。回到"预览和发布"文件夹中，再次双击"index.html"文件就可以在浏览器中正常查看了。

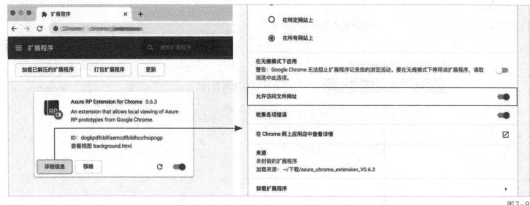

图7-8

第3节　使用AxShare在线服务

在"预览"和"HTML"按钮的中间还有一个"共享"按钮，这是 Axure 提供的在线共享服务器，发布到共享服务器中的原型可以通过互联网访问。

知识点 1　在线预览和发布

单击"共享"按钮后，在弹框中为项目命名；如果项目的保密性较高，可以设置访问密码，团队成员需输入此密码才能查看原型。具体操作如图 7-9 所示。

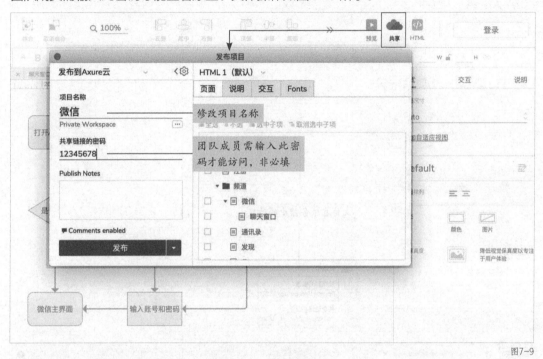

图7-9

单击"发布"按钮之后，需要登录账号。没有账号则需先注册，输入邮箱和密码，单击"Crete Account"（创建账号）按钮之后完成注册，如图 7-10 所示。

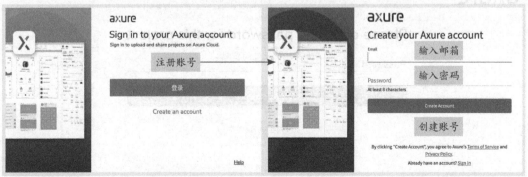

图7-10

登录完成后，Axure 界面中右侧的"登录"按钮就变成了账号名。界面下方会提示正在生成项目，并显示发布到 Axure 在线服务器中的原型所在的文件夹的位置。完成发布后会生成共享链接，复制链接到浏览器中打开，就可以在线浏览原型了。如果在发布时设置了密码，则需要输入密码才能访问。具体操作如图 7-11 所示。

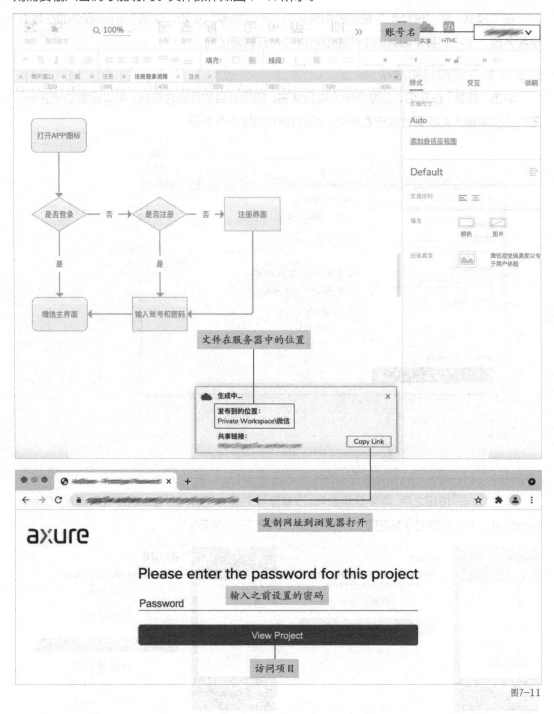

图7-11

知识点2　在线管理

发布后的原型可以使用 AxShare 进行在线管理。

 打开"每日设计"APP，输入并搜索"SP050701"，观看讲解视频——使用 AxShare 在线管理发布后的原型。

本课练习题

操作题

1. 将之前设计的原型生成 HTML 文件，并下载安装 Chrome 插件。

关键步骤：

（1）添加"HTML"工具到工具栏；（2）生成 HTML 文件；

（3）下载安装 Chrome 插件并完成设置。

2. 注册账号，并将项目共享到 AxShare 在线服务器。

关键步骤：

（1）注册账号；（2）共享原型；（3）生成链接。

第 **8** 课

创建自适应页面——页面设置

在当下的互联网环境中，用户会使用手机、计算机等多种设备访问产品。为了保证用户在使用时有更好的体验，设计师需要在原型设计中针对不同的屏幕尺寸进行设计。同时，由于用户使用不同设备时有不同的操作习惯，在产品的页面布局上设计师也需要做相应的调整。

本课重点

- 自适应页面的作用
- 页面的基本操作
- 设计自适应页面

 每日设计

第1节　自适应页面的作用

图8-1所示为一个购物网站首页的低保真原型。页面的顶部是导航区，导航区下面有头图，头图下面是商品推荐，页面底部是版权说明。

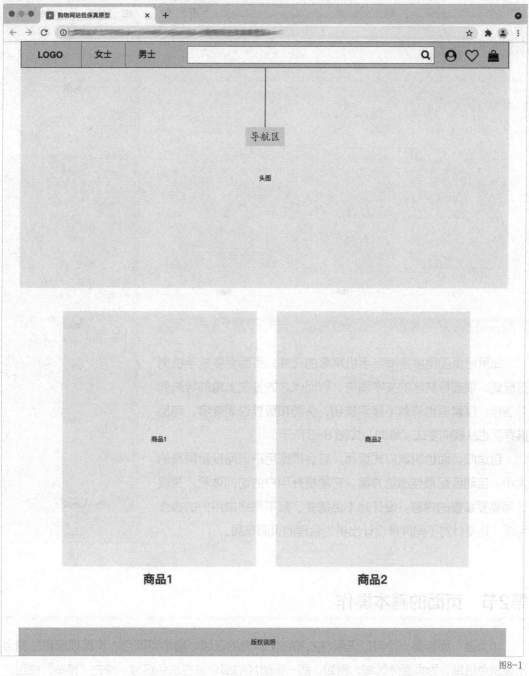

图8-1

这是一个能够自适应浏览器宽度的页面。把页面拖宽后，页面中的元素会自动发生改变，顶部的导航区、头图和底部的版权说明都变宽了，商品推荐区从 2 个商品变成了 3 个商品，如图 8-2 所示。

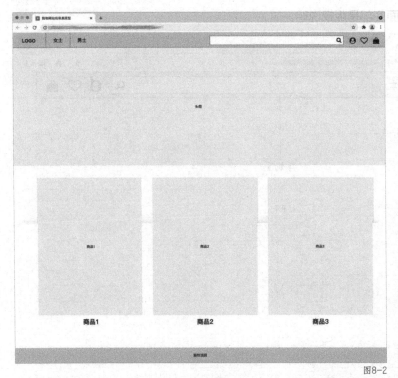

图8-2

如果把页面宽度拖窄到手机屏幕的尺寸，页面会变成手机浏览模式。顶部导航区的文字消失，取而代之的是左上角的导航列表图标，搜索框也只剩下搜索按钮，头图和版权说明变窄，商品推荐区也从横向变成了纵向，如图 8-3 所示。

自适应页面也叫响应式页面，它会根据用户访问设备屏幕的大小，自动匹配最佳浏览方案。它能提升用户的访问体验，是设计师需要掌握的内容。设计师不但需要了解不同终端用户的操作习惯，还要针对不同屏幕设计出更为合理的页面布局。

图8-3

第2节　页面的基本操作

"页面"面板是一个可以无限往右和往下扩展的区域。缩小页面后，页面顶部和左侧会出现灰色区域，为页面外区域；例如，把一张图片的部分放在灰色区域，单击"预览"按钮，在浏览器中只能看到非灰色区域的设计内容。具体操作如图 8-4 所示。

图8-4

知识点1　调整页面大小

贴在页面区域顶部和左侧的是标尺工具，双击标尺左上角的"回到原点"按钮，能够快速定位到横纵坐标为 0 的起点；在页面区域按住 Space 键，鼠标指针会变成一个手的形状，此时按住鼠标左键可以拖动页面。具体操作如图 8-5 所示。

图8-5

按住 Ctrl 的同时滚动鼠标滚轮可以放大和缩小页面，按快捷键 Ctrl+ ＋（加号）可按比例放大页面，按快捷键 Ctrl+ －（减号）可按比例缩小页面。如果想回到 100% 大小的页面，按快捷键 Ctrl+0 即可。

知识点2　创建网页原型和修改预览排列

在页面右侧"样式"面板中，当前页面的默认尺寸是 Auto。"页面尺寸"下拉列表里面还包含了 Web、自定义设备，以及苹果和安卓设备常见的设计尺寸。这里选择"Web"选项，因为原型是一个宽度为 1024 像素的网页，如图 8-6 所示。

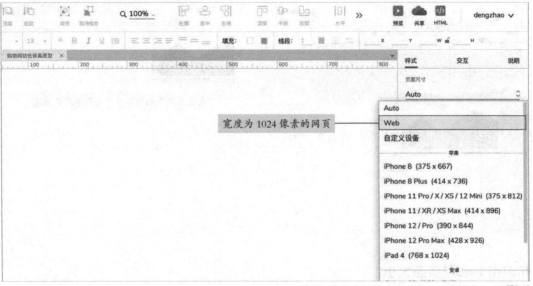

图8-6

在 Web 页面的顶部创建导航栏，如图 8-7 所示。

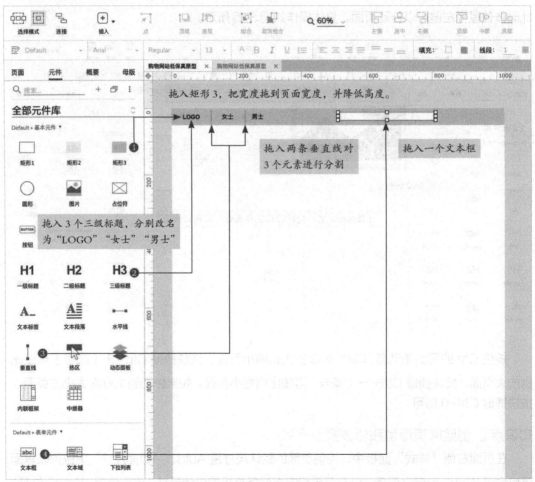

图8-7

① 从基本元件中拖入一个矩形 3，把它的宽度拖到页面宽度，并降高度。

② 拖入一个三级标题到矩形左侧，修改文字为"LOGO"。在"LOGO"的右侧再添加两个三级标题，分别修改文字为"女士"和"男士"，然后调整文字的排列与对齐方式。

③ 在文字中间放置两条垂直线进行分割。

④ 从表单元件中拖入一个文本框放到右侧。

在图标元件库里搜索相关图标，放到搜索框内和导航栏右侧，如图 8-8 所示。

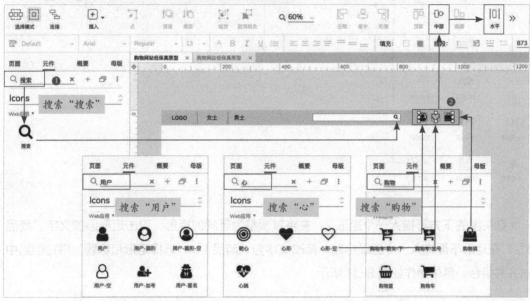

图8-8

① 在图标元件库的搜索框中输入"搜索"，在搜索结果中找到合适的图标并将其拖入页面，按比例缩小后放到搜索框内部右侧。

② 分别搜索"用户""心""购物"，找到合适的图标并将其拖进页面，全选后统一缩小，通过"中部"按钮和"水平"按钮调整图标的分布，并将其放到导航栏右侧。

③ 选择矩形背景，然后选择导航栏中的所有元件，单击"中部"按钮将导航栏上所有元件的位置调整为上下居中，如图 8-9 所示。

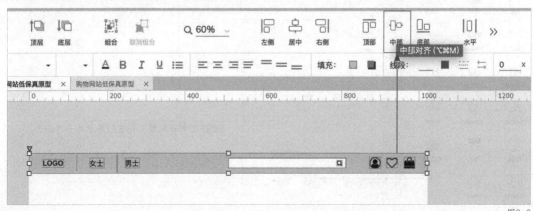

图8-9

73

从基本元件中拖入一条水平线放置在导航栏下方，让导航栏和内容有一个明显的视觉分隔。拖入矩形 2 放置到水平线下方，将它的宽度变为页面宽度，把它的高度变高，然后双击矩形添加文字"头图"。具体操作如图 8-10 所示。

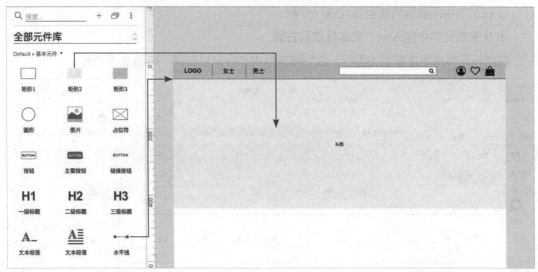

图8-10

在头图的下方再拖入一个矩形 2，并将其调整为竖向的矩形，双击矩形添加文字"商品1"；在矩形下面拖入一个三级标题，修改文字为"商品 1"；选择矩形和标题，将它们居中对齐并组合。具体操作如图 8-11 所示。

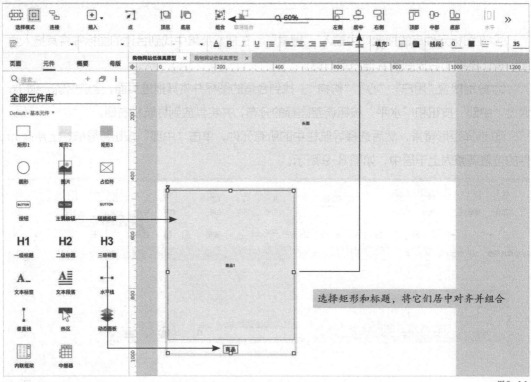

图8-11

复制组合到右侧，将文字统一修改为 "商品 2"；在底部拖入一个矩形 3，把它拖到和页面一样的宽度，并降低高度，双击添加文字"版权说明"。具体操作如图 8-12 所示。

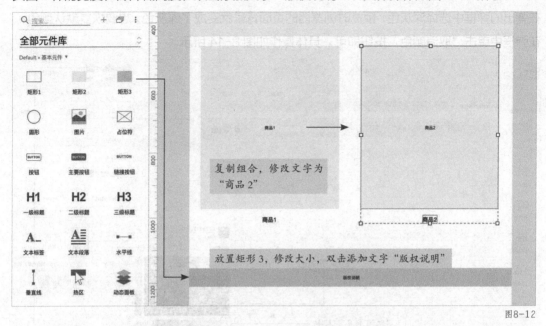

图8-12

页面默认在预览时采用左侧对齐方式，在右侧页面样式中把页面排列方式修改为居中对齐，这样在预览时页面就居中对齐显示了，如图 8-13 所示。

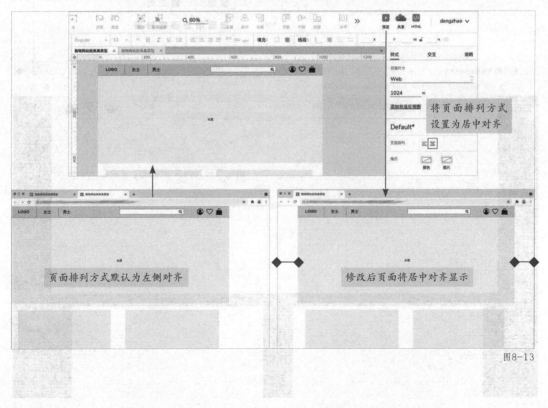

图8-13

知识点3 填充页面颜色和背景

　　右侧的"样式"面板底部有一个填充功能，它可以用来控制页面背景。单击"颜色"按钮，在弹出的弹框中选择深灰色，预览时浏览器的页面背景就变成了深灰色。想要恢复默认颜色，在弹框中单击"取消颜色"按钮即可。具体操作如图 8-14 所示。

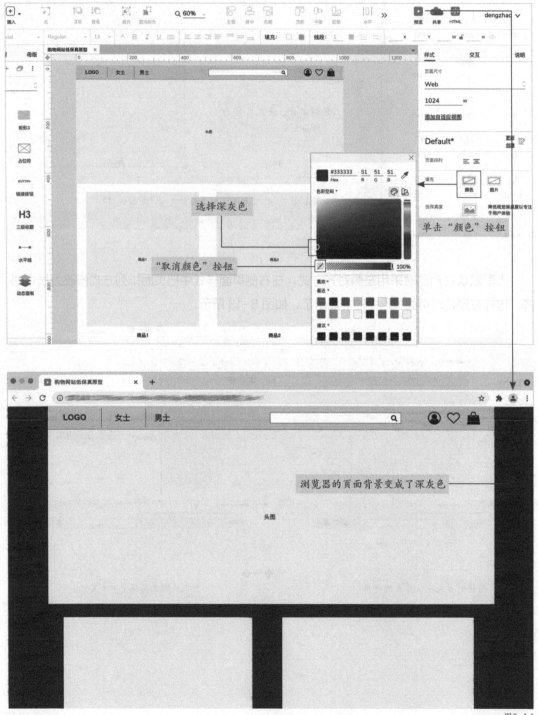

图8-14

除了使用"颜色"按钮设置颜色之外，背景还可以用硬盘上的图片进行填充，如图 8-15 所示。

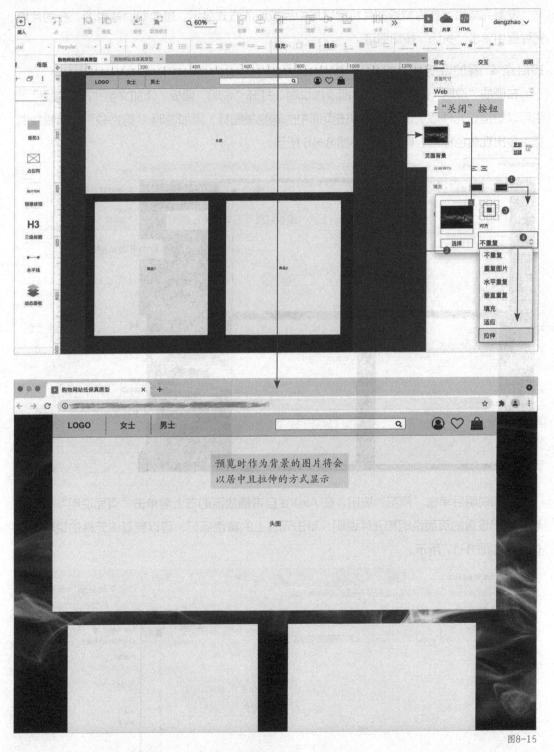

图8-15

① 单击"样式"面板中"填充"右侧的"图片"按钮。

② 在弹框中单击"选择"按钮，导入之前准备好的图片。

③在弹框中选择居中对齐方式。

④打开弹框下方的下拉列表，在其中选择"拉伸"选项。

设置完成后，作为背景图片将会以居中且拉伸的方式显示。想要取消背景图，在图片填充弹框中单击"关闭"按钮即可。

知识点4 添加说明和降低保真度

右侧的"说明"面板可以为页面添加说明。打开"说明"面板，添加文字"产品首页"；也可以给指定元件添加说明，如单击页面中的购物袋图标，添加说明"购物袋"，购物袋图标上会出现黄色标记。具体操作如图8-16所示。

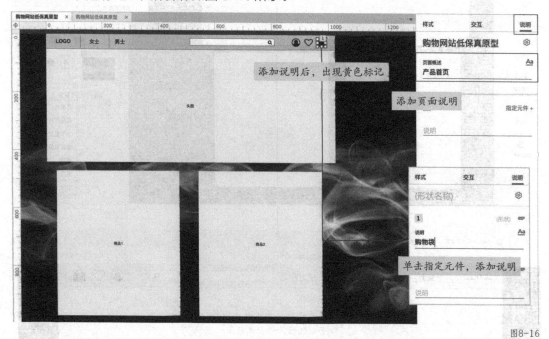

图8-16

添加说明后单击"预览"按钮，在Axure自带播放器的右上角单击"页面说明"按钮，可查看已设置的页面说明和元件说明；单击元件上的黄色标记，可以查看该元件的说明。具体操作如图8-17所示。

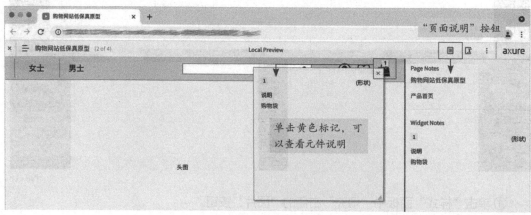

图8-17

在产品设计初期，过于关注图片、颜色等视觉表现方式会降低协作效率。低保真的草图可以让团队成员把前期阶段的工作重点放在产品结构、用户体验等重要的问题上。因此，在页面的右侧"样式"面板中，可以选中"低保真度"按钮去掉页面中的颜色；想要恢复颜色，取消选中"低保真度"按钮即可。具体操作如图 8-18 所示。

图8-18

第3节　设计自适应页面

为了让页面自动适应不同设备的不同屏幕尺寸，接下来以 Web 原型为基础，分别设计 1440 像素宽度和苹果手机宽度的自适应原型页面。

知识点1　网页自适应页面设计

有的用户的计算机屏幕很大，为了满足这部分用户的需求，可以在右侧"样式"面板中添加自适应视图，如图 8-19 所示。

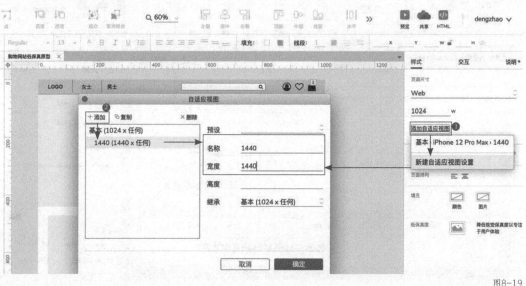

图8-19

①单击"添加自定义视图"按钮，在弹框中选择"新建自适应视图设置"选项。

②在打开的"自适应视图"弹框的左上角单击"添加"按钮，把新建视图的名称改为"1440"，宽度也改为"1440"。

单击"确定"按钮后，页面顶部会出现"基本"和"1440"两个标签。因为页面变宽，页面下方内容的右侧会多出来一块空白区域，所以需要对页面进行修改。具体操作如图 8-20 所示。

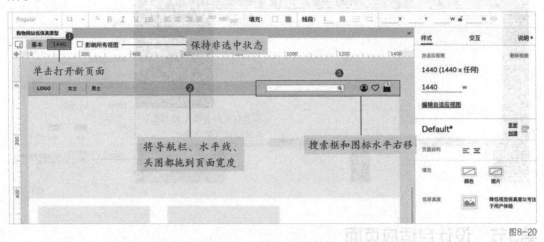

图8-20

①单击"1440"标签打开新页面，"影响所有视图"复选框需要处于非选中状态。

②把顶部的导航栏、水平线、头图拖到页面宽度。

③顶部的搜索框和图标等元件水平往右移动。

在商品推荐区，复制"商品 2"组合到右侧，把名字统一改为"商品 3"；全选 3 个商品组合，单击工具栏上的"水平"按钮让组合间距相等；然后，把底部的版权说明栏拖到页面宽度就可以了。具体操作如图 8-21 所示。

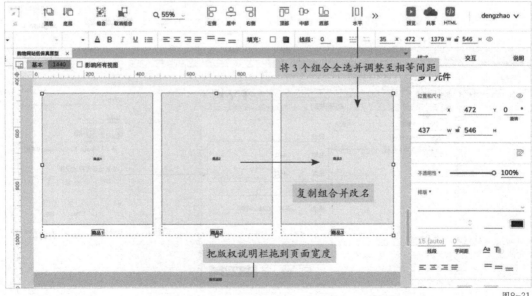

图8-21

单击"预览"按钮，原型会根据浏览器页面的宽度自动进行调整，如图 8-22 所示。

图8-22

知识点 2　手机自适应页面设计

接下来创建苹果手机的自适应页面原型，如图 8-23 所示。

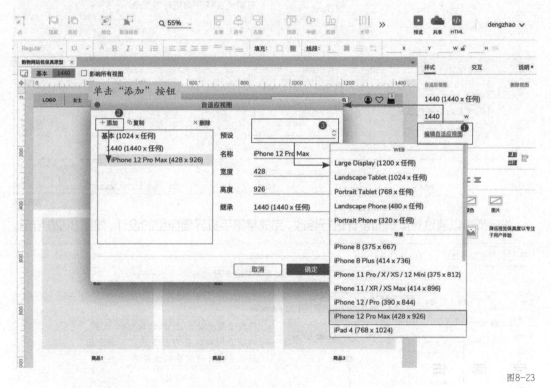

图8-23

①在页面右侧的"样式"面板中单击"编辑自适应视图"按钮。

②在"自适应视图"弹框中单击"添加"按钮。

③在"预设"下拉列表中选择"iPhone 12 Pro Max（428x926）"选项。

完成设置单击"确定"按钮后，页面顶部出现"iPhone 12 Pro Max"标签。单击该标签，会发现由于手机页面变窄，很多设计过的内容都处于页面外区域，需要重新调整。虚线以上的非灰色区域是手机屏幕显示区域，如图 8-24 所示。

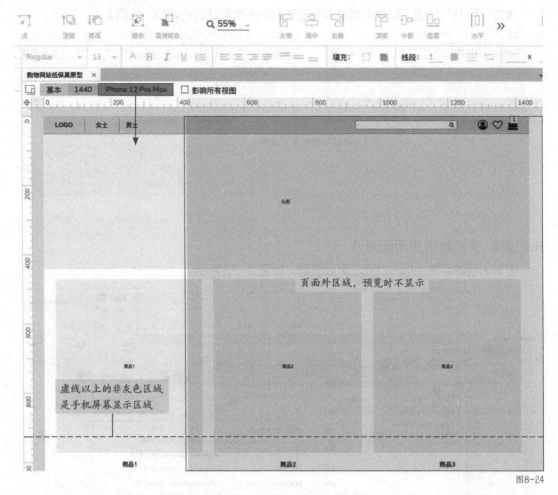

图8-24

设计师可以通过对该页面设计进行修改，完成苹果手机界面原型的设计，如图8-25所示。

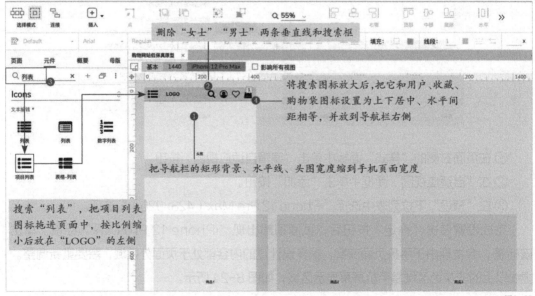

图8-25

① 把页面顶部导航栏的矩形背景、水平线、头图宽度都缩到手机页面宽度。

② 删除 "女士" "男士" 和两条垂直线，以及搜索框。

③ 将 "LOGO" 右移一点，在图标元件库中搜索 "列表"，把项目列表图标拖进页面中并按比例缩小，将其放在 "LOGO" 的左侧，之前删除的 "女士" "男士" 将来都放进这里显示。

④ 将搜索图标放大，然后将它和用户、收藏、购物袋图标设置为上下居中、水平间距相等，并放到导航栏右侧。

在页面上拖动底部的商品列表，把它们从横向变为纵向放进页面；把版权说明放到内容末尾，并拖到手机页面宽度。具体操作如图 8-26 所示。

单击 "预览" 按钮，当把浏览器页面宽度拖到接近手机页面宽度，原型会以手机页面方式显示；拖动鼠标指针可以模拟在手机上浏览页面内容。具体操作如图 8-27 所示。

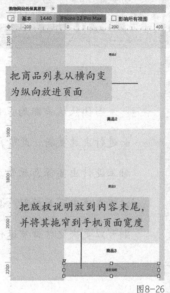

图8-26

图8-27

本课练习题

选择题

下列描述正确的是（　）。

A. 按住 Ctrl 键的同时滚动鼠标滚轮可以放大和缩小页面区域

B. 按快捷键 Ctrl+＋（加号）可以按比例放大页面区域

C. 按快捷键 Ctrl+－（减号）可以按比例缩小页面区域

D. 按快捷键 Ctrl+0 可以让页面区域以 100% 大小显示

答案：A、B、C、D

操作题

模拟本课案例，创建一个能满足 1024 像素、1440 像素和 iPhone12 Pro Max 3 种屏幕宽度的自适应页面。

关键步骤：

（1）设计 Web 宽度页面；（2）创建 1440 像素宽度页面，并调整页面内容；

（3）创建手机原型页面，并调整页面内容。

设计手机原型——APP 规范和样式

当团队从前期的探索阶段进入设计阶段后，需要对页面进行快速更新。此阶段需要在初期设计的线框草图的基础上设计出高保真原型。设计页面时，基本规范能协助设计师搭建出页面框架。设计师若能熟练使用"样式"面板，则可以更快地对细节进行调整。

本课重点

- 互联网产品的迭代思维
- 手机 APP 原型规范
- 设计手机案例框架
- 设计产品内容列表

第1节　互联网产品的迭代思维

下面先来看一组页面，左侧的页面是产品探索阶段设计出的线框草图，右侧的页面是迭代后的高保真原型，如图 9-1 所示。

互联网产品从无到有，主要分为 3 个阶段：探索阶段、设计阶段和发布阶段。由于每一次发布都是一个新版本的产品，因此，我们经常会看到产品上线时标记为 1.0、2.0、3.0……版本，如图 9-2 所示。

传统行业的项目通常在成功交付给需求方后就结束了。互联网行业的产品则不同，甚至从根本上来说互联网产品没有截止点，因为随着用户需求的改变，产品需要不断更新。这是产品开发人员首先需要理解的基本迭代概念。

图9-1

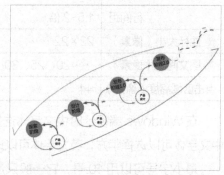

图9-2

第2节　手机APP原型规范

在制作高保真原型之前，首先要了解 APP 原型设计的基本规范，它能协助设计师搭建出页面整体框架。需要注意的是，本书的 APP 基本规范是根据 1 倍页面尺寸设定的，这是现在行业内经常采用的设计尺寸。如果团队要求设计 2 倍、3 倍尺寸大小的页面，则以 1 倍大小的页面为基础乘以倍数放大即可。APP 的设计基本规范中，页面整体大小首选 iPhone 12 Pro Max 的屏幕尺寸，其宽为 428 像素，高为 926 像素，顶部状态栏的高度是 20 像素，导航栏的高度是 44 像素，底部标签栏的高度是 49 像素，如图 9-3 所示。

图9-3

因为这个屏幕尺寸比较容易进行页面拓展。虽然页面大小首选 428 像素 × 926 像素，但具体设置需根据公司的项目要求进行调整。

在设计过程中，页面大小、状态栏高度、导航栏高度、标签栏高度、字体、字号、行间距、图标大小、图文间距和点击区域高度都可以参考规范进行设计，如表 9-1 所示。

表 9-1

项目	说明
页面大小（像素）	苹果手机：428×926　　　安卓手机：360×760、412×847
状态栏高度（像素）	20
导航栏高度（像素）	44
标签栏高度（像素）	49
字体	Windows: 微软雅黑（中）、Arial（英）　　Mac: 苹方（中）、Helvetica（英）
字号	10（最小字号）、12、14、16、18、20、22、24……（偶数字号、单页面尽量不超过 3 种字号）
行间距	1.5~2 倍
图标大小（像素）	22×22……
图文间距（像素）	……20、25、30……（5 的倍数）
点击区域高度（像素）	44

在 Windows 端设计时中文字体选择微软雅黑，英文字体选择 Arial；在 Mac 端设计时中文字体可以选择苹方，英文字体可以选择 Helvetica。

最小字号可以用 10 号，它一般只运用在日期、时间等辅助文字上。其他文字可以选择 12 号、14 号、16 号、18 号等偶数字号，这样能更好地适应屏幕的尺寸。同一个页面中尽量不超过 3 种字号。通过字号来区分文字的主次，会让页面的字体层级更清晰。

行间距通常是 1.5~2 倍。如果使用 12 号字，行间距可以是 16~24 磅（1 磅 =0.3527 毫米）；如果使用 14 号字，行间距则可以是 21~28。

图标大小尽量不要小于 22 像素 × 22 像素，因为 APP 界面是用户使用手指点击屏幕进行交互，低于 22 像素 × 22 像素的图标，用户会难于用手指进行操作。

图文的间距通常是 5 的倍数，使用 10 像素、20 像素、30 像素、40 像素、50（10 的倍数）像素等作为间距，页面会显得更舒展。

列表区的高度建议和导航栏的高度一致，使用 44 像素以上的高度设计列表页时，用户更容易用手指点击。

第3节　设计手机案例框架

掌握了 APP 的基本规范后，接下来用临摹的方式设计出高保真原型，如图 9-4 所示。

首先搭建页面框架，新建一个页面，命名为"微信高保真原型"，在右侧"样式"面板中将页面尺寸改为 iPhone 12 Pro Max 的默认尺寸 428 像素 ×926 像素，如图 9-5 所示。

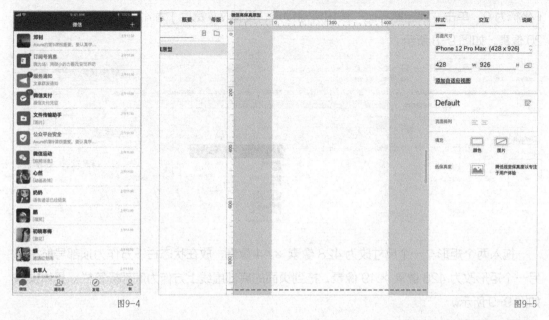

图9-4 图9-5

知识点 1 导入图片文件夹

首先找到素材中第 9 课的微信图标文件夹。然后在"元件"面板中单击"添加文件夹"按钮，将整个微信图标文件夹导入元件库，如图 9-6 所示。

将新导入的微信图标文件夹中的"微信高保真原型"图片拖入页面右侧，把它作为参考图片，如图 9-7 所示。

图9-6

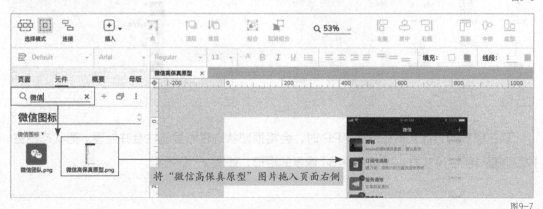

将"微信高保真原型"图片拖入页面右侧

图9-7

知识点 2 设置元件的样式

从基本元件中拖入一个矩形，放到页面左上角，"样式"面板上方显示当前元件的 x、y 坐标为 0，单击"锁定宽高比"按钮解除锁定，设置 W（宽度）为 428 像素，H（高度）为 20 像素，如图 9-8 所示。

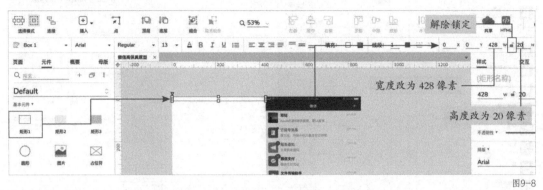

图9-8

拖入两个矩形：一个尺寸改为 428 像素 ×44 像素，放在状态栏下方作为顶部导航栏；另一个矩形改为 428 像素 ×49 像素，拖到页面的底部虚线上方作为底部标签栏。具体操作如图 9-9 所示。

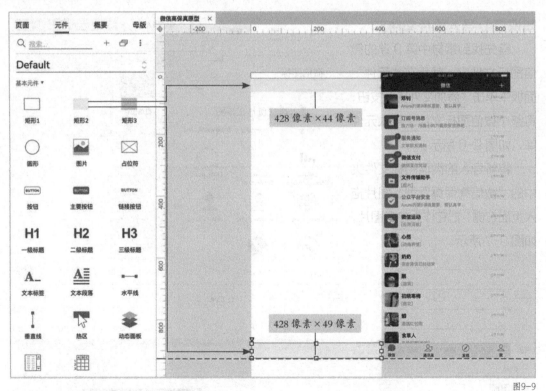

图9-9

现在很多的设计人员在设计 APP 时，会将顶部状态栏和导航栏合并处理。把状态栏去掉后调整导航栏尺寸为 428 像素 ×64 像素的矩形，如图 9-10 所示。

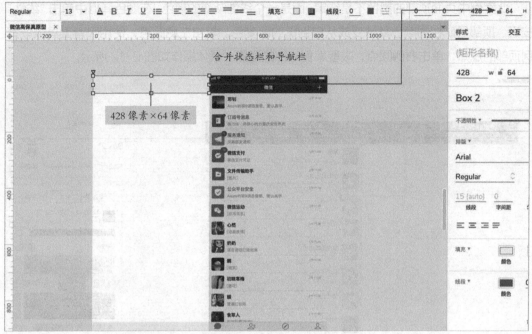

图9-10

知识点 3　调整元件颜色

选择顶部矩形，单击右侧"样式"面板"填充"中的"颜色"按钮，在弹出的颜色弹框中单击吸管工具，鼠标指针会变成吸管的形状；颜色弹框左侧显示鼠标指针滑过处的颜色，在想要的颜色处单击，完成矩形填充色的更改。具体操作如图 9-11 所示。

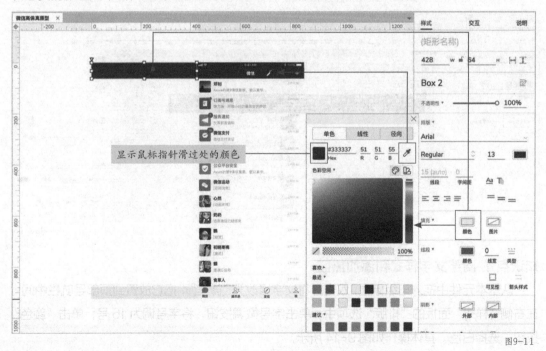

图9-11

此案例中页面顶部的黑色不是纯黑，而是一个线性渐变的黑色。在颜色弹框中单击"线性"按钮，顶部导航栏的颜色默认变成从白到黑的渐变色。单击左侧圆点，使用吸管工具吸取案例顶部的浅黑；单击右侧圆点，吸取案例底部的深黑。具体操作如图9-12所示。

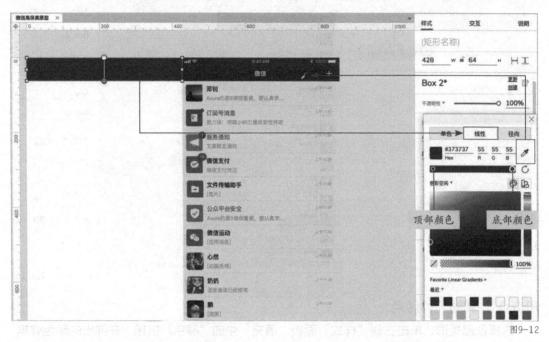

图9-12

在导入的微信图标文件夹中，搜索"ios"。把"ios状态白"图片拖入页面。单击右上角的"锁定宽高比"按钮，将图片高度改为20像素，然后放到合适的位置。具体操作如图9-13所示。

图9-13

知识点4 调整文字样式和添加热区

从基本元件中拖入三级标题，双击并将文字修改为"微信"，把它放置到顶部导航栏中间；在右侧"样式"面板的"排版"选项中，单击字号微调按钮，将字号调为16号；单击"颜色"按钮，选择白色。具体操作如图9-14所示。

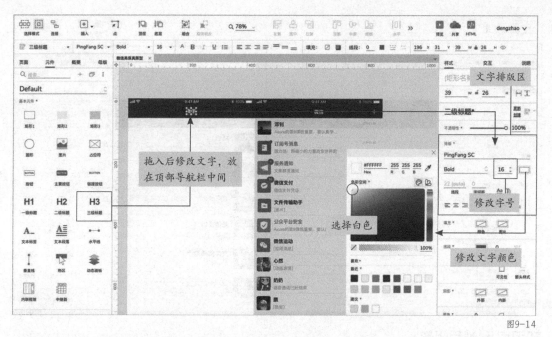

图9-14

拖入 "+.png" 图标，把尺寸改为 16 像素 ×16 像素，移动图标到导航栏上距右侧边 10 像素的位置，如图 9-15 所示。

图9-15

虽然最小的点击区域尽量不要小于 22 像素 ×22 像素，但 16 像素 ×16 像素大小的图标在视觉上更完美。当视觉设计和交互设计出现此类冲突时，我们可以使用热区功能增强交互。将热区从基本元件中拖入右侧页面，修改其大小为 30 像素 ×30 像素，移动热区到 "+.png" 上方，在预览时，热区覆盖到的区域都是可以进行点击的区域，如图 9-16 所示。

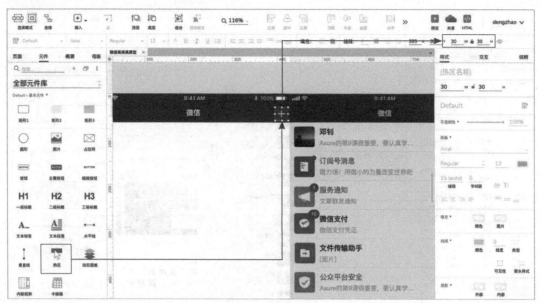

图9-16

知识点5 妙用矩形

在设计底部标签栏时，可以巧妙地使用矩形来设计出水平线。选中标签栏的矩形，在右侧的"样式"面板中把边框的线宽改为1像素。单击边框的"可见性"按钮，然后通过单击左侧、右侧、底部边框对其进行隐藏，矩形就只剩下了顶部的边框了。通过这样的方式制作出的水平线，能更精确地控制与底部的边距，也能与其他元件更好地排列和对齐。最后在"颜色"面板中修改边框的颜色即可。具体操作如图9-17所示。

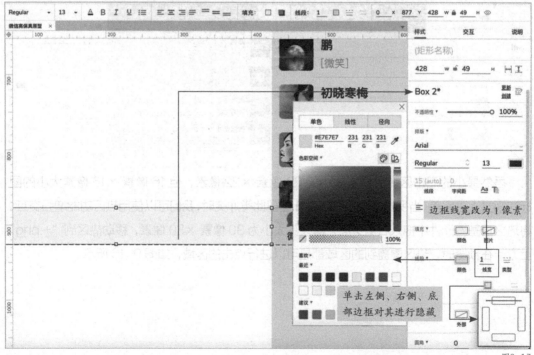

图9-17

知识点6　排列对齐多个图文组合

在微信图标文件夹中，将图 9-18 所示的 4 个图标拖入页面。锁定宽高比后，调整图标的尺寸。"微信"图标大小为 26 像素 ×22 像素，"通讯录"图标大小为 28 像素 ×23 像素，"发现"图标大小为 24 像素 ×24 像素，"我"图标大小为 24 像素 ×22 像素。注意，由于单个图标的形态不同，因此每个图标的长宽稍有区别。同时，由于每个图标的绝对面积和视觉大小不一样，因此在保持视觉协调的基础上，长宽超过最小尺寸 22 像素 ×22 像素即可。

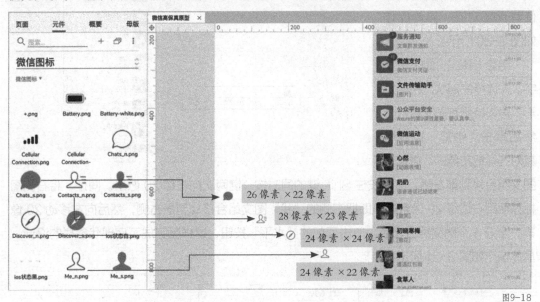

图9-18

从基本元件中拖入 4 个文本标签，分别双击把文字修改为"微信""通讯录""发现""我"，将字体大小都改为 12 号；选中文字"微信"，把颜色修改为绿色；将文字分别拖到相应的图标下面，与图标左右居中对齐。具体操作如图 9-19 所示。

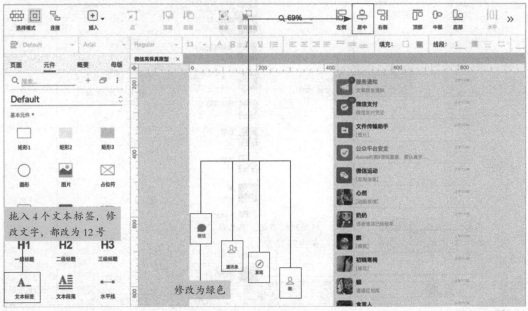

图9-19

调整文字"微信"，使其与对应的图标间隔 3 像素。选择"微信"图标，再选择其他 3 个图标，使其顶部对齐。选择文字"微信"，再选择其他 3 个文字，使其顶部对齐。具体操作如图 9-20 所示。

组合相应的图标和文字。先选择底部状态栏的矩形，再选择所有图文组合，然后单击"中部"按钮使其对齐。把左侧的"微信"

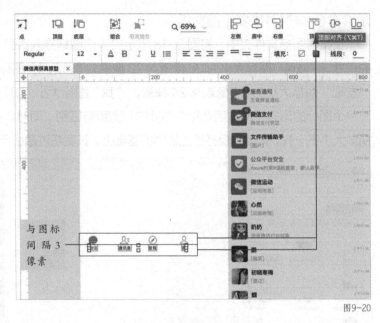

图9-20

图文组合移到最左侧，然后按住 Shift 键的同时按→键两次向右移 20 像素。同理，将右侧图标移至距右边缘 20 像素处，即把右侧的"我"图文组合移动到最右侧，然后向左移动 20 像素。全选 4 个图文组合之后，单击顶部的"水平"按钮，这样就完成了底部状态栏的设计。具体操作如图 9-21 所示。

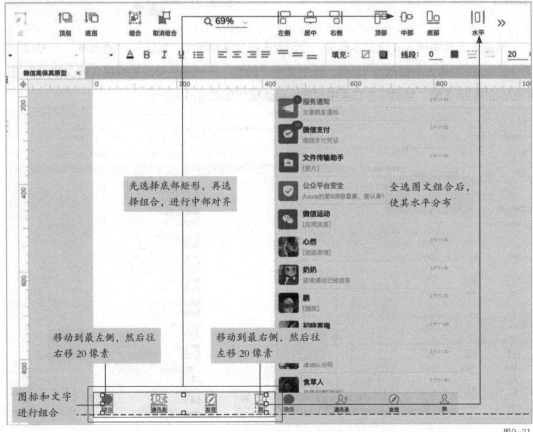

图9-21

第4节 设计产品内容列表

微信内容区是由图片和文字构成的列表，列表最右侧有时间，内容与内容之间用水平线分开。可以先制作列表中的一条内容，然后通过复制的方式完成其余内容的制作。

拖入一个矩形，把矩形的尺寸改为 372 像素 ×64 像素，通过单击右侧"样式"面板中边框的"可见性"按钮把矩形边框的顶部、左侧、右侧隐藏，将边框的颜色修改为浅灰色，如图 9-22 所示。

图9-22

从微信图标文件夹中拖入 "头像 -1.png"图片，单击"锁定宽高比"按钮，把尺寸改成 45 像素 ×45 像素；把图片放在与矩形上下居中、距左侧边 10 像素处。具体操作如图 9-23 所示。

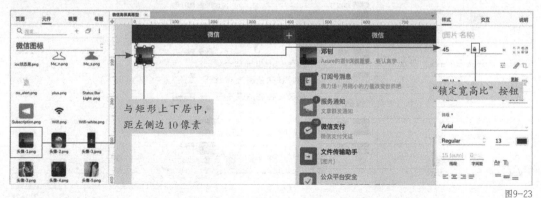

图9-23

知识点1 设置文字样式

从基本元件中拖入一个三级标题，双击并修改文字，将字号修改为 16 号，放在距离图片右侧 10 像素的位置，与图片顶部对齐。拖入一个文本标签，双击并修改文字内容，颜色修改为灰色，放在距离图片右侧 10 像素的位置，与标题文字距离 3 像素。

再拖入一个文本标签，双击并将文字修改为"上午 11：30"，改为最小字号 10 号，颜色修改为灰色。让时间和左侧标题顶部对齐，和顶部"+"图标右对齐。具体操作如图 9-24 所示。

图9-24

按住 Ctrl+Shift 组合键的同时按住鼠标左键往下拖动元件可完成内容的复制。当复制到最后一行时，列表内容会挡住底部的标签栏。全选标签栏内容后，单击"顶层"按钮，即可把标签栏放在顶部。具体操作如图 9-25 所示。

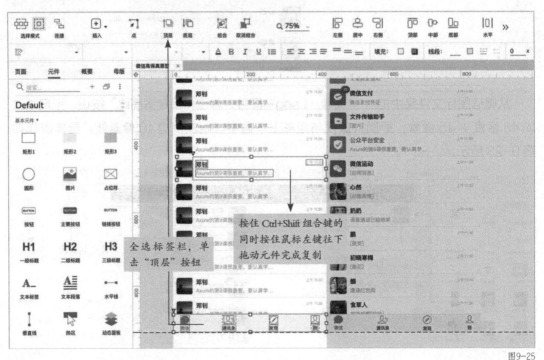

图9-25

知识点 2 细化产品列表内容

目前的列表内容都是一样的，虽然很多原型设计到这一步就算完成了，但设计师应该把内容做得更真实一点，设计出更多细节。首先替换第二行的内容，从微信图标文件夹拖入"订阅号 .png"图片，尺寸修改为 45 像素 ×45 像素。替换之前的图片后，修改右侧的文字为"订阅号消息"，同时修改第二行的文字。通常开发团队会问一行文字最多字数是多少之类的问题，设计师可以在原型中给出答案。例如一行文字超过 14 个字时，后面需要出现 3 个点表示省略。最后将"订阅号消息"的文字颜色修改为浅蓝色。具体操作如图 9-26 所示。

图9-26

知识点 3　创建样式和复用样式

把"服务通知 .png"图片拖进页面，尺寸修改为 45 像素 ×45 像素。替换之前的图片后，将右边的文字改为"服务通知"，然后修改第二行的内容。"服务通知"的标题也是浅蓝色的，可以通过创建可复用的样式来进行设计。选择上一行"订阅号消息"，在"样式"面板中三级标题的右侧单击"创建"按钮，在弹框的左侧底部将它命名为"浅蓝色标题"，单击"确定"按钮，如图 9-27 所示。

图9-27

新建的"浅蓝色标题"文字样式可以不断复用。选择文字"服务通知"，单击三级标题右侧的下拉按钮，拖动下拉列表到最底部，选择"浅蓝色标题"选项即可，如图9-28所示。其余内容可参照右侧示例完成。

图9-28

知识点4 优化原型中的时间项

如果右侧的时间项是一样的时间，会增加团队沟通成本，让此列表的排序方式很不清楚。从第二条列表内容开始，将右侧时间项分别修改为"上午10:00""上午9:00""上午7:30""昨天""前天""星期天""星期六""星期五""星期四""星期三""星期二""星期一"，全选时间项之后单击"右侧"按钮使其右对齐，如图9-29所示。优化过的时间项，可以明确地告知设计和开发团队，列表是按照时间进行排序的，最后收到的信息会在最前面显示。

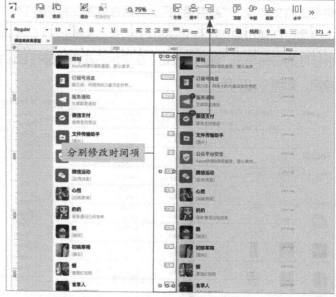

图9-29

知识点 5　使用最近使用过的颜色

　　红色提醒信息可以通过基本元件来制作完成。从基本元件中拖入一个圆形，改变它的宽、高都是 10 像素；在右侧的"样式"面板中，将边框的宽度设置为 0；单击"颜色"按钮，在弹框中吸取红色。把红色的圆形放到图片的右上角。具体操作如图 9-30 所示。

图9-30

　　拖入一个圆形，改变它的宽、高都是 20 像素，将圆形放到图片右上角。把边框宽度设置为 0。单击"颜色"按钮，在弹框下方的"最近"选项中单击最近使用过的红色。具体操作如图 9-31 所示。

图9-31

双击圆形，添加数字1，改变数字的字号为10号，把颜色改为白色，完成带数字的提醒信息的制作，如图9-32所示。

图9-32

先拖入一个矩形，取消锁定之后把宽度改为24像素，高度改为20像素。向右拖动矩形上的三角形将矩形变为圆角矩形。也可以在"样式"面板的右下角设置矩形的圆角半径为10像素，线宽为0，颜色选择最近使用过的红色。双击圆角矩形，添加数字10，字号改为10号，颜色改为白色。具体操作如图9-33所示。

图9-33

第 **10** 课 | 设计网页原型——网页规范和样式

无论是网页还是APP的设计，都是用户界面(UI)设计的一部分，在原型制作的过程中都需要遵循一致性原则。但由于用户访问界面的设备不同，交互的方式不同，所以要针对不同的屏幕尺寸和交互方式设计界面。

本课重点

- 产品一致性原则
- 网页原型规范
- 设计网页原型
- 使用概要面板和调整自适应页面

每日设计

第1节　产品一致性原则

用户界面设计，也就是常说的 UI 设计。UI 中的 U 全称是 User，即用户；I 的全称是 Interface，指用户使用产品时的操作界面。

在设计用户界面的过程中，需要遵循一致性原则。在满足用户需求的前提下，一致性高的界面可以让用户在视觉上更容易识别出产品，在交互上学习成本也会降低，这样才能留住用户，吸引更多的"回头客"。特别是当前的互联网环境，海量的产品铺在用户面前，一致的视觉风格和交互方式应该融入产品的每一个页面。

例如，将淘宝网首页、商品列表页、商品内容页、购物车页 4 个页面摆在一起，可以发现它们的视觉风格、调性都非常一致，用户使用页面上的表单、按钮的交互模式也都保持了统一，如图 10-1 所示。

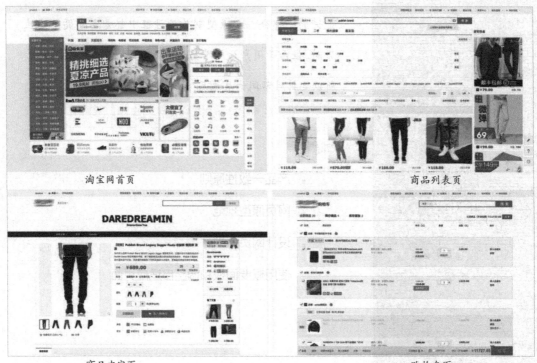

淘宝网首页　　　　　　　　　　　　　　　　　商品列表页

商品内容页　　　　　　　　　　　　　　　　　购物车页

图10-1

第2节　网页原型规范

产品进入设计阶段后，需要把网页低保真原型迭代为高保真原型。迭代原型之前，制定好网页原型规范，既能协助设计师搭建框架，也能保持产品原型的一致性。设计师可以根据自己的经验制定原型规范，也可以参考本书的规范，如表 10-1 所示。

表 10-1

项目	说明
页面高度（像素）	1024、1440、1820
页面高度	尽量 3 个屏幕尺寸以内（非必填）
字体	Windows: 微软雅黑（中）、Arial（英）　　Mac: 苹方（中）、Helvetica（英）
字体大小	10（英文）、12（中文）、14、16、20……（偶数字号）
行间距	1.5~2 倍
图标大小（像素）	12×12、14×14、16×16……
图文间距（像素）	……20、25、30……（5 的倍数）

在设计网页原型时，通常选择 1024 像素、1440 像素、1820 像素等页面宽度，具体宽度可根据项目要求确定。

页面的高度推荐在 3 个屏幕尺寸之内。因为根据相关分析数据，3 屏之后的内容用户的浏览量快速减少。

在 Windows 端，网页的中文字体选择微软雅黑，英文字体选择 Arial；在 Mac 端，中文字体选择苹方，英文字体选择 Helvetica。

字号需要注意：英文（包括数字）最小字号可以使用 10 号；使用中文时最小需要 12 号字；也可以使用 14、16、18、20 等偶数字号；字号尽量控制在 3 种以内，行距选择 1.5~2 倍。

网页界面是用鼠标来进行交互的，因此最小可以使用 12 像素 ×12 像素大小的图标。

由于扁平化设计是网页设计的趋势，推荐使用 20 像素、25 像素、30 像素（5 的倍数）等作为图文间距。使用大一点的间距设计出的页面会显得更加开阔、舒展。

第3节　设计网页原型

网页低保真原型的宽度为 1024 像素，页面顶部是导航栏、头图，内容区是商品列表，页面底部是版权说明。网页低保真原型在迭代为高保真原型的过程中，除了优化设计之外，还可以对页面内容稍做调整，提高产品的质量，如图 10-2 所示。

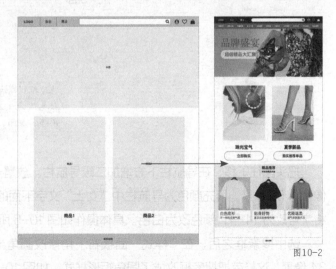

图10-2

知识点1 设计导航栏（又称导航区）

为了能让用户一眼看明白当前页面的位置，可以在导航栏上突出显示当前栏目。以当前页面是"女士"主页面为例，突出显示导航栏上的"女士"栏目能更清楚地表明当前页面位置。

把导航栏中的垂直线和下面贴边的水平线删除，将导航栏矩形背景的高度改为60像素，颜色选择深黑色。将"LOGO""女士""男士"的文字颜色改为白色。选中底部矩形背景后，再选择导航栏上的所有内容，单击工具栏中的"中部"按钮对齐。具体操作如图10-3所示。

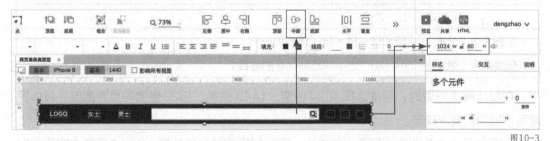

图10-3

从基本元件中拖入矩形1，把它的尺寸改为100像素×60像素，将它的填充颜色改为同导航栏一样的深黑色。双击矩形输入文字"女士"，将边框线宽设置为4像素，颜色改为浅灰色，并将顶部、左侧、右侧的边框隐藏。将导航栏中的"女士"文字，用带"女士"的矩形替换，单击"水平"按钮使其与"LOGO""男士"文字呈水平分布。具体操作如图10-4所示。

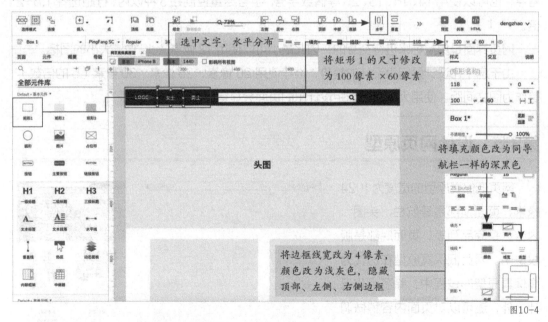

图10-4

把头图往下移，在导航栏下方增加二级导航栏。放置一个灰色的矩形，将尺寸改为1024像素×50像素，填充颜色为导航栏中"女士"文字下面的浅灰色。输入二级导航栏的文字，将字号改为14号，颜色改为白色。具体操作如图10-5所示。

选中搜索框之后，在"样式"面板右下角修改圆角半径为17，并把搜索框的高度改为34像素，这样就把搜索框改成了圆角矩形样式，如图10-6所示。

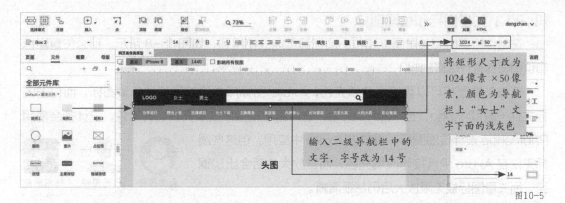

图10-5

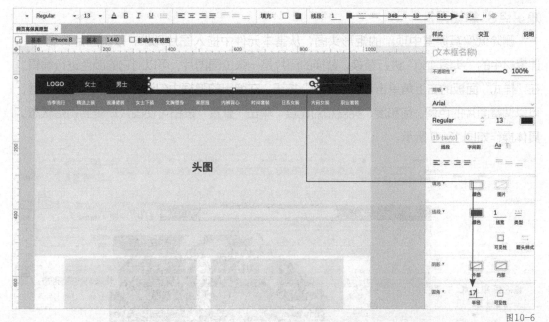

图10-6

　　接下来处理导航栏右侧的图标，由于这 3 个图标都是矢量图标，因此可以直接在右侧"样式"面板中修改它们的填充色。选中 3 个图标，在"颜色"弹框中把填充色改为白色，如图 10-7 所示。

图10-7

知识点2 矢量图标和位图图标

在制作原型时，矢量图标和位图图标都可能被使用到，如图 10-8 所示。那么矢量图标和位图图标有什么区别呢？

首先矢量图标可以直接修改填充色，Axure 图标库中的按钮都是矢量图标。而位图图标文件一般以".png"或".jpg"结尾，它们无法直接修改填充色。有时候，设计师会使用 Photoshop 设计位图图标，再放进 Axure 中应用，但这些图标无法在 Axure 中直接修改填充色，而且放大之后会出现锯齿，而矢量图标被无限放大后仍然很清晰。

矢量图标　位图图标　位图图标

图10-8

知识点3 编辑图片

删除低保真原型中顶部的矩形头图，从基本元件中拖入图片元件，双击图片找到第 10 课素材中的"头图 .jpg"进行替换。替换的图片是一张位图图片，可以对它的颜色进行编辑。在"样式"面板的右上角单击"调整颜色"按钮，在弹出的弹框中勾选"调整颜色"复选框，可以调整图片的色调、饱和度、亮度和对比度。单击"重置"按钮可使图片恢复到初始状态。具体操作如图 10-9 所示。

图10-9

由于当前图片太宽，可以通过切割图片的方式去掉多余的部分。选中图片后，单击"样式"面板中的"切割"按钮，进入切割模式。将鼠标指针移到图片上，会出现两条切割线，在图片中单击，图片会被切割为多张图片。把切割出来的不需要的图片删除即可。具体操作如图 10-10 所示。

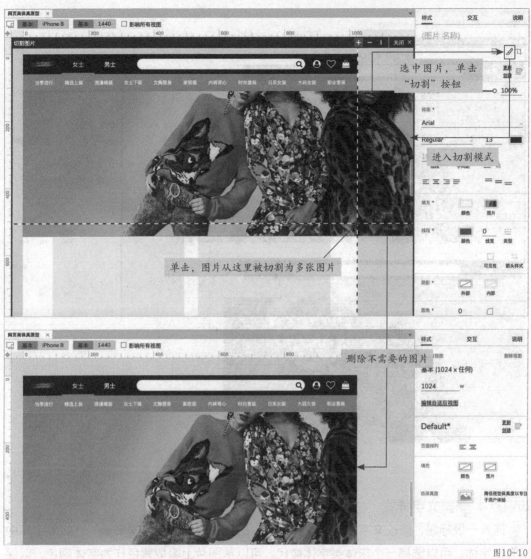

图10-10

除了切割之外，也可以裁剪图片。选中图片后，单击"样式"面板右侧的"裁剪"按钮，进入裁剪模式；拖动裁剪框边缘，单击顶部"裁剪"按钮，会裁掉裁剪框外的内容，如图 10-11 所示。

此处将头图的尺寸通过切割或者裁剪的方式修改为 1024 像素 ×435 像素，完成图片大小的修改。

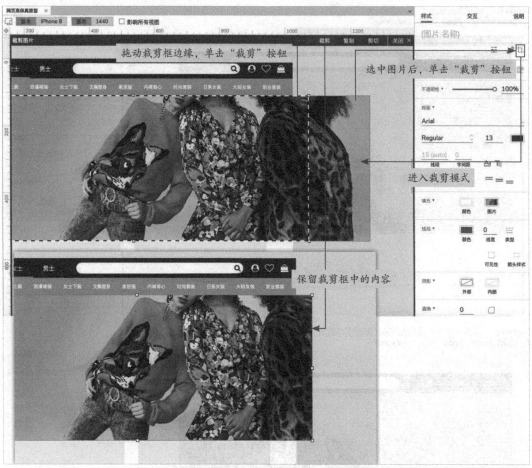

图10-11

知识点4 调整文字样式

拖入一级标题，修改文字为"品牌盛宴"，把字体改为"迷你简书宋"。如果字库中没有此字体，可以选择一个宋体类字体替代。可以从图片上吸取紫色作为字体颜色，以保持头图中颜色的协调。将字号改为92号后，就完成了头图文字样式的调整。具体操作如图10-12所示。

图10-12

在设计大图文字时，经常会出现背景图片杂乱，影响文字展现的情况。可以在"样式"面板中单击"T"按钮，勾选"阴影"复选框，如图 10-13 所示。文字底部增加阴影效果后，在图片上面会更易读。

图10-13

拖入矩形 1，把尺寸改为 370 像素 ×80 像素，双击添加文字"超级精品大汇聚"，字号改为 42 号，颜色选择刚刚使用过的紫色。将矩形的边框线宽设置为 0，圆角半径改为 40 像素，单击"颜色"按钮，在"颜色"弹框中将矩形的填充色不透明度改为 66%，把它设置成半透明样式。这样就完成了头图区域文字样式的设计。具体操作如图 10-14 所示。

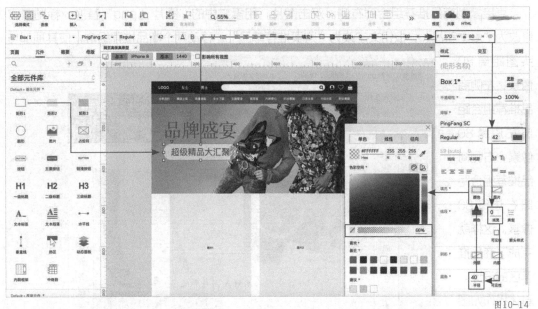

图10-14

知识点 5　调整文字行距和间距

接下来要设计商品推荐区。先把低保真原型中的商品推荐矩形图片去掉，再拖入图片元件，双击图片，用素材中的"商品 1.png"替换。调整图片大小为 400 像素 ×500 像素，并在图片下方插入一个一级标题，双击标题修改文字为"珠光宝气"，字号改为 40 号。把标题和图片之间的距离设置为 20 像素。把头图上的"超级精品大汇聚"复制下来，拖动到标题下 10 像素处，修改文字为"立即购买"。将矩形中的文字改为 32 号字、颜色改为黑色，边框 的线宽设置为 1 像素、颜色改为黑色。将图片、文字和按钮左右居中对齐，然后单击"组合" 按钮。这样就完成了一个商品推荐组合的设计。具体操作如图 10-15 所示。

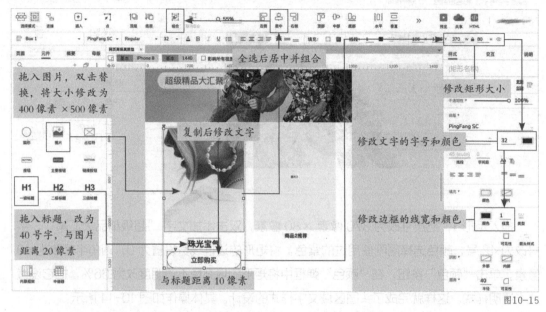

图10-15

　　直接复制商品推荐组合到右侧。双击图片，用素材中的"图片 2.png"替换，标题文字 修改为"夏季新品"，按钮文字改为"购买推荐单品"。移动两个商品推荐组合，使其顶部与 头图距离 80 像素，左侧商 品推荐组合距 离左边缘 80 像素，右侧商 品推荐组合距 离右边缘 80 像素。这样就 完成了商品推 荐区的设计。 具体操作如图 10-16所示。

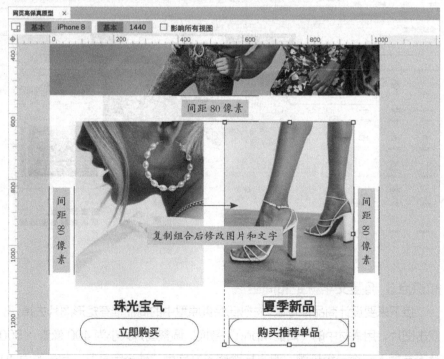

图10-16

知识点 6　设置矩形内边距

低保真原型中只有两个推荐产品，在内容上不够丰富，可以增加商品内容推荐。拖入矩形 2，修改宽度为页面宽度 1024 像素，边框线宽设置为 0。修改它的颜色并将它作为此区域背景，可以吸取同一个页面图片上的颜色，这样能让页面的色调更加统一。

为新增的区域添加标题和副标题。首先拖入一级标题，双击并将文字修改为"精品推荐"；然后再拖入一个三级标题，放在一级标题下面，修改文字为"所有的精品女装"。先选择背景，再选择两行文字，使其居中对齐。具体操作如图 10-17 所示。

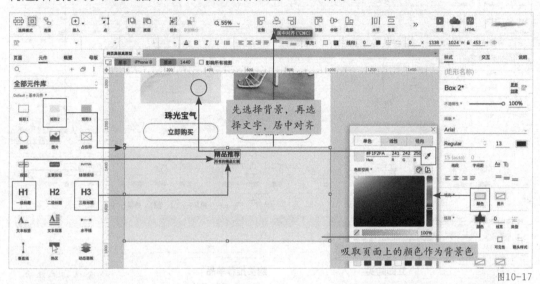

图10-17

在此区域新增加 3 个商品推荐。拖入图片，双击后用素材中的"商品 a.jpg"替换，它是一张 300 像素 ×300 像素的图片。拖入矩形 2，宽度改为 300 像素，双击增加文字"白色底衫"，按 Enter 键后输入第二行文字"不一样的文青气质"，文字颜色选择最近使用过的紫色。选择第一行文字，修改字号为 36 号，第二行改为 24 号。在右侧"样式"面板中，将两行文字的行距调整为 40 像素，然后让文字居左对齐。这时会出现文字太贴边的情况，在右侧"样式"面板的下方，把左侧边距修改为 15 像素。这样就完成了此区域第一个商品推荐的设计。具体操作如图 10-18 所示。

将商品图片、矩形文字框组合，复制两个到右侧。图片分别替换为"商品 b.jpg""商品 c.jpg"，然后修改标题文字。将最左侧商品组合与左边缘的距离设置为 40 像素，最右侧商品组合与右边缘的距离设置为 40 像素。全选 3 个商品组合，使其水平分布，这样就完成了该区域的设计。具体操作如图 10-19 所示。

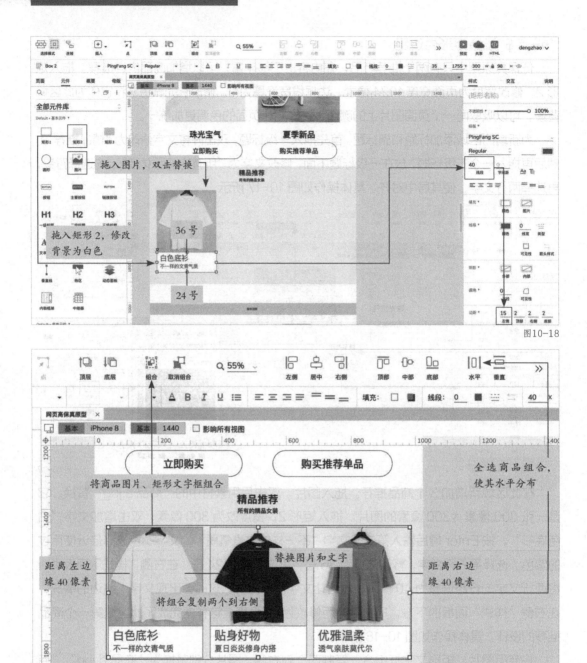

图10-18

图10-19

知识点7 调整线段样式

接下来设计版权说明区域。首先将版权说明的文字改为14号字，然后选中矩形背景，单击右侧"颜色"按钮，在"颜色"弹框中将颜色不透明度设置为0%，将矩形边框的线宽设置为1像素，隐藏左、右、底部的边框，如图10-20所示。

单击边框的"类型"按钮，在弹框中选择一种虚线样式，这样就完成了版权说明区域的设计。具体操作如图10-21所示。

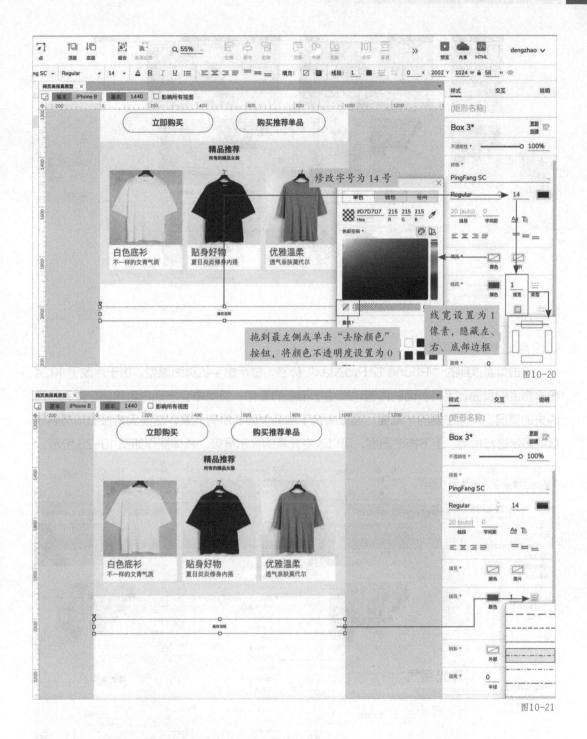

图10-20

图10-21

第4节　使用概要面板和调整自适应页面

如果设计师使用大屏幕设备进行设计，预览时会发现原型在浏览器中有错位的情况。这是由于当前只迭代了 1024 像素宽度的页面，1440 像素宽度和手机自适应页面还需要进一步调整，如图 10-22 所示。

图10-22

知识点1 使用概要面板

单击页面顶部的"iPhone 12 Pro Max"标签，显示出手机页面原型。由于修改了1024像素宽度的页面，手机页面的内容也发生了相应的变化。页面中会出现内容遮挡，或者内容消失的情况。页面左侧的"概要"面板集合了当前页面的所有元素。这些元素按照顶层到底层的顺序进行排列。上下拖动图层，可以改变元素的显示层级。具体操作如图10-23所示。

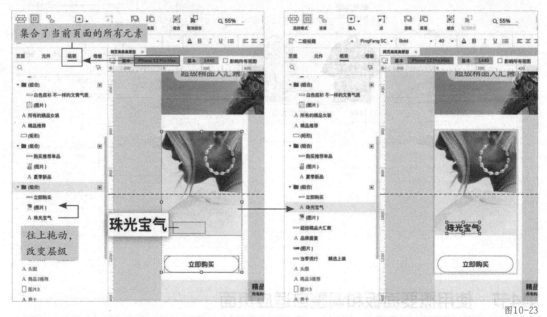

图10-23

知识点2 调整手机页面原型

在手机页面中，设计师需要对内容进行重新设计。例如：删除顶部的"女士"栏目和二级导航栏，将导航栏底部矩形背景的高度调整为60像素：先选中背景，再选择导航栏上的内容进行中部对齐操作。具体操作如图10-24所示。

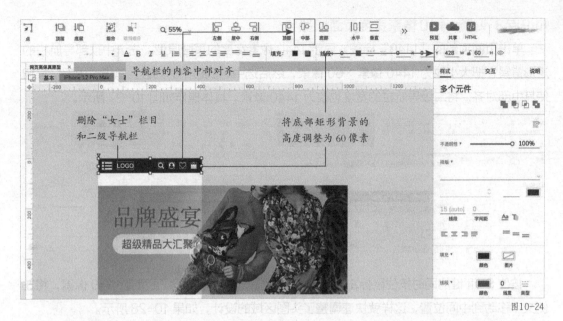

导航栏的内容中部对齐

删除"女士"栏目
和二级导航栏

将底部矩形背景的
高度调整为 60 像素

图10-24

接下来需要调整头图区域。注意，当前页面的图片不能直接切割和裁剪，也不能直接双击替换，因为这些操作都会对 1024 像素宽度的页面造成影响。应先删除当前页面的头图，再从基本元件中拖入图片元件，并双击图片，用素材中的"iPhone 头图 .png"替换。将图片置于底层后，选择头图中的文字使其居中对齐。具体操作如图 10-25 所示。

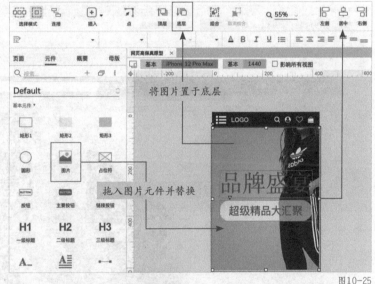

将图片置于底层

拖入图片元件并替换

图10-25

在调整自适应页面时，图片经常会出现相互影响的情况，可通过置入新图片的方式避免此类问题。

接下来，对头图下面的商品推荐区进行调整。首先将商品图片和标题文字居中对齐，然后把商品列表变为纵向列表。把版权说明区放到最下面，宽度改为 428 像素。这样就完成了手机页面原型的调整。具体操作如图 10-26 所示。

调整为图文居中

调整为纵向列表

调整为 428 像素

图10-26

知识点3 调整1440像素宽度页面原型

单击页面顶部的"1440"标签，显示1440像素宽度的页面原型。先选中顶部导航栏的矩形背景，把大小改为1440像素×60像素，然后选中导航栏中的内容，单击"中部"按钮使其中部对齐。将二级导航栏的宽度也改为1440像素。具体操作如图10-27所示。

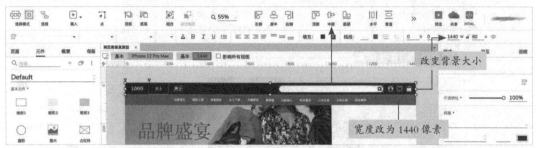

图10-27

按住Shift键的同时按住鼠标左键拖动，将头图按比例调整到页面宽度1440像素，将左侧文字移动到中间位置，这样就快速调整了头图区域的设计，如果10-28所示。

图10-28

将原型中的商品3推荐删除，复制左侧商品组合到右侧。用素材中的"商品3.jpeg"替换原图片，然后替换文字。将3个图片的顶部对齐，距离头图80像素。最左侧的商品图片与左边缘的距离设置为80像素，最右侧的商品图片与右边缘的距离设置为80像素，然后让3个商品组合水平分布，如图10-29所示。

随着页面的增大，精品推荐区右侧出现了空白区域，可以为它新增一个商品。将背景的宽度调整为1440像素，标题区域居中对齐。将左侧商品组合复制一个到右侧，用素材中的"商品d.jpg"替换原图片，然后替换文字。将最左侧的商品图片与左边缘的距离设置为80

像素，最右侧的商品图片与右边缘的距离设置为 80 像素，然后选择 4 个商品组合，单击"水平"按钮使其水平分布。将版权说明调整到底部。这样就完成了 1440 像素页面原型的调整。具体操作如图 10-30 所示。

图10-29

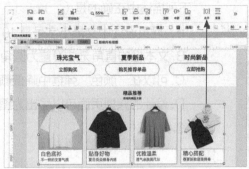

图10-30

单击"预览"按钮，通过拖动的方式改变浏览器的页面宽度。这时，无论是 1024 像素页面、1440 像素页面还是手机页面，都已经迭代成了高保真原型，如图 10-31 所示。

手机页面　　　　　　1024 像素页面　　　　　　1440 像素页面

图10-31

知识点 4　将原型导出为图片

设计好的原型可以直接导出为图片。单击"基本"标签，在顶部菜单栏执行"文件 – 导出网页高保真原型为图片"命令，可以生成"网页高保真原型 .png"图片。同理，可以分别单击"iPhone 12 Pro Max"和"1440"标签，在顶部菜单栏执行"文件 – 导出网页高保真原型为图片"命令。为了防止图片重名覆盖，需要修改文件名。最终效果如图 10-32 所示。

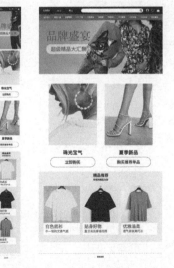

图10-32

117

本课练习题

选择题

下列描述中正确的是（　　）。

A. 网页设计中文最小字号是 10 号字

B. 文本框的直角无法设置为圆角

C. 可以在"颜色"弹框中降低颜色的不透明度

D. 设计的原型页面可以导出为图片

答案：C、D

操作题

模仿课程案例，将网页低保真原型迭代为高保真原型，同时调整自适应页面的设计。

关键步骤：

（1）设计导航栏、头图区、内容区、版权说明区域；

（2）调整手机原型页面；

（3）调整 1440 像素宽度原型页面。

进阶篇：交互知识

第**11**课

设计手机登录交互——按钮和文本框

从本篇开始，我们将会学习如何对原型进行交互设计。好的交互设计可以让用户更流畅地使用产品，提升用户对产品的满意度。在进行交互设计时，设计师还应该把握一致性原则，让产品的使用流程更规范，从而提高产品的可用性。

本课重点

- 交互设计的重要性
- 按钮的交互设计
- 添加文本框的交互设计
- 设计微信登录页面交互细节

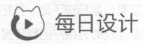 每日设计

第1节　交互设计的重要性

用户使用产品的过程是一个输入和输出的交互过程。用户通过界面输入指令，产品接收到指令，经过程序处理后把结果输出给用户。设计师首先要保证整个交互过程的流畅；其次，用户输入指令的形式多种多样，产品输出的结果也会多种多样，面对多样化的交互形式，设计时要避免同一种指令产生不同结果的情况。遵循一致性原则的交互设计，可以降低用户学习成本，让产品的可用性更高。

在互联网产品中，最常见的交互形式是单击按钮和输入文本。掌握好按钮和文本框的交互设计，有助于读者快速理解交互设计的精髓，如图11-1所示。

图11-1

第2节　按钮的交互设计

在网页和手机 APP 产品中，用户可以通过按钮输入指令。由于用户在使用网页时通过鼠标进行交互，而在使用手机 APP 时通过手指进行交互，因此在这两种应用场景中按钮的交互设计会有细微差别。在进行不同产品的设计时，结合用户使用产品的场景，能提高交互设计的质量，如图11-2所示。

图11-2

知识点1　网页按钮和手机按钮的差异

在网页中，按钮最多会出现4种状态：正常状态、鼠标悬停状态（注：实际应为"鼠标指针悬停状态"，但为了与截屏图保持一致，这里统称"鼠标悬停状态"）、鼠标按下状态和禁用状态，如图11-3所示。

图11-3

4种不同的状态可以用不同的视觉展现方式进行区别。鼠标悬停在按钮上时，按钮颜色通常会变亮；鼠标按下时，按钮颜色通常会变暗；禁用状态的按钮一般显示为灰色。不同的按钮状态能及时为用户的操作提供反馈。

在手机 APP 中，按钮的状态通常有3种：正常状态、按下状态和禁用状态，如图11-4所示。

用户通常使用手指操作手机 APP 产品，因此和使用鼠标操作的网页产品相比，手机按钮不会出现悬停状态。

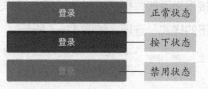

图11-4

知识点2 添加按钮交互

在 Axure 中，可以在一个按钮上直接添加所有的交互状态。从基本元件中拖入主要按钮元件，在右侧"交互"面板中单击"添加类似'鼠标悬停'的交互样式"按钮，在弹出的列表中选择"鼠标悬停的样式"选项，如图 11-5 所示。

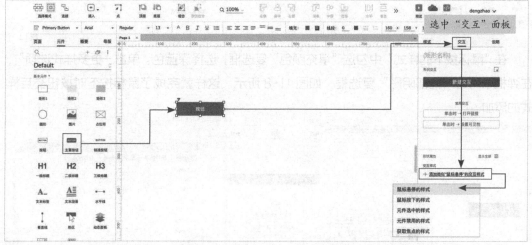

图11-5

在"鼠标悬停的样式"中勾选"填充颜色"复选框，在"颜色"弹框中把颜色调亮一点，单击"确定"按钮，如图11-6 所示。这样就完成了鼠标悬停时按钮的交互设计。

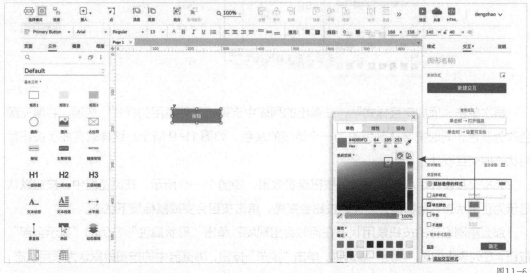

图11-6

接下来添加鼠标按下时的按钮交互样式。单击"添加交互样式"，在弹出的列表中选择"鼠标按下的样式"选项，如图 11-7 所示。

图11-7

在"鼠标按下的样式"中勾选"填充颜色"复选框，选择深蓝色。单击"更多样式选项"，在弹框中勾选"内部阴影"复选框，如图 11-8 所示。这样就完成了鼠标按下时按钮交互样式的添加。

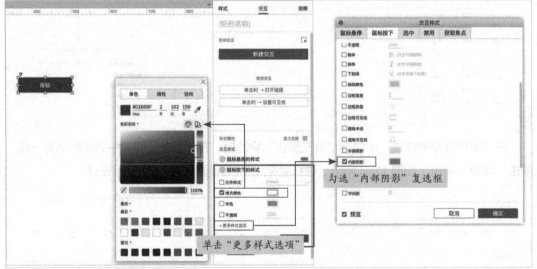

图11-8

再次单击"添加交互样式"，在弹出的列表中选择"元件禁用的样式"选项，将填充颜色改为灰色，同时把字体颜色改为一个更浅的灰色，如图 11-9 所示。这样就完成了按钮禁用状态的交互设计。

完成交互设计后单击"预览"按钮查看效果，如图 11-10 所示。在浏览器中，按钮默认显示为正常状态，鼠标指针悬停时按钮会变亮，单击按钮会变成鼠标按下状态。

那么刚刚设计的按钮禁用状态在何时会出现呢？单击"形状属性"右侧的"显示全部"按钮，在列表中勾选"禁用"复选框，单击"预览"按钮，浏览器中的按钮就默认为禁用状态，如图 11-11 所示。

添加手机按钮交互状态样式的操作方法和网页一致，唯一要注意的是不要添加鼠标悬停状态。

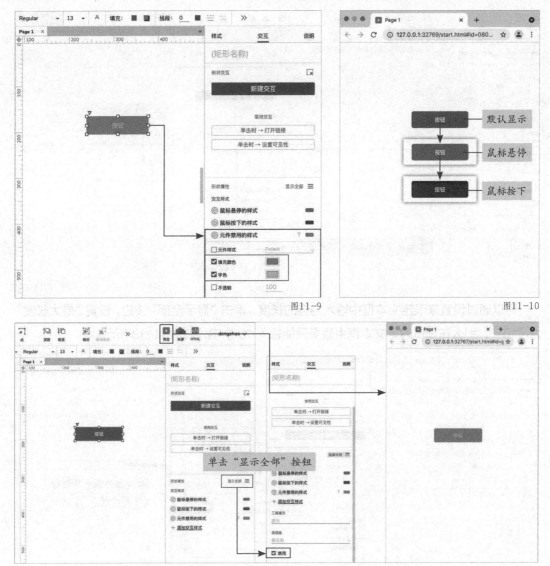

图11-9　　　　　　　　　　　　　　　　　　　　　　图11-10

图11-11

第3节　添加文本框的交互设计

表单元件中的文本框是设计原型时经常会使用到的元件，它一共有11种不同的输入类型，其中除了默认的文本输入类型，还包括密码、数字、文件、邮箱、电话、网址、日期、月份和时间等输入类型。

从表单元件中拖入文本框，在右侧的"交互"面板底部设置"输入类型"为"文本"，添加提示文本"输入用户名"。右侧"隐藏提示"默认为"输入"，意思是在用户进行输入时提示文本才会消失。单击"隐藏提示"下拉列表，选择列表中的"获取焦点"选项，这样当光标的焦点在文本框中时，提示文字就会自动消失。单击"预览"按钮，浏览器的文本框中会出现提示文字，单击文本框，文字消失。具体操作如图 11-12 所示。

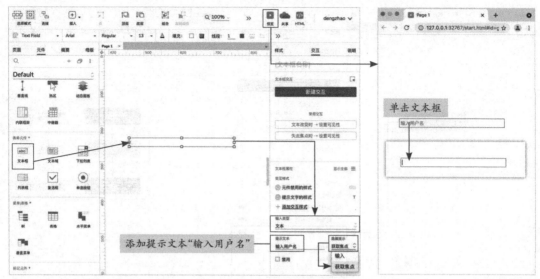

图11-12

可以通过设置来限定文本框中输入内容的长度，单击"显示全部"按钮，设置"最大长度"为"10"，那么在预览时，文本框中最多只能输入 10 个字，如图 11-13 所示。

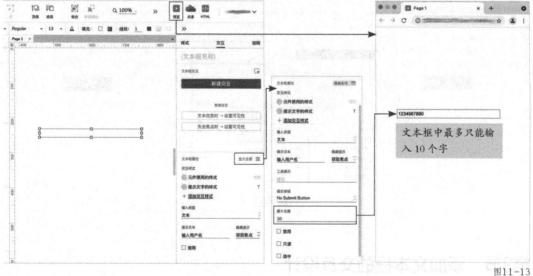

图11-13

如果勾选了"禁用"复选框，预览时文本框会变成灰色，处于不能输入内容的状态，如图 11-14 所示。

拖入一个新的文本框，打开"输入类型"下拉列表，将文本框的类型改为"密码"，然后添加提示文本"请输入密码"。打开"隐藏提示"下拉列表，选择列表中的"获取焦点"选项。预览时，在文本框中输入密码，输入内容会显示为密码的样式。具体操作如图 11-15 所示。

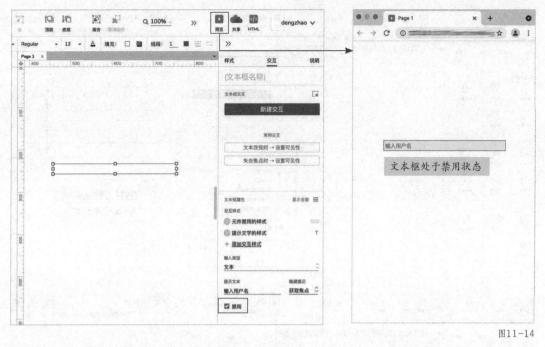

图11-14

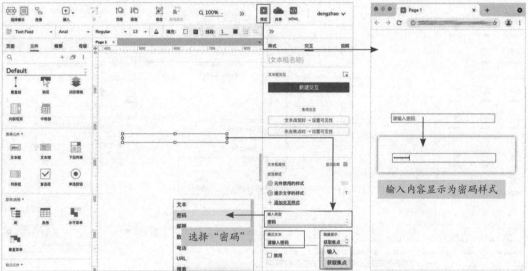

图11-15

　　重新拖入一个文本框，"输入类型"改为"数字"，输入提示文本"0"；预览时可以在文本框中输入数字，也可以通过右侧的微调按钮增减数字，如图 11-16 所示。

　　拖入一个新的文本框，"输入类型"选为"搜索"，添加提示文本为"输入文字搜索"；预览时，在文本框中输入内容之后，右侧会出现关闭按钮，单击关闭按钮可以把输入的内容清除，如图 11-17 所示。

　　再拖入一个新的文本框，"输入类型"选为"文件"；预览时，单击文本框左侧的"选择文件"按钮可以模拟上传本地文件等交互动作。具体操作如图 11-18 所示。

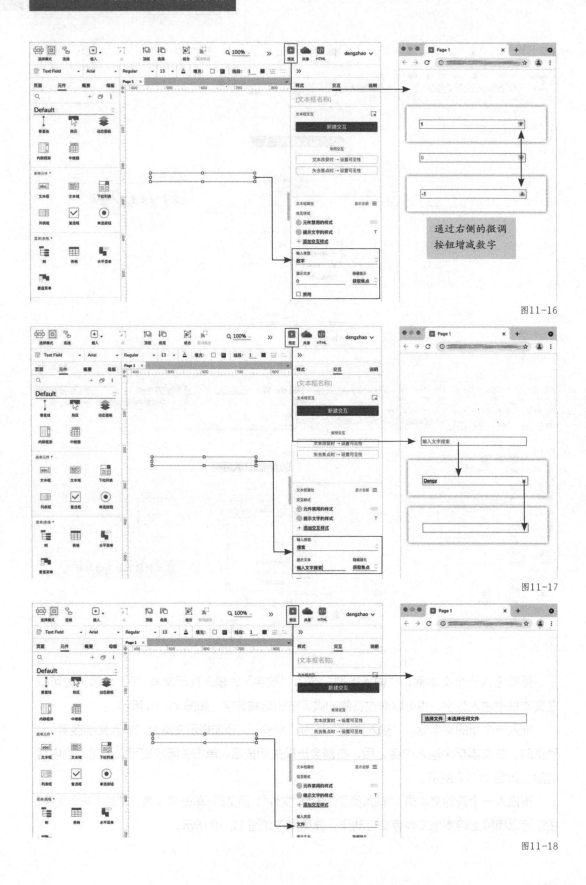

图11-16

图11-17

图11-18

拖入 3 个文本框，分别把"输入类型"改为"日期""月份""时间"，如图 11-19 所示。

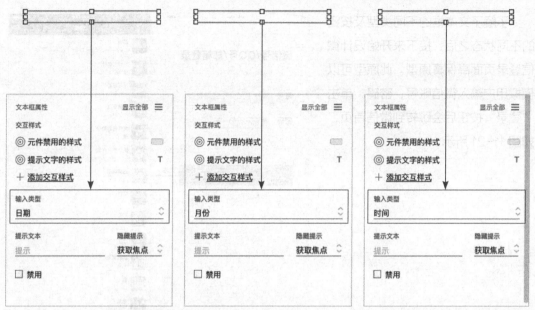

图11-19

预览时，单击日期文本框右侧图标，可以在弹框中选择年、月、日；单击月份文本框右侧图标，可以在弹框中选择年、月；单击时间文本框右侧的图标，可以在弹框中选择上午、下午、几时、几分。具体操作如图 11-20 所示。

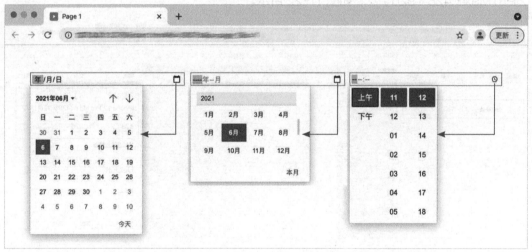

图11-20

文本框属性中的"邮箱""电话""网址"的文本框类型和默认文本框类型基本相同，设计师可以根据具体项目需求，选择不同的文本框类型来完善原型中的交互设计。

第4节 设计微信登录页面交互细节

了解了文本框的不同类型及按钮的不同状态之后，接下来开始设计微信登录页面高保真原型。此原型可以模拟用户输入微信账号、密码，单击"登录"按钮后会跳转到微信首页，如图 11-21 所示。

图11-21

知识点1 设计微信登录页面原型

新建页面，命名为"微信登录"，在右侧"样式"面板中把"页面尺寸"设置为"iPhone 12 Pro Max（428×926）"，如图 11-22 所示。

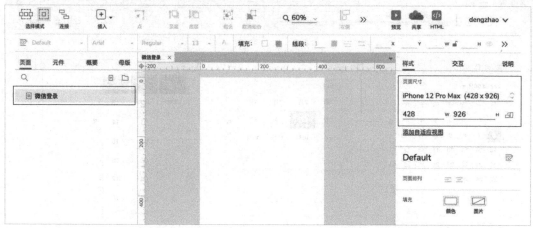

图11-22

将微信图标文件夹中的"ios 状态黑 .png"拖入右侧页面，锁定长宽比例后，修改宽度为 428 像素，把图标放到页面顶部，如图 11-23 所示。

从基本元件中拖入一级标题，文字修改为"微信号 /QQ 号 / 邮箱登录"，放在页面上方的中间；从基本元件中拖入两个二级标题，分别修改文字为"账号""密码"。拖入一个按钮，将它的大小改为 340 像素 ×60 像素，文字字号改为 24 号，填充颜色设置为绿色。具体操作如图 11-24 所示。

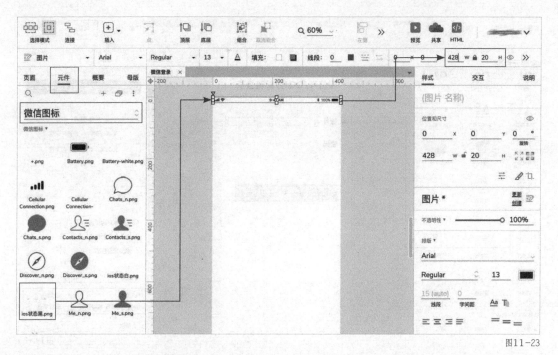

图11-23

图11-24

知识点2　添加文本框交互

拖入一个文本框，放在"账号"后面；在右侧"交互"面板中，为文本框添加提示文本"微信号 /QQ 号 / 邮箱登录"，"隐藏提示"改为"获取焦点"，如图 11-25 所示。

图 11-25

再拖入一个文本框，放在"密码"后面；在右侧"交互"面板中，添加提示文本"请输入密码"，"隐藏提示"改为"获取焦点"。具体操作如图 11-26 所示。

图 11-26

完成文本框的交互设计后，可以进一步完善页面的视觉设计。选中"账号"右侧的文本框，在右侧的"样式"面板中，将大小改为 270 像素 ×30 像素，修改文本框内文字大小为 24 号，将文本框的边框线宽设置为"0"。然后从基本元件中拖入一条水平线，放在"账号"下方，线段颜色改为浅绿色，具体操作如图 11-27 所示。完成了账号区域的样式设计后，用同样的方式设计密码区域。

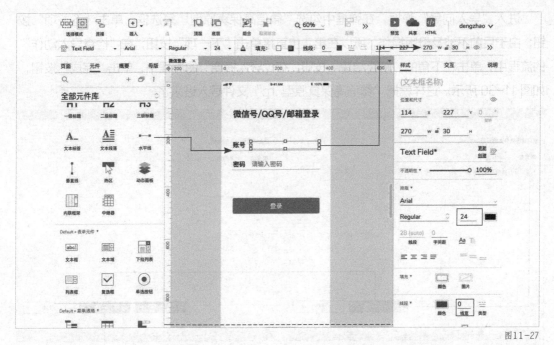

图11-27

单击"预览"按钮,在浏览器中可以模拟用户输入账号和密码的交互过程,如图11-28所示。

图11-28

知识点3　导入原型文件

在顶部的菜单栏中执行"文件－从 RP 文件导入"命令,选择之前设计好的"微信高保真原型 .rp"文件进行导入,如图11-29所示。

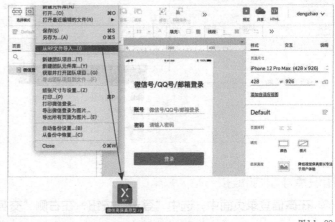

图11-29

进入"导入向导"弹框，在弹框中勾选"微信高保真原型"复选框，单击"下一项"按钮；由于目前不涉及母版操作，所以在第二步直接单击"下一项"按钮；在"检查导入动作"的流程中，单击左下角的"跳至结束"按钮；在"导入摘要"的流程中，单击"完成"按钮，如图 11-30 所示。这样就把"微信高保真原型 .rp"文件导入进来了。

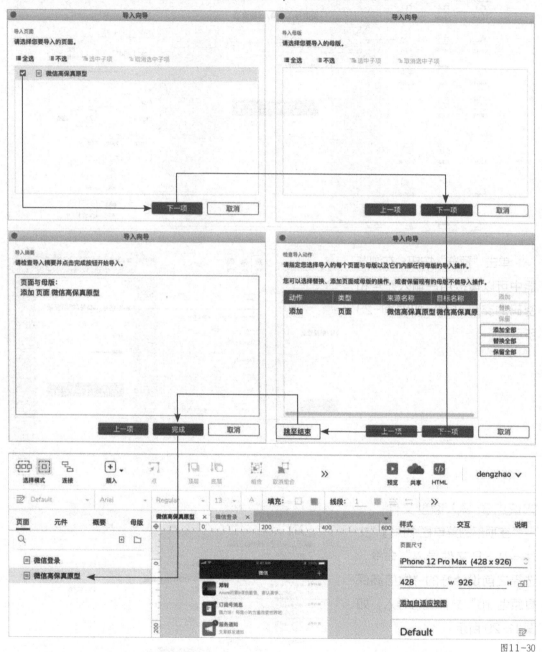

图 11-30

知识点 4　添加链接

在微信登录页面中，选中"登录"按钮，在右侧"交互"面板中，单击"常用交互"中的"单击时→打开链接"按钮。在弹出的列表中选择"微信高保真原型"选项。添加完成后，按钮上会出现链接标记，如图 11-31 所示。这样就完成了登录按钮链接的添加。

图11-31

单击"预览"按钮，在浏览器中单击"登录"按钮，会跳转到"微信高保真原型"页面，如图 11-32 所示。这样就完成了微信登录页面的交互设计。

图11-32

本课练习题

选择题

以下选项中，符合手机按钮的描述是（　　）。

A. 手机按钮最多有 4 种状态　　　B. 手机按钮没有鼠标指针悬停状态

C. 禁用状态通常是灰色的　　　　D. 手机按钮和网页按钮没有区别

答案：B、C

操作题

设计微信登录页面高保真原型，并增加文本框和按钮的交互设计。

关键步骤：

（1）设计微信登录页面；（2）增加文本框交互；（3）导入原型；

（4）为按钮添加链接。

第12课

设计网页登录交互——图标和形状

与手机APP页面相比，网页的交互更加复杂且多样化。由于网页的尺寸更大，所以页面涉及的内容更多。网页中，除了按钮具有不同的交互状态外，图标也具有不同的交互状态。显示和隐藏交互方式的设计也经常运用在网页中。

本课重点

- 设计网页登录页面原型
- 添加登录图标交互
- 添加显示和隐藏交互

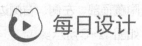
每日设计

第1节 设计网页登录页面原型

很多网站产品都会使用弹框解决用户登录问题。通常单击页面上的用户图标，会弹出登录弹框，背景随之变暗，如图12-1所示。

图12-1

在登录弹框中可以输入账号、密码，当鼠标指针悬停在登录按钮上时，按钮颜色会变亮。鼠标指针悬停在第三方登录平台的图标上时，图标也会变亮；而单击图标，图标的颜色会加深。单击登录弹框右上角的关闭按钮，登录弹框会消失。具体内容如图12-2所示。

图12-2

知识点1 设置选中状态

在进行交互设计之前，要先设计出登录弹框的原型。从基本元件中拖入矩形1，把尺寸改为400像素×500像素。再拖入一个矩形1，把尺寸改为180像素×70像素，双击并输入文字"登录"。在右侧的"样式"面板中，把文字字号改为28号，把边框的颜色改为浅灰，隐藏顶部、左侧、右侧边框。复制"登录"到右侧，双击并文字修改为"注册"。具体操作如图12-3所示。

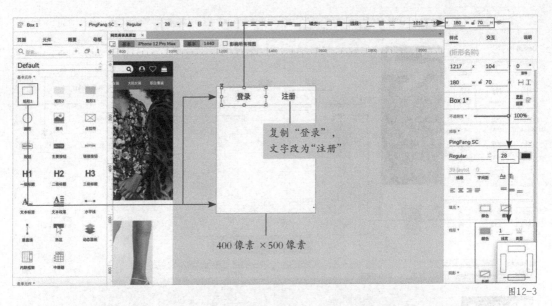

图12-3

接下来设置选中状态。单击"登录",在右侧的"交互"面板中,单击"添加交互样式",选择"元件选中的样式"选项。单击"更多样式选项",在弹框中把"边框宽度"改为"3"像素,"线段颜色"(也就是边框)改为黑色。单击"显示全部"按钮,勾选"选中"复选框。具体操作如图 12-4 所示。

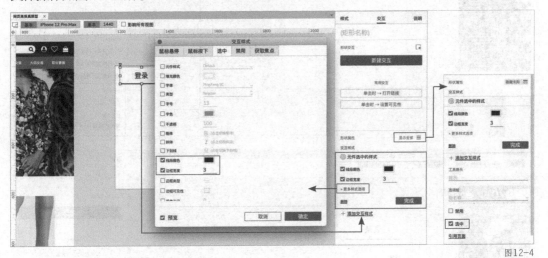

图12-4

知识点 2 添加文本框和按钮交互

拖入一个三级标题,双击并将文字修改为"账号";拖入一个文本框,在右侧的"样式"面板中,把尺寸改为 360 像素 ×40 像素,字号改为 18 号,如图 12-5 所示。

在"交互"面板的"文本框属性"中,添加提示文本"输入邮箱/账号","隐藏提示"设置为"获取焦点"。复制"账号"和文本框到下方,将文字修改为"密码","输入类型"改为"密码",修改提示文本为"请输入密码"。具体操作如图 12-6 所示。

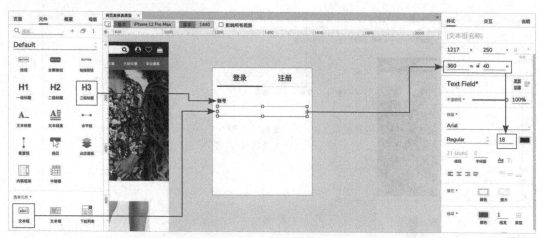

图12-5

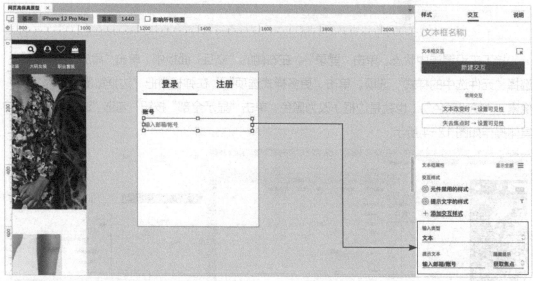

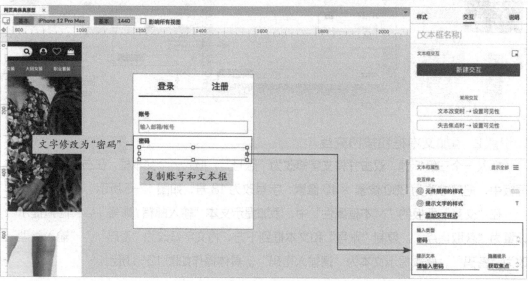

图12-6

　　拖入一个主要按钮，尺寸改为 360 像素 ×45 像素，双击并将文字修改为"登录"。把文字字号改为 20 号，颜色改为白色。按钮填充颜色改为黑色，边框线宽设置为 0，圆角半径设置为 0，具体操作如图 12-7 所示。

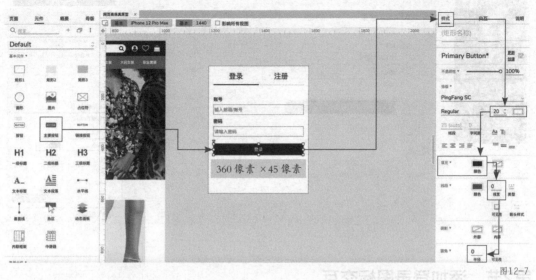

图 12-7

　　在右侧的"交互"面板中，添加鼠标悬停的交互样式，把填充颜色改为深灰色，如图 12-8 所示。

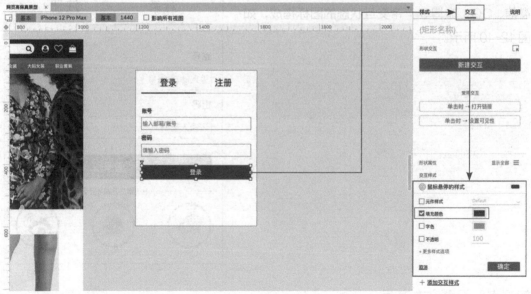

图 12-8

　　添加鼠标按下的交互样式，把填充颜色改为黑色，如图 12-9 所示。

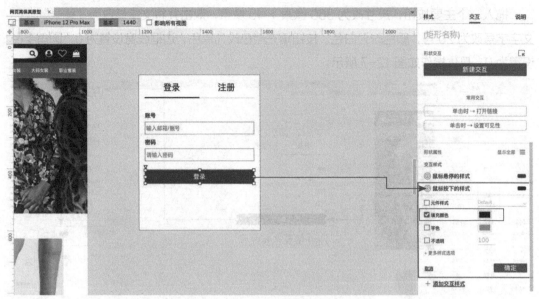

图12-9

第2节 添加登录图标交互

接下来设计第三方账号登录区，该区域主要由微信、QQ、微博 3 个带交互状态的图标构成，如图 12-10 所示。

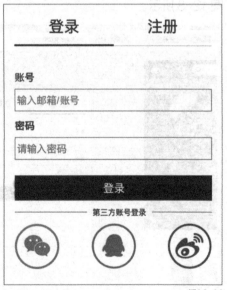

图12-10

知识点1 设置文本边距

从基本元件中拖入一条水平线，宽度改为 360 像素；再拖入一个文本标签放到水平线中间，双击文本标签，修改文字为"第三方账号登录"。目前水平线直接横穿文字，在"样式"面板中，将文字标签的填充颜色改为白色。由于文字标签和左右水平线挨得太近，可以将左右侧的边距各增加 10 像素，这样视觉上会更加协调。具体操作如图 12-11 所示。

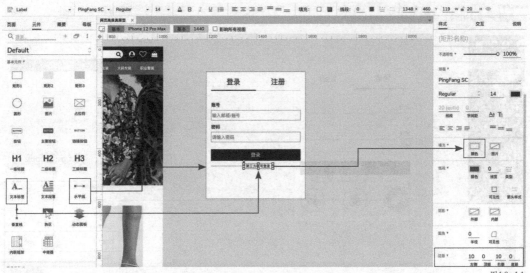

图12-11

知识点2 添加图标交互样式

从基本元件中拖入 3 张图片，分别双击图片，用第 12 课素材中的 "weixin.png" "QQ.png" "weibo.png" 进行替换，将图片锁定比例改为 80 像素 ×80 像素。将左侧的微信图标与左边缘的距离修改为 20 像素，右侧的微博图标与右边缘的距离修改为 20 像素，全选 3 个图标使其水平分布，如图 12-12 所示。这样就完成了图标正常状态的设计。

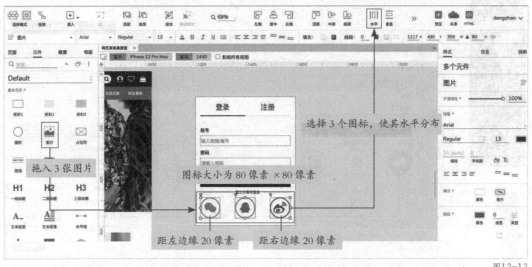

图12-12

选中微信图标，在 "交互" 面板中添加鼠标悬停的交互样式。勾选 "图片" 复选框，单击右侧 "选择" 按钮，选择课程素材中的 "weixin-o.png"，然后单击 "确定" 按钮，如图 12-13 所示。这样就完成了鼠标悬停交互样式的添加。

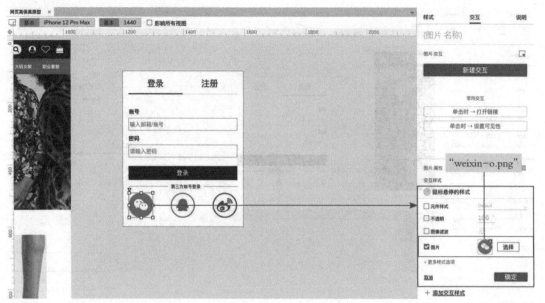

图12-13

单击"添加交互样式"，选择"鼠标按下的样式"选项，勾选"图片"复选框，单击"选择"按钮，选择素材中的"weixin-c.png"，如图 12-14 所示。这样就完成了鼠标按下交互样式的添加。

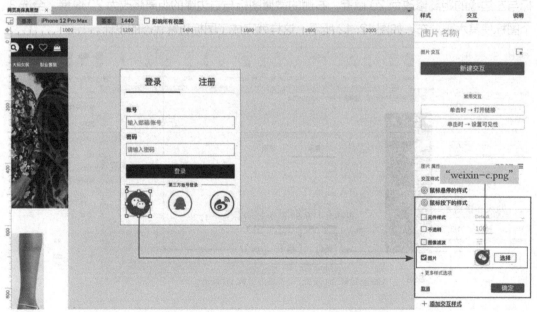

图12-14

完成了微信图标 3 种交互状态的添加后，单击"预览"按钮。在浏览器中，鼠标悬停在微信图标上时，微信图标颜色变亮，单击图标颜色会加深，如图 12-15 所示。

用同样的方法添加 QQ 和微博图标的交互样式。QQ 图标鼠标悬停交互样式选择素材中的"QQ-o.png"，鼠标按下交互样式选择素材中的"QQ-c.png"；微博图标鼠标悬停交互样式选择素材中的"weibo-o.png"，鼠标按下交互样式选择素材中的"weibo-c.png"。具体交互效果如图12-16所示。

图12-15

图12-16

还可以增加图标禁用的状态。例如，选中QQ图标，单击"添加交互样式"，选择"元件禁用的样式"选项，勾选"图片"复选框，单击"选择"按钮，选择素材中的"QQ-d.png"，这样就完成了禁用交互样式的添加。单击"显示全部"按钮，勾选"禁用"复选框。预览时，QQ图标会默认为禁用状态。具体操作如图12-17所示。

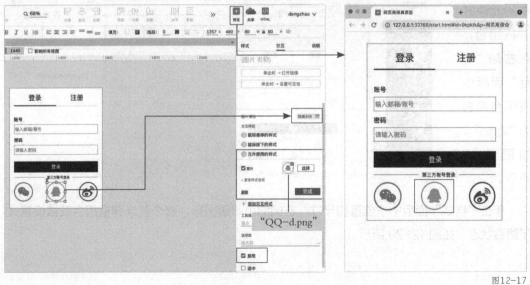

图12-17

可以发现，图标的交互状态其实是通过切换不同图片产生的。此外，无论是按钮还是图标，它们的交互样式都是相通的。

第3节　添加显示和隐藏交互

登录弹框的显示是通过单击用户图标引发的，而登录弹框的隐藏是通过关闭图标引发的。先在登录弹框的右上角增加一个关闭图标。可以直接从基本元件中拖入一个占位符，修改它的大小为 24 像素 ×24 像素，填充颜色改为白色，如图 12-18 所示。这样就把占位符巧妙地设计成了一个关闭图标。

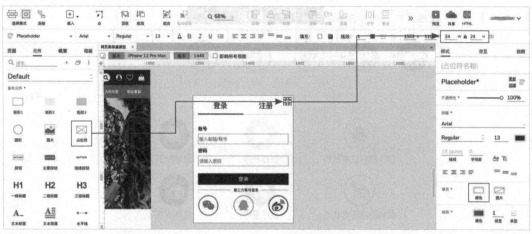

图12-18

知识点1　添加元件隐藏效果

全选整个登录弹框中的元件并进行组合，在右侧"交互"面板中将组合命名为"login"，如图 12-19 所示。

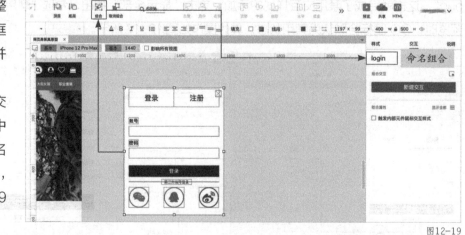

图12-19

单击"样式"面板中"位置和尺寸"右侧的小眼睛图标，整个登录弹框组合就被设置成了隐藏状态，如图 12-20 所示。

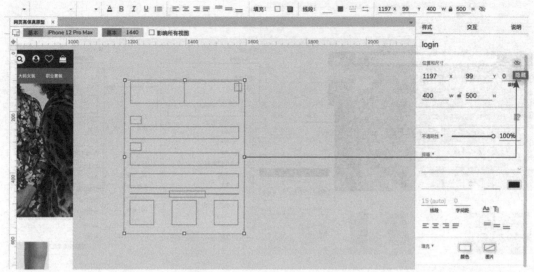

图12-20

知识点2　添加显示交互

把登录弹框移到页面中间。由于登录弹框的显示是通过单击用户图标引发的，因此需要在用户图标上添加显示交互。选中用户图标，在右侧"交互"面板中单击"新建交互"按钮，在弹出的列表中选择"单击时"选项，在下一级列表中选择"显示/隐藏"选项，如图12-21所示。

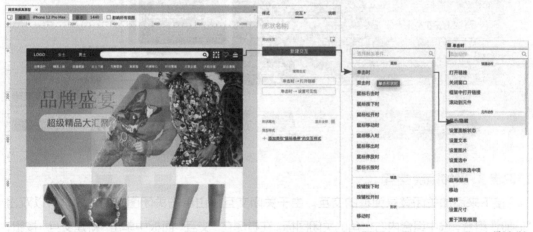

图12-21

在"显示/隐藏"中，选择"login"组合，保持默认交互为"显示"。打开下面的下拉列表，在列表中选择"逐渐"选项，保持默认显示时间为500毫秒。单击"更多选项"，勾选"置于顶层"复选框，单击"置于顶层"下面的更多按钮，在列表中选择"灯箱效果"选项，具体操作如图12-22所示。

灯箱效果的背景颜色是不透明度为35%的黑色，单击"确定"按钮完成显示交互的添加，如图12-23所示。

图12-22

图12-23

知识点3 添加隐藏交互

接下来添加关闭登录弹框的交互。由于关闭交互是由单击关闭图标引发的，所以双击"login"组合，选中组合内右上角的关闭图标。在右侧在"交互"面板中单击"新建交互"按钮，在弹出的列表中选择"单击时"选项，在下一级列表中选择"显示/隐藏"选项。具体操作如图12-24所示。

在"显示/隐藏"中，选择"login"组合，将交互修改为"隐藏"，单击"确定"按钮，如图12-25所示。这样就完成了关闭登录弹框的交互。

单击"预览"按钮，在浏览器中单击用户图标，就会弹出登录弹框，背景颜色变暗。登录弹框中可以输入账号、密码。按钮与图标都具有鼠标悬停和按下状态。单击关闭按钮，登录弹框就被隐藏了起来。具体操作如图12-26所示。

图12-24

图12-25

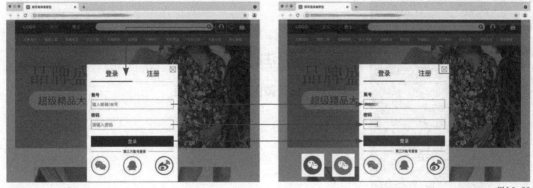

图12-26

本课练习题

操作题

设计网页登录弹框原型，并添加登录弹框显示和隐藏交互设计。

关键步骤：

（1）设计网页登录弹框原型；（2）添加按钮、文本框交互样式；（3）添加登录弹框显示和隐藏交互。

第 **13** 课

设计状态切换交互——
选项组切换

在网页和手机原型中，无论是板块标签切换的交互，还是导航频道切换的交互，都随处可见，因此需要掌握其设计方法。掌握单选按钮的切换交互可以更好地理解选项组切换的设计原理。要实现通过复选框启用或禁用其他元件交互，需要熟练掌握交互设计知识。

本课重点

- 设计注册页面交互
- 设计微信导航频道交互

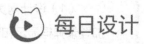

第1节　设计注册页面交互

在注册页面（或称注册弹框）中，单击"登录"和"注册"可以切换标签；单击单选按钮可以切换性别；勾选"同意注册协议"复选框，注册按钮将从禁用状态切换到启用状态。取消勾选，注册按钮切换回禁用状态，具体内容如图 13-1 所示。

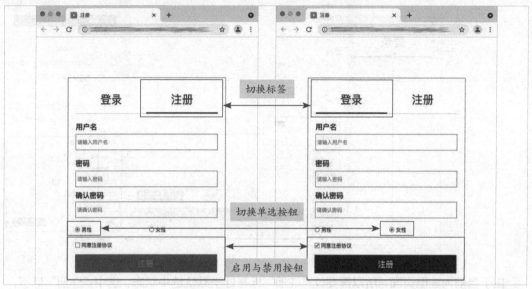

图13-1

在进行交互设计之前，首先需要设计出页面原型。从基本元件中拖入矩形 1，把尺寸改为 400 像素 ×500 像素。再拖入一个矩形 1，把尺寸改为 180 像素 ×70 像素，双击并输入文字"登录"。在右侧的"样式"面板中把文字大小改为 28 号，把边框的颜色改为浅灰，并隐藏顶部、左侧、右侧边框。复制"登录"标签到右侧，双击并将文字修改为"注册"。具体操作如图 13-2 所示。

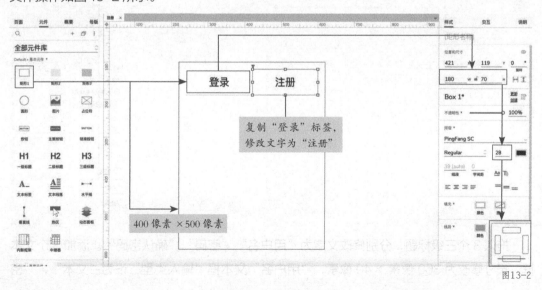

图13-2

接下来添加"登录"标签和"注册"标签的选中样式。在右侧"交互"面板中，添加元件选中的样式。单击"更多样式选项"，在弹框中把"边框宽度"改为"3"像素，"线段颜色"（也就是边框颜色）改为黑色。具体操作如图 13-3 所示。

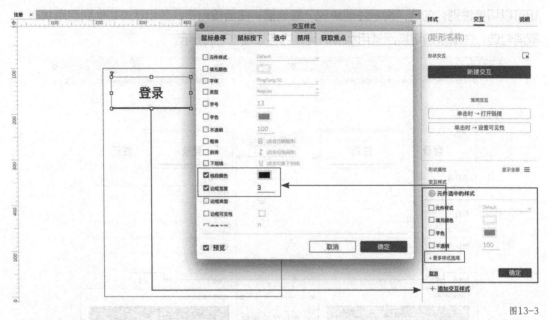

图13-3

由于当前为注册页面，所以需要让"注册"标签处于默认选中状态。选中"注册"标签，在"交互"面板中单击"显示全部"按钮，勾选"选中"复选框，如图 13-4 所示。

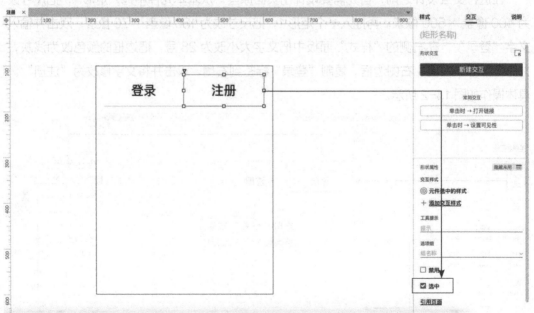

图13-4

拖入 3 个三级标题，分别修改文字为"用户名""密码""确认密码"。添加 3 个文本框，尺寸修改为 360 像素 ×40 像素，"用户名"文本框"输入类型"设为"文本"，"密码"和"确认密码"文本框"输入类型"设为"密码"。"隐藏提示"都改为"获取焦点"。具体操作如图 13-5 所示。

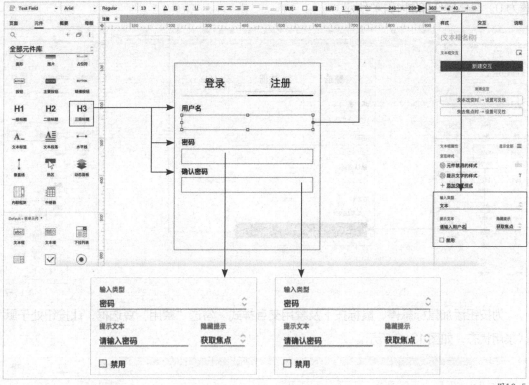

图13-5

拖入两个单选按钮，分别修改文字为"男性"和"女性"；再拖入一个复选框，修改文字为"同意注册协议"，如图 13-6 所示。

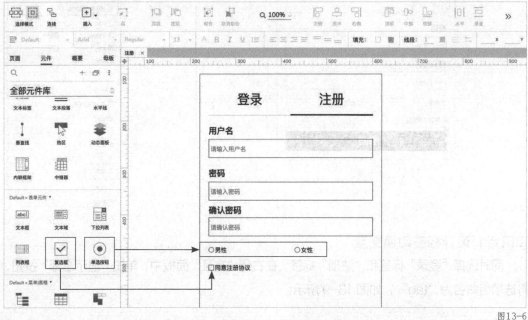

图13-6

拖入主要按钮，尺寸改为 360 像素 ×45 像素，双击并将文字修改为"注册"。把文字大小改为 20 号，颜色改为白色。按钮的填充颜色改为黑色，边框线宽设置为 0，圆角半径设置为 0。具体操作如图 13-7 所示。

图13-7

为按钮添加鼠标悬停、鼠标按下及禁用交互样式。勾选"禁用"复选框，让按钮处于默认禁用状态，如图 13-8 所示。

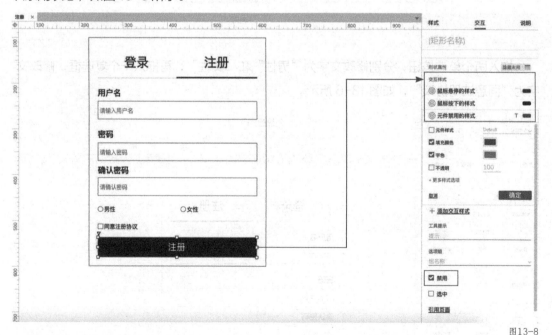

图13-8

知识点1 设计标签切换交互

同时选择"登录"标签和"注册"标签，在右侧"交互"面板中，单击"显示全部"按钮，将选项组命名为"tag"，如图 13-9 所示。

图13-9

　　选择"登录"标签，在右侧的"交互"面板中单击"新建交互"按钮，在触发事件列表中选择"单击时"选项，在动作列表中选择"设置选中"选项，在目标列表中选择"当前元件"，如图 13-10 所示。

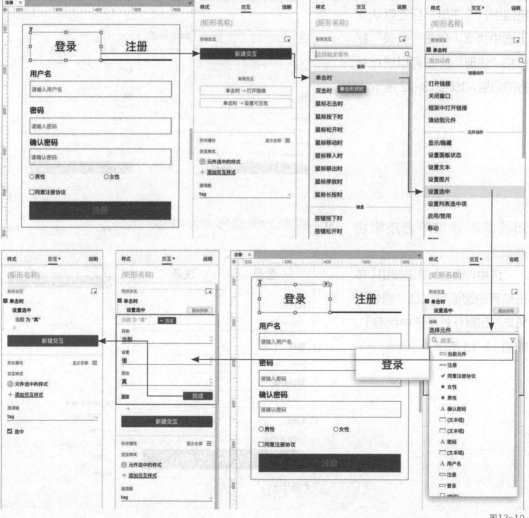

图13-10

再选择"注册"标签，和"登录"标签一样，在右侧的"交互"面板中单击"新建交互"按钮，在触发事件列表中选择"单击时"选项，在动作列表中选择"设置选中"选项，在目标列表中选择"当前元件"，如图13-11 所示。

图13-11

单击"预览"按钮，在浏览器中，"注册"标签默认处于选中状态，单击"登录"标签和"注册"标签可以进行标签的切换，如图 13-12 所示。

图13-12

知识点2 添加单选按钮切换交互

选中"男性"单选按钮（单击前面的圆圈可以让"男性"单选按钮默认处于选中状态），如图 13-13 所示。

图13-13

同时选择"男性"单选按钮和"女性"单选按钮，在右侧"交互"面板中，单击"显示全部"按钮，为选项组命名，这里命名为"gender"，如图 13-14 所示。

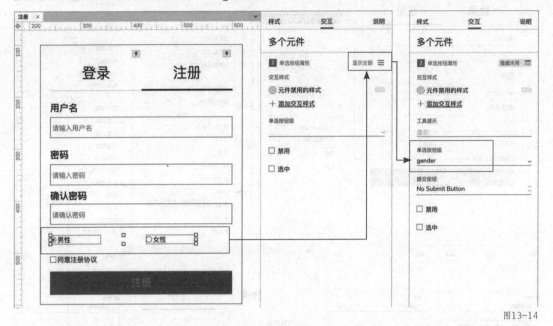

图 13-14

单击"预览"按钮查看效果。在浏览器中，可以实现单选按钮切换的交互，如图 13-15 所示。

图 13-15

知识点 3　添加启用与禁用交互

下面为勾选和取消勾选"同意注册协议"复选框操作添加注册按钮启用与禁用的交互。选择"同意注册协议"复选框，在右侧"交互"面板中单击"新建交互"按钮，在触发事件列表中选择"选中"选项，在动作列表中选择"启用 / 禁用"选项，在目标列表中选择"注册"选项，设置默认状态为启用，然后单击"确定"按钮，如图 13-16 所示。

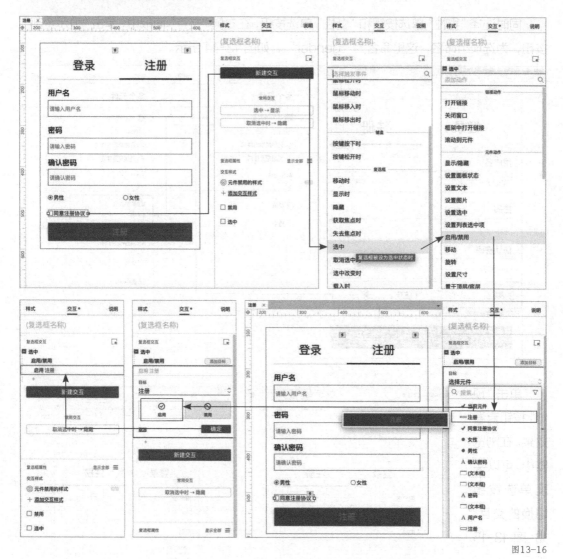

图13-16

这里有一个小技巧：为了方便快捷地在目标列表中找到元件，可以提前为其命名。例如，单击"注册"按钮，在右侧矩形名称文本框中将其命名为"button"，如图 13-17 所示。

图13-17

单击"同意注册协议"复选框，在目标列表中搜索"button"就可以找到对应的元件，如图 13-18 所示。

接下来添加取消勾选"同意注册协议"复选框时，注册按钮恢复为禁用状态的交互。单击"同意注册协议"复选框，在右侧"交互"面板中单击"新建交互"按钮，在触发事件列表中选择"取消选中时"选项，在动作列表中选择"启用 / 禁用"选项，在目标列表中选择"button"选项，然后把状态改为禁用，如图 13-19 所示。

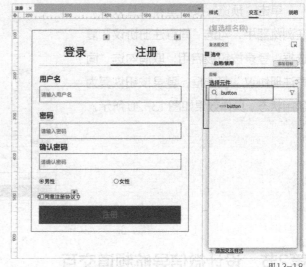

图13-18

图13-19

单击"预览"按钮查看交互效果。在浏览器中，勾选"同意注册协议"复选框，登录按钮被启用；取消勾选"同意注册协议"复选框，登录按钮恢复为禁用状态。具体效果如图13-20所示。

图13-20

第2节　设计微信导航频道交互

微信导航栏上频道切换的交互和网页标签切换的交互基本类似，单击导航栏上的频道选项，频道选项会切换为选中状态，如图13-21所示。

微信底部导航栏原型的设计参看第9课第3节内容，接下来直接进行微信导航频道交互设计。

首先将导航栏上的频道图标和文字设置为默认状态，将导航栏中的"微信"图标和文字、"通讯录"图标和文字、"发现"图标和文字、"我"图标和文字分别组合，如图13-22所示。

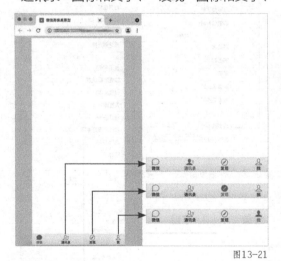

图13-21　　　　　　　　　　　　　　　　　　　　　　　　　　　图13-22

知识点1　添加选中样式

单击"微信"图标，在右侧的"交互"面板中，添加元件选中的样式，勾选"图片"复选框，选择第13课素材微信图标文件夹中的"Chats_s.png"，如图13-23所示。

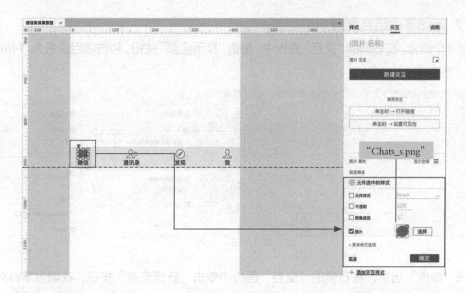

图13-23

接下来，单击"微信"文字，在右侧"元件选中的样式"中选择样式，把文字颜色改为
#0EB400（绿色），如图13-24所示。这样就完成了"微信"组合选中样式的添加。

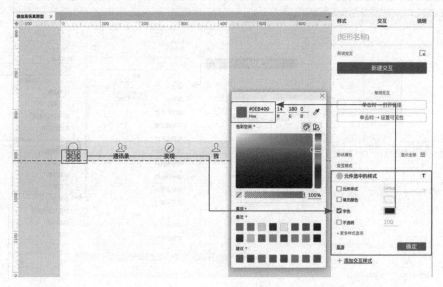

图13-24

用同样的方法，添加"通讯录""发现""我"组合的图标和文字的选中样式，"通讯录"
图标的选中样式图片为"Contacts_s.png"、"发现"图标的选中样式图片为"Discover_
s.png"、"我"图标的选中样式图片为"Me_
s.png"，如图13-25所示。文字选中的
颜色都改为最近使用过的绿色，这样就完
成了所有频道选项选中样式的添加。

图13-25

知识点 2　添加选中组合交互

　　全选 4 个组合，在右侧的"交互"面板中，单击"显示全部"按钮，将选项组命名为"Nav"，如图 13-26 所示。

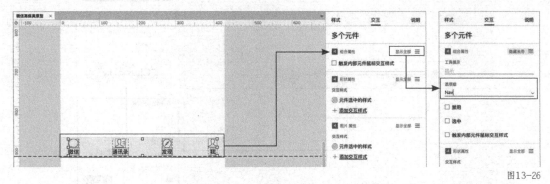

图13-26

　　选择"微信"组合，在右侧的"交互"面板中单击"新建交互"按钮，在触发事件列表中选择"单击时"选项，在动作列表中选择"设置选中"选项，在目标列表中选择当前组合"微信"组合，单击"确定"按钮完成此组合选中交互的添加，如图 13-27 所示。

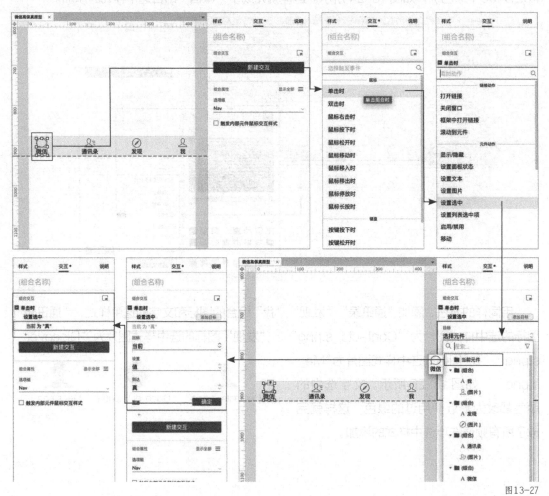

图13-27

按同样的方法为"通讯录""发现""我"组合添加选中交互，如图 13-28 所示。

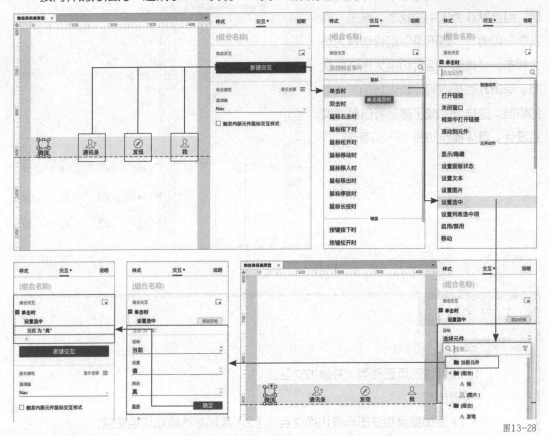

图13-28

打开微信 APP 时，"微信"组合应该默认为选中的状态。因此，选择"微信"组合，在右侧的"交互"面板中，单击"显示全部"按钮，将"微信"组合设置为默认选中状态，如图 13-29 所示。

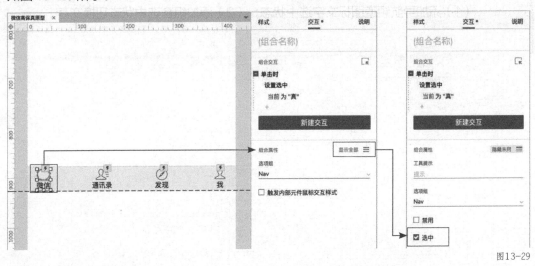

图13-29

单击"预览"查看交互效果。"微信"组合默认为选中的状态。单击"通讯录"频道,"通讯录"组合切换为选中状态,"微信"组合切换为未选中状态。单击其他频道同样能进行相应状态的切换。这样就完成了微信导航频道交互设计。具体操作如图 13-30 所示。

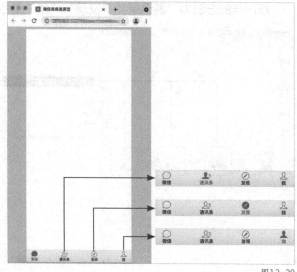

图13-30

本课练习题

操作题

1. 设计注册页面原型,并添加交互。

关键步骤:

(1)添加登录和注册标签切换交互; (2)添加单选按钮切换交互;

(3)添加复选框控制按钮状态切换交互。

2. 设计微信导航频道交互。

关键步骤:

(1)添加导航频道图标文字选中状态; (2)添加组合选中状态切换交互。

第**14**课 切换频道页面——框架元件

使用基础元件中的内联框架元件可以在单页面中链接外部网页、内部原型页面、本地视频和图片文件。在设计产品的过程中适当运用框架，可以提高交互设计效率。

本课重点

- 设计框架页面
- 链接本地视频和图片文件

第1节　设置框架页面

首先来看一下使用框架能实现的设计效果。使用浏览器打开原型时，默认显示微信首页，单击"通讯录"频道打开"通讯录"频道页面，单击"发现"频道出现视频播放页，单击"我"频道进入"我"频道页面，如图 14-1 所示。由此可知，通过框架元件可以轻松实现不同内容的嵌入。

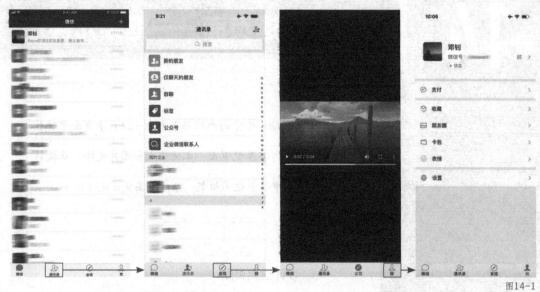

图14-1

知识点1　链接外部网址

从基本元件中拖入内联框架，它是一个与多行输入文本框外观相似的元件。双击内联框架，在弹框中有两个链接目标：链接一个当前原型中的页面和链接一个外部的 URL 或文件。

单击底部的"链接一个外部的 URL 或文件"单选按钮，下方出现带"https://"的文本框，在文本框中可以直接输入外部网址，例如这里输入"www.taobao.com"，单击"确定"按钮，如图 14-2 所示。

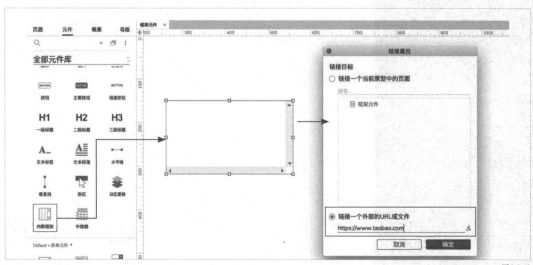

图14-2

单击"预览"按钮查看效果。在计算机联网的情况下，页面会自动置入一个框架大小的淘宝网首页，如图 14-3 所示。

在 Axure 中选择框架元件，把它放到页面中 x、y 坐标皆为 0 的位置。在右侧"样式"面板中把框架的尺寸改为 1440 像素 × 1000 像素，如图 14-4 所示。

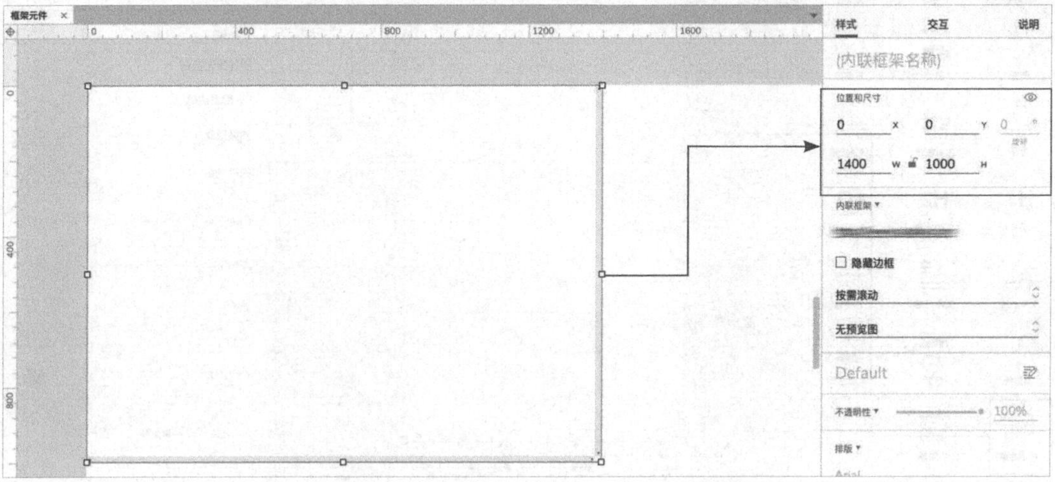

图14-3

图14-4

再次单击"预览"按钮，可以发现浏览器中置入了完整的淘宝网首页，我们还可以滚动鼠标滑轮浏览下方的内容，如图 14-5 所示。

图14-5

知识点 2 链接原型中的页面

打开第 13 课设计完成的微信导航栏页面，接着运用框架来设计页面中间的内容。

拖入一个内联框架，放到页面中 x、y 坐标皆为 0 的位置，将它的尺寸改为 428 像素 ×876 像素，如图 14-6 所示。

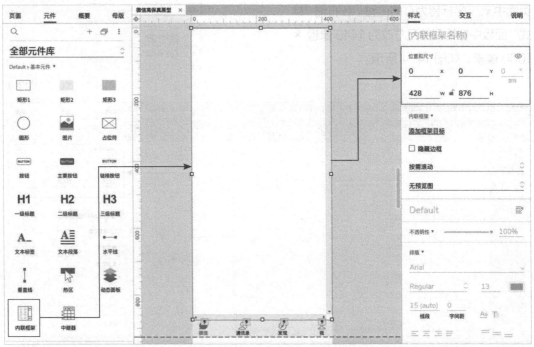

图 14-6

在顶部菜单栏中执行"文件 – 从 RP 文件导入"命令，导入第 9 课设计的微信高保真原型，并将文件名改为"微信首页"，如图 14-7 所示。

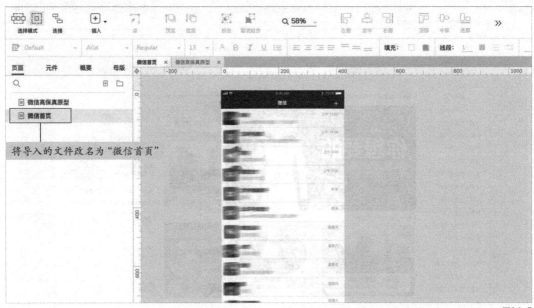

图 14-7

回到微信高保真原型页面中，双击框架元件，在弹框中将链接目标选为当前原型中的微信首页，然后单击"确定"按钮，如图14-8所示。

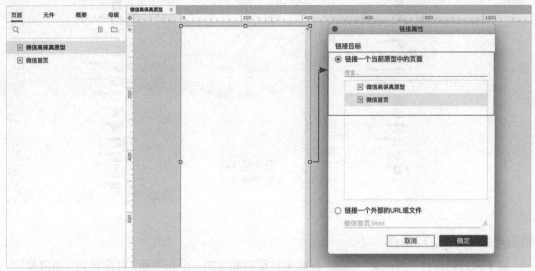

图14-8

单击"预览"按钮，可以发现在浏览器中微信首页被链接进了框架，但此时页面底部多出了一个导航栏，左侧多出来一条边框，如图14-9所示。

回到Axure，选择框架，在右侧的"样式"面板中勾选"隐藏边框"复选框。同时，删除微信首页底部的导航栏，如图14-10所示。

回到微信高保真原型页面，单击"预览"按钮，可以发现在浏览器中左边多余的边框和底部多出来的导航栏都被去除了，如图14-11所示。

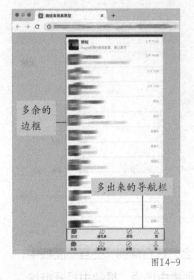

图14-9

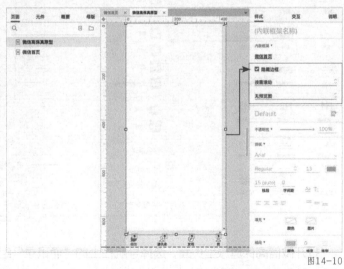

图14-10

图14-10（续）

图14-11

知识点3 添加交互动作

接下来开始设计"通讯录"页面。在微信首页后面添加一个新页面，并命名为"通讯录"。从基本元件中拖入图片，双击之后用课程素材中的"contacts.png"替换。把图片尺寸改为428像素×926像素，放到页面中 x、y 坐标为0的位置。具体操作如图14-12所示。

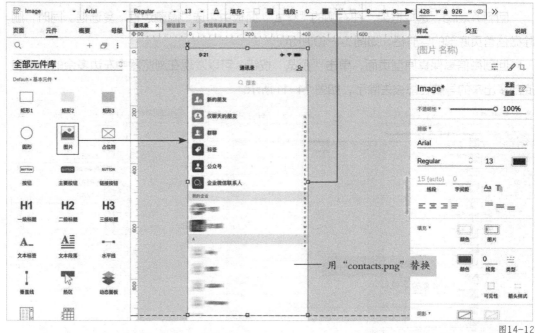

图14-12

打开微信高保真原型页面，选择导航栏上的"通讯录"组合。在右侧的"交互"面板中，单击"组合交互"底部的"+"按钮，添加新的动作，在动作列表中选择"框架中打开链接"选项，在目标列表中选择"内联框架"选项。打开"链接到"下方的"选择页面"下拉列表，在列表中选择"通讯录"选项，然后单击"完成"按钮。具体操作如图14-13所示。

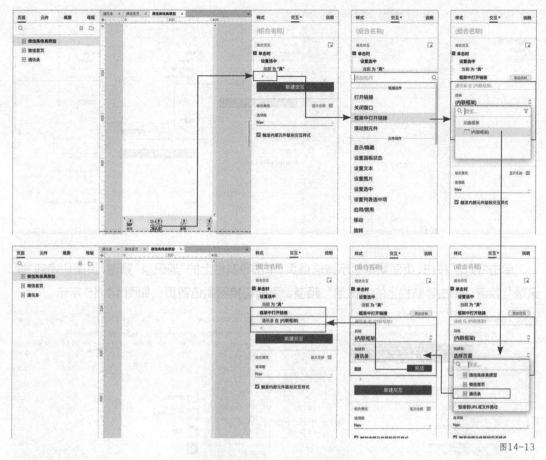

图14-13

接下来，为导航栏上的"微信"频道添加新动作。选择导航栏上的"微信"组合，在右侧的"交互"面板中，单击"组合交互"底部的"+"按钮，添加新的动作，在动作列表中选择"框架中打开链接"选项，在目标列表中选择"内联框架"选项。打开"链接到"下方的"选择页面"下拉列表，在列表中选择"微信首页"选项，然后单击"确定"按钮。具体操作如图14-14 所示。

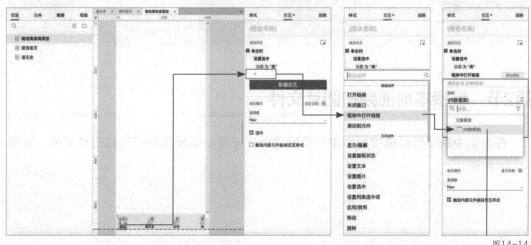

图14-14

169

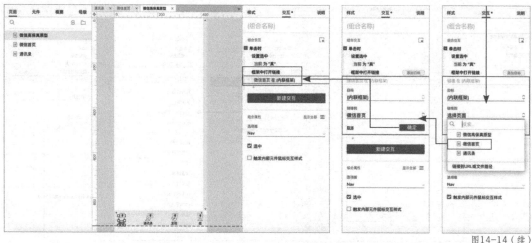

图14-14（续）

单击"预览"按钮，页面默认显示微信首页。单击导航栏上的"通讯录"频道，页面切换到"通讯录"频道；单击导航栏上的"微信"频道，页面切换回微信首页，如图14-15所示。

图14-15

第2节 链接本地视频和图片文件

在框架中除了可以链接原型中的页面之外，还可以链接本地视频和图片文件，如图14-16所示。

图14-16

知识点1　链接本地视频文件

单击导航栏上的"发现"组合，在右侧的"交互"面板中，单击"组合交互"底部的"+"
按钮，添加新的动作。在动作列表中选择"框架中打开链接"选项，在目标列表中选择"内
联框架"选项。打开"链接到"下方的"选择页面"下拉列表，在列表中选择底部的"链接
到外部 URL 或文件路径"选项，出现包含"https://"的文本框。将"https://"删除，直接
输入本地文件的名字，例如这里输入课程附件中的视频文件名"demo.mp4"，单击"确定"
按钮。具体操作如图 14-17 所示。

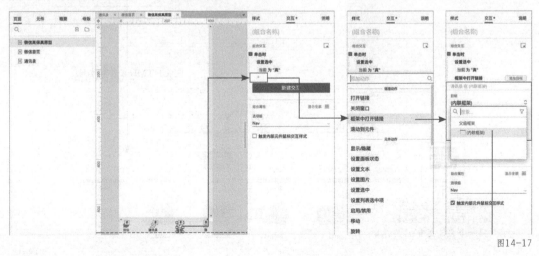

图14-17

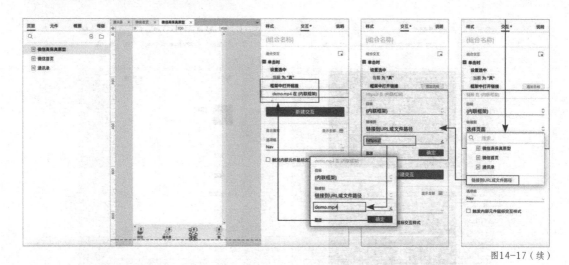

图14-17（续）

单击"HTML"按钮生成本地 HTML 文件，然后将第 14 课附件的视频素材"demo.mp4"与生成的 HTML 文件放在同一个文件夹中，如图 14-18 所示。

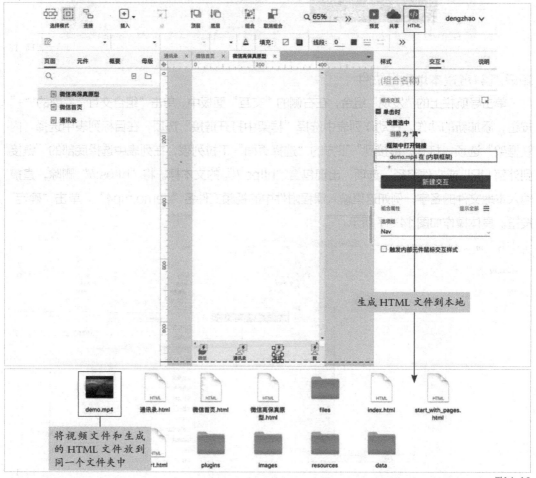

图14-18

打开本地"index.html"文件，单击导航栏上的"发现"频道就可以直接浏览视频了，这样就使用框架元件完成了"发现"频道的设计，如图 14-19 所示。

知识点2 链接本地图片文件

可以用同样的方式链接本地的图片文件。选择导航栏上的"我"组合，在右侧的"交互"面板中，单击"组合交互"底部的"+"按钮，添加新的动作。在动作列表中选择"框架中打开链接"选项，在目标列表中选择"内联框架"选项。打开"链接到"下方的"选择页面"下拉列表，在列表中选择底部的"链接到外部URL或文件路径"选项，出现包含"https://"的文本框。将"https://"删除，直接输入本地文件的名字，例如这里输入课程附件中的图片文件名"wo.png"，单击"确定"按钮。具体操作如图14-20所示。

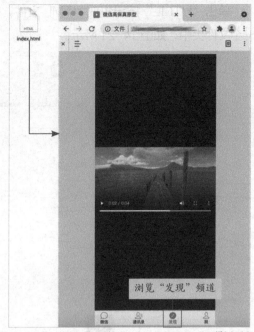

图14-19

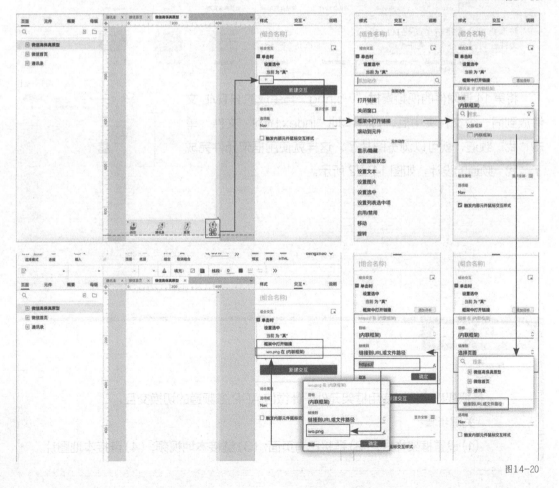

图14-20

　　单击"HTML"按钮生成 HTML 文件，并把本地图片文件和生成的 HTML 文件放到同一个文件夹中，如图 14-21 所示。

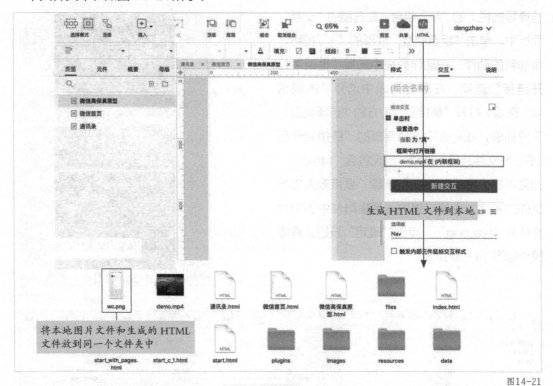

图14-21

　　将第 14 课附件的视频素材"wo.png"与生成的 HTML 文件放到同一个文件夹中后，打开本地"index.html"文件，单击"我"频道，就可以浏览图片了。这样就使用框架元件完成了"我"频道的设计，如图 14-22 所示。

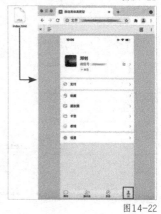

图14-22

本课练习题

操作题

　　模拟课程案例，使用框架元件设计微信 APP 各频道的切换交互。

　　关键步骤：

　　（1）设置框架样式；（2）链接已有页面；（3）链接本地视频；（4）链接本地图片。

第15课

管理相似模块——母版

在设计大型网站时，使用母版可以同时调整与修改多个页面上的元素，从而提升设计效率。在进行多页面原型设计时，使用母版可以更好地进行相似模块的管理。

本课重点

- 母版的基本操作
- 添加母版交互

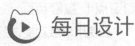

第1节 母版的基本操作

大型网站通常会有上百个页面，使用母版可以更好地管理相似模块的设计。在本课案例中，我们将会使用母版功能管理页面中的顶部导航栏和底部版权说明，完成男士、女士、收藏页面的设计，如图 15-1 所示。

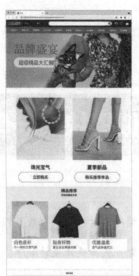

图15-1

此外，还将在母版中添加交互，完成在任意页面中单击"用户"图标页面弹出登录弹框的交互，如图 15-2 所示。

图15-2

知识点1 重复页面

在使用母版功能之前，首先要设计男士和收藏两个页面原型。

打开第 10 课设计的网页高保真页面，分别选择 iPhone 12 Pro Max 和 1440 视图，在右侧"样式"面板中单击"删除视图"按钮，将 1024 基本视图保留下来进行后续设计，如图 15-3 所示。

图15-3

将左侧的高保真原型页面名称修改为"女士"，然后单击鼠标右键，在右键菜单中执行"重复-页面"命令，将新生成的页面名称修改为"男士"，如图 15-4 所示。

图15-4

在男士页面中，删除隐藏状态的登录弹框，同时修改二级导航栏的文字内容。双击头图，用课程素材中的"image.png"将其替换。弹框提示"是否进行优化"，单击"是"按钮。修改头图中的文字，将文字颜色改为黑色。具体操作如图15-5所示。

图15-5

用课程附件中素材的替换内容区图片，如图15-6所示。

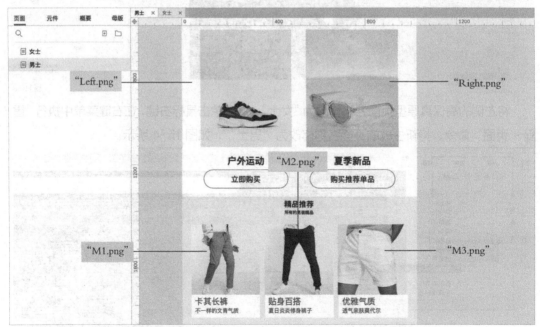

图15-6

删除男士页面的顶部导航栏和底部版权说明，这部分内容使用母版进行设计，如图15-7所示。

接下来设计收藏页面，同样在左侧女士页面上单击鼠标右键，在右键菜单中执行"重复－页面"命令，修改页面名为"收藏"，如图15-8所示。

图15-7

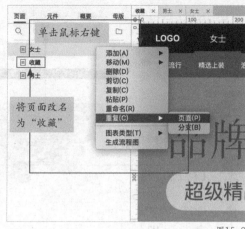
图15-8

在收藏页面中，先删除二级导航栏，然后拖入一条水平线，宽度设置为 400 像素。在水平线上拖入一个三级标题，修改文字为 "我的收藏"，文字填充颜色设置为白色，把左右边距调整为 10 像素，使视觉效果更协调。具体操作如图 15-9 所示。

图15-9

接下来删除内容区。先设计出单条图文列表。从基本元件中拖入图片，双击图片，用课程素材中的 "商品 1.png" 替换，将图片大小设置为 300 像素 ×375 像素。拖入三级标题，修改文字。拖入矩形 1，双击并将文字修改为 "立即购买"，修改大小为 200 像素 ×45 像素，圆角半径设置为 25 像素。将图片、标题、矩形居中对齐后，单击顶部 "组合" 按钮，并将组合与左边缘的距离调整为 20 像素。这样就完成了单条图文列表的设计。具体操作如图 15-10 所示。

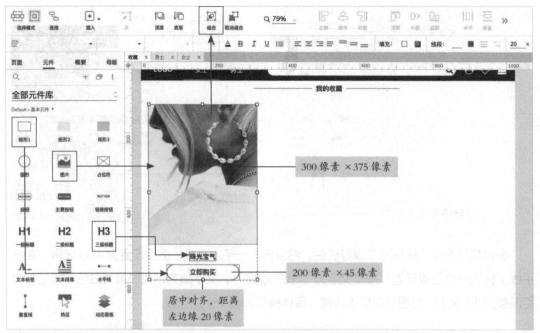

图15-10

复制两条图文列表到右侧，调整最右侧的图文列表与右边缘的距离为 20 像素，调整 3 条图文列表，使其呈水平分布，如图 15-11 所示。

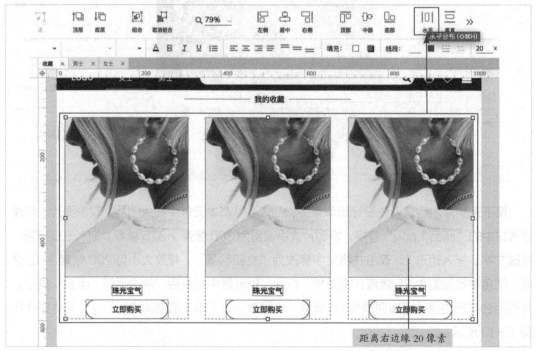

图15-11

将第一行的图文列表复制到第二行，使用附件中的素材替换图片。修改标题文字，最后删除顶部的导航栏和底部的版权说明，接下来用母版来设计这两个区域。这样就快速完成了收藏页面的设计。具体操作如图 15-12 所示。

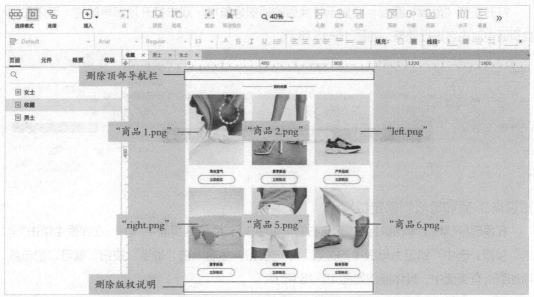

图15-12

知识点 2　转换为母版

回到女士页面，框选女士页面导航栏的全部内容，然后单击鼠标右键，在右键菜单中执行"转换为母版"命令，在"创建母版"弹框中将母版命名为"顶部导航"，单击"继续"按钮完成母版的转换，如图 15-13 所示。

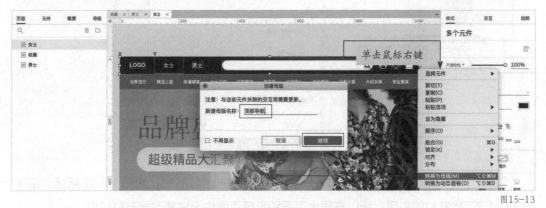

图15-13

导航栏上出现红色半透明遮罩，代表此部分内容已转换为母版，如图 15-14 所示。

图15-14

打开左侧"母版"面板，会显示转换后的顶部导航栏；双击打开顶部导航栏，可以在独立页面中对内容进行调整，如图 15-15 所示。

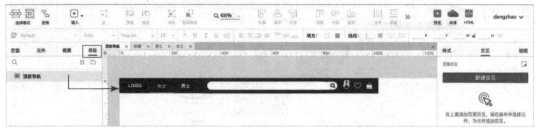

图15-15

知识点3 添加母版到固定位置

在顶部导航栏上单击鼠标右键，在右键菜单中执行"添加到页面中"命令。在弹框中单击"全选"按钮，选中"锁定为母版中的位置"单选按钮，然后单击"确定"按钮，就可以把母版添加到所有页面中。具体操作如图 15-16 所示。

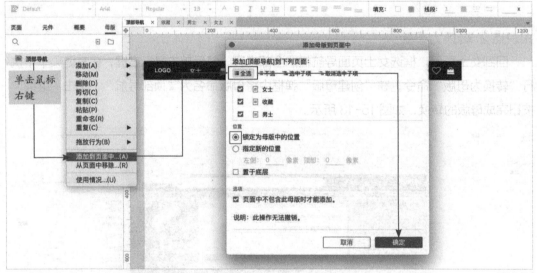

图15-16

回到男士页面和收藏页面，可以发现顶部都已经添加了导航栏，如图 15-17 所示。由于上一步锁定了导航栏的位置，所以在男士页面和收藏页面中无法修改导航栏位置。

图15-17

知识点4 拖放母版到任意位置

接下来回到女士页面，选择底部的版权说明后单击鼠标右键，在右键菜单中执行"转换为母版"命令，在弹框中将其命名为"版权说明"，单击"继续"按钮，完成母版的转换，如图 15-18 所示。

图15-18

在"母版"面板中的版权说明上单击鼠标右键，在右键菜单中执行"拖放行为-任意位置"命令，如图 15-19 所示。

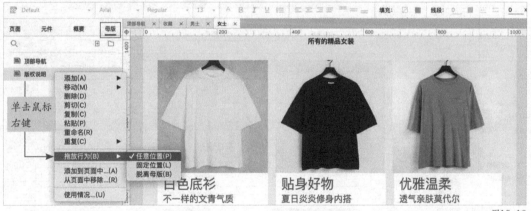

图15-19

打开男士页面，将母版中的版权说明直接拖到页面底部；打开收藏页面，将母版中的版权说明直接拖动到页面底部，如图 15-20 所示。

注意，如果执行的是"拖放行为-固定位置"命令，则只能将其拖放到和母版相同坐标处，如图 15-21 所示。

如果执行的是"拖放行为-脱离母版"命令，当母版被拖动到页面当中的时候，红色遮罩会消失，拖出的内容会脱离母版成为可编辑的内容，如图 15-22 所示。

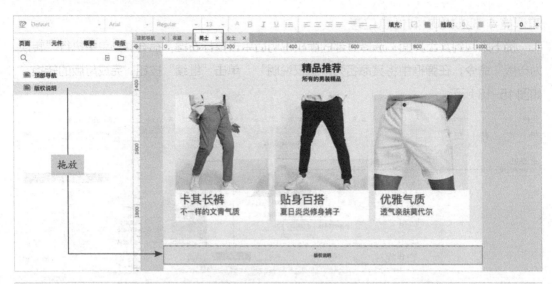

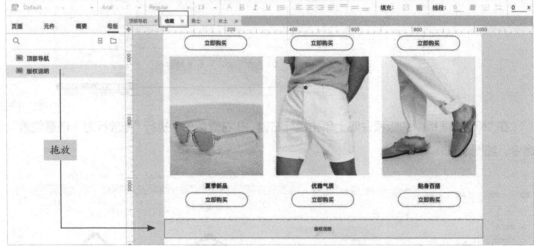

图15-20

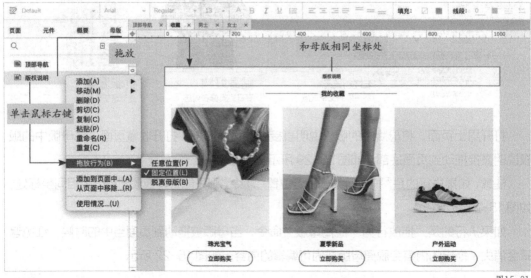

图15-21

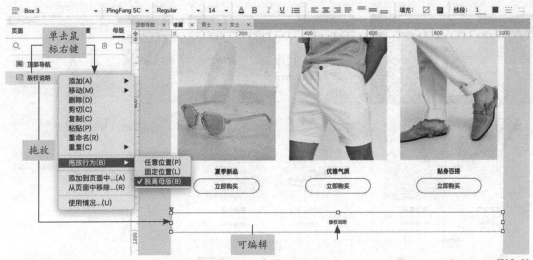

图15-22

如果想移除页面中的母版，可以在其右键菜单中执行"从页面中移除"命令，在弹框中选择需要移除母版的页面，然后单击"确定"按钮，如图15-23 所示。

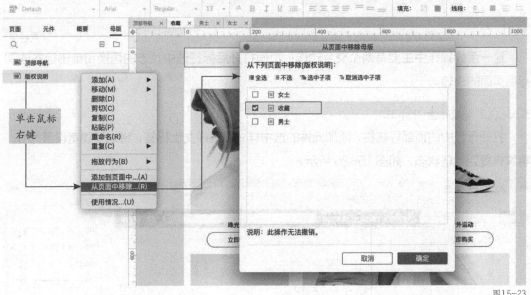

图15-23

第2节　添加母版交互

接下来需要添加导航栏的交互设计。在女士页面中，当前默认选中女士标签，单击"男士"之后进入男士频道，此时男士标签被选中。单击收藏图标打开收藏页面，收藏图标变为橘黄色选中状态。具体操作如图15-24 所示。

图15-24

这一系列操作中主要有两个交互动作：页面打开后标签选中状态的切换和单击标签或图标后页面的跳转。

知识点1 添加选中样式

打开母版中的顶部导航栏，添加元件的选中样式。选择女士标签，将边框线宽设置为0，将其恢复到默认状态，如图15-25所示。

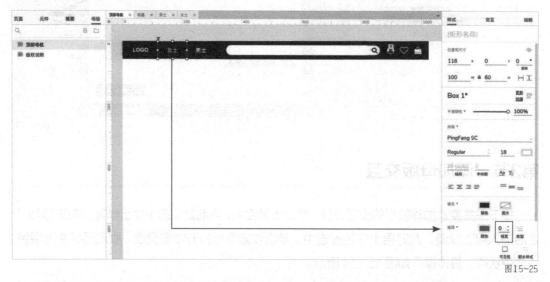

图15-25

打开右侧"交互"面板，添加元件选中的样式，将边框宽度设置为4像素，将边框的颜色设置为色号为#888787（灰色），并隐藏顶部、左侧和右侧边框，如图15-26所示。

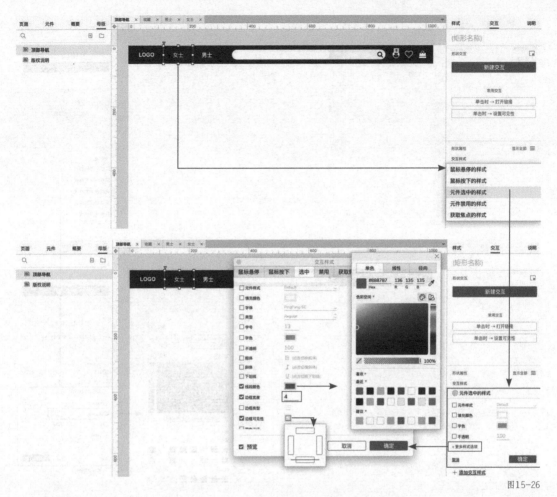

图15-26

删除"男士"文字，复制左侧女士标签到右侧，双击并将文字修改为"男士"。复制的标签保留有元件选中的样式，如图 15-27 所示。

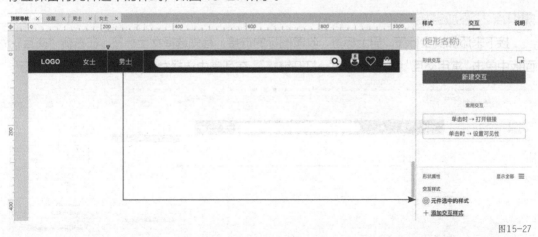

图15-27

单击收藏图标，在右侧"交互"面板中添加元件选中的样式，将填充颜色改为 #FF5400（橘黄色），如图 15-28 所示。

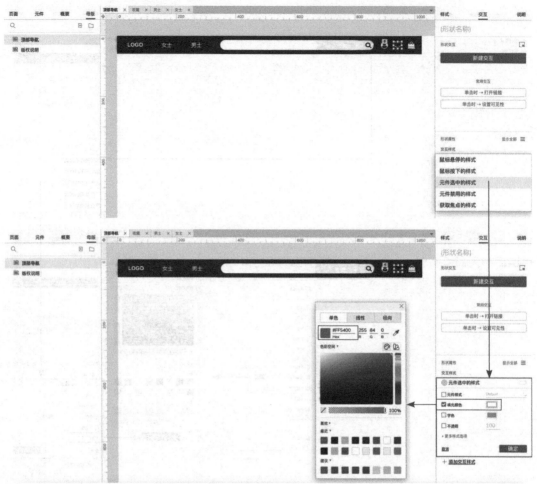

图15-28

这样就完成了女士标签、男士标签、收藏图标选中样式的添加。

知识点2 添加链接

接下来添加女士标签、男士标签、收藏图标的链接。首先选择女士标签，在右侧"交互"面板中单击"常用交互"中的"单击时→打开链接"，在列表中选择女士页面，如图15-29所示。

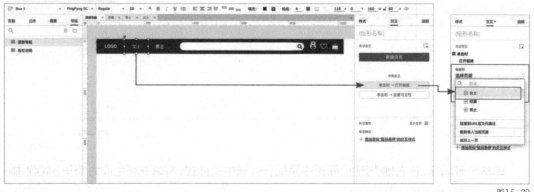

图15-29

然后选择男士标签，在右侧"交互"面板中单击"常用交互"中的"单击时→打开链接"，在列表中选择男士页面，如图 15-30 所示。

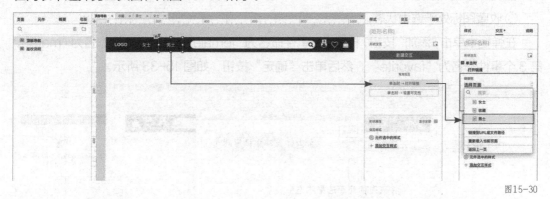

图15-30

最后选择收藏图标，在右侧"交互"面板中单击"常用交互"中的"单击时→打开链接"，在列表中选择收藏页面，如图 15-31 所示。

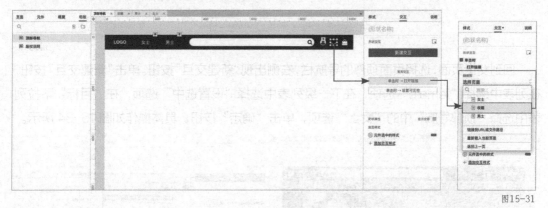

图15-31

添加过链接的元件的右上角都出现了黄色闪电图标。这样就完成了页面链接的添加。

知识点 3 添加母版引发事件

打开女士页面，当前的导航栏在"交互"面板中无法进行新建交互的操作，如图 15-32 所示。

图15-32

想要添加页面打开时导航栏中的标签处于选中状态的交互，需要先在母版中添加引发事件。

在母版中选择顶部导航栏，在顶部菜单中执行"布局 - 管理母版引发的事件"命令，在弹框中需要添加 3 个事件：

① 女士标签处于选中状态；

② 男士标签处于选中状态；

③ 收藏图标处于选中状态。

在弹框中单击"添加"按钮，将第 1 个事件命名为"female"、第 2 个事件命名为"male"、第 3 个事件命名为"favorite"，然后单击"确定"按钮，如图 15-33 所示。

图15-33

回到女士页面，选择页面顶部的导航栏，右侧出现"新建交互"按钮。单击"新建交互"按钮，在列表中选择"female"选项，在下一级列表中选择"设置选中"选项，在"目标"下拉列表中选择"顶部导航"中的"女士"选项，单击"确定"按钮。具体操作如图 15-34 所示。

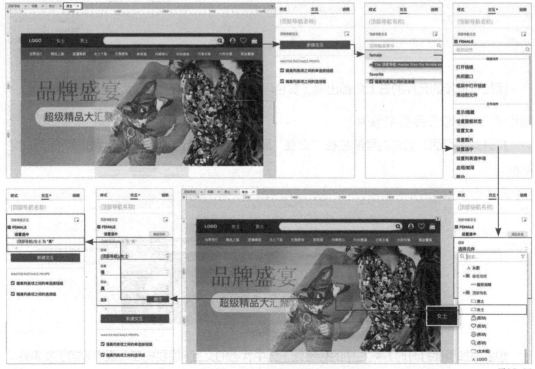

图15-34

打开男士页面中，选择顶部导航栏，单击"新建交互"按钮，在列表中选择"male"选项，在动作列表中选择"设置选中"选项，在目标列表中选择"顶部导航"中的"男士"选项，单击"确定"按钮，如图 15-35 所示。

图15-35

打开收藏页面，选择顶部导航栏，单击"新建交互"按钮，在列表中选择"favorite"选项，在动作列表中选择"设置选中"选项，在目标列表中选择"顶部导航"中心形的收藏图标，单击"确定"按钮，如图 15-36 所示。

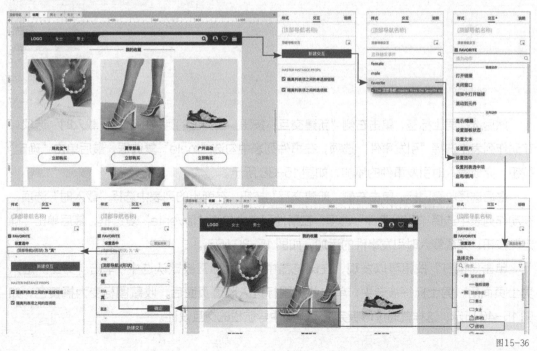

图15-36

这样就完成了女士页面、男士页面和收藏页面引发选中交互事件的添加。

知识点 4　添加载入时引发事件

添加完选中交互之后，需要在母版中设定引发事件。回到母版，选择女士标签，单击右侧"新建交互"按钮，弹出的列表中选择"载入时"选项，在动作列表中选择最底部的"引发事件"选项，在事件列表中勾选"female"复选框，最后单击"确定"按钮，完成载入时引发事件的添加，如图 15-37 所示。

图15-37

然后选择男士标签，单击右侧"新建交互"按钮。在弹出的列表中选择"载入时"选项，在动作列表中选择"引发事件"选项，在事件列表中勾选"male"复选框，最后单击"确定"按钮，完成载入时引发事件的添加，如图 15-38 所示。

最后选择收藏图标，单击右侧"新建交互"按钮，在弹出的列表中选择"载入时"选项，在动作列表中选择"引发事件"选项，在事件列表中勾选"favorite"复选框，最后单击"确定"按钮，完成载入时引发事件的添加，如图 15-39 所示。

单击"预览"按钮可以发现，在浏览器中，女士标签被默认选中；单击"男士"进入男士页面后，男士标签被选中；单击收藏图标进入收藏页面后，收藏图标变为橘黄色，如图 15-40 所示。这样就通过母版完成了页面中导航栏的交互设计。

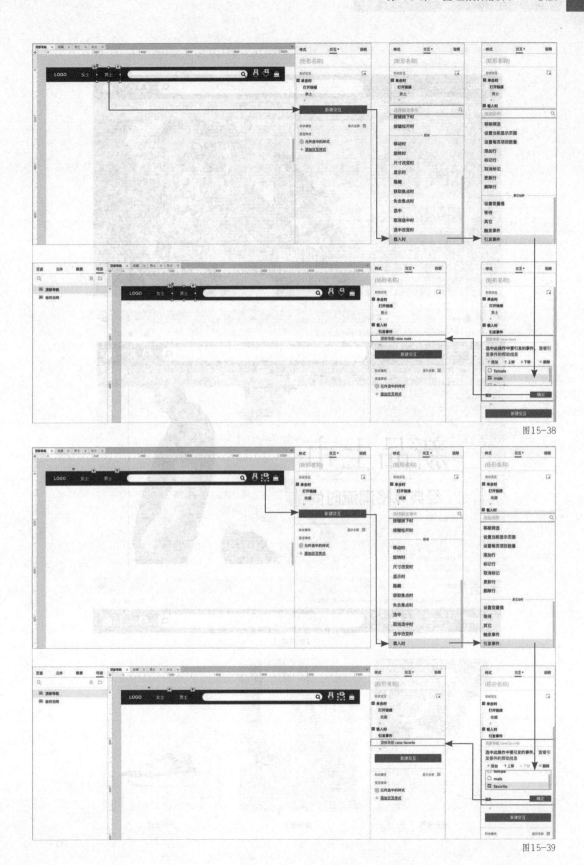

图15-38

图15-39

图15-40

知识点 5　修改多页面内容

到项目结尾时，经常需要统一替换页面中的元素，例如 LOGO，使用母版可以快速地完成这类操作。

首先删除导航栏上的"LOGO"文字，然后从基本元件中拖出一张图片放到导航栏左侧，双击图片，用素材中的"logo.png"替换如图 15-41 所示。通过母版，可将所有页面的 LOGO 都替换掉，而不用逐个打开页面进行替换。

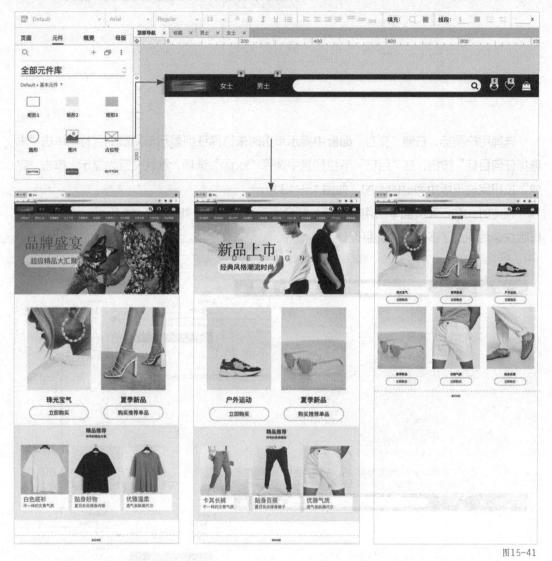

图15-41

在母版中还可以添加导航栏上通用的交互。例如在此案例中，不管在哪个页面，单击用户图标，都会出现登录弹框。把登录弹框的显示与隐藏交互放到母版中可以快速解决该问题。

回到女士页面，选择名为"login"的弹框，按快捷键 Ctrl+X 剪切，然后单击母版中的顶部导航栏，按快捷键 Ctrl+V 粘贴，如图 15-42 所示。

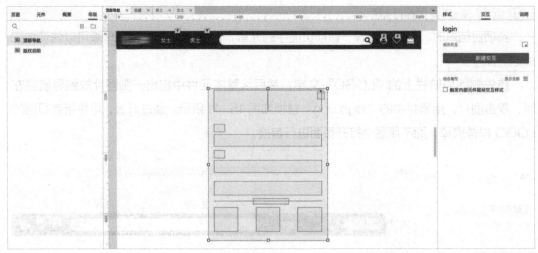

图15-42

选择用户图标，右侧"交互"面板中提示单击时未选择任何显示与隐藏的目标。单击"未选择任何目标"按钮，在"目标"下拉列表中选择"login"选项，默认交互为显示，单击"完成"按钮完成母版中弹框的添加，如图15-43所示。

预览时，在任意页面单击用户图标，都会出现登录弹框，如图15-44所示。这样就通过母版快速地完成了多页面的交互设计。

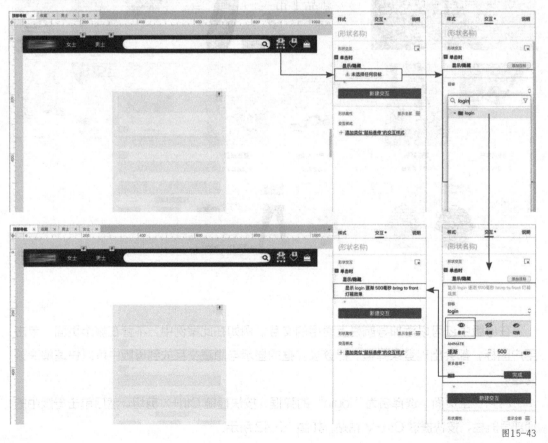

图15-43

图15-44

本课练习题

选择题

以下母版的作用描述中，正确的选项是（　）。

A．使用母版可以同时修改多个页面里的元素

B．使用母版可提升页面设计效率

C．无法将母版拖放到固定位置

D．无法将母版拖放到任意位置

答案：A、B

操作题

模拟课程案例，使用母版设计网站原型并添加交互。

关键步骤：

（1）设计男士、收藏页面原型；（2）将顶部导航栏和版权说明转换成母版；

（3）添加母版到页面；（4）添加交互。

第**16**课

设计动态效果——动态面板

利用动态面板可以实现原型中的动态效果。在动态面板中，不但可以实现常规的显示与隐藏效果，还能实现其独有的图片轮播、拖动效果。此外，添加动态面板固定到浏览器的交互，还可以增加页面跟随效果。使用动态面板，可以极大地丰富原型设计中的交互呈现方式。

本课重点

- 显示与隐藏动态面板
- 设计图片轮播效果
- 跳转到浏览器指定位置
- 动态面板拓展案例

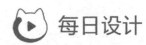

第1节　显示与隐藏动态面板

　　单击顶部导航栏上的购物袋图标，可以弹出购物袋弹框，单击关闭按钮即可隐藏弹框；单击女士页面二级导航栏上右侧的"HOT"图标，下方会显示推荐内容，再次单击"HOT"图标则收起推荐内容，具体操作如图 16-1 所示。此类动态效果都可以通过动态面板来完成。

图16-1

知识点1 设计弹框原型

打开第15课设计的母版中的顶部导航栏，可以直接在母版中设计购物袋弹框原型。

拖入一个矩形1，将矩形的大小改为 300 像素 ×400 像素；在矩形右上角拖入一个占位符，大小改为 24 像素 ×24 像素，填充颜色改为白色。具体操作如图16-2所示。

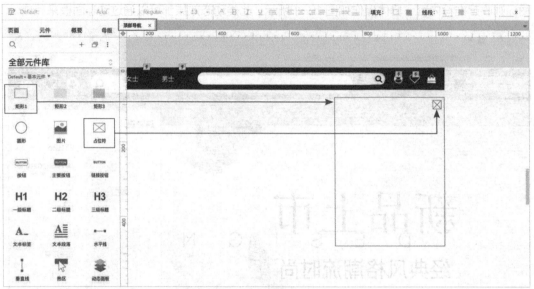

图16-2

拖入一个三级标题，放在矩形左上角，双击将文字改为"购物袋"；拖入一个复选框放在"购物袋"下方，双击删除复选框的文字。具体操作如图16-3所示。

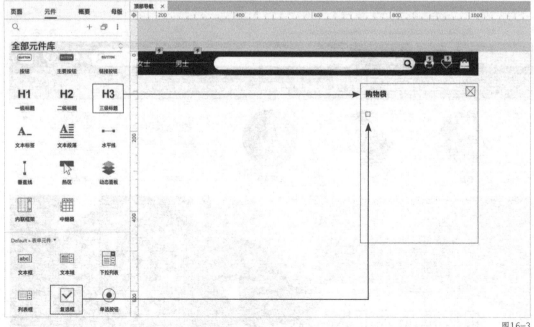

图16-3

　　拖入一张图片，放在复选框右侧，双击图片，用课程素材中的"left.png"替换，将图片的大小改为 110 像素 ×138 像素。在右侧拖入三级标题，双击将文字改为"￥1225"，颜色改为 #FF5400（橘黄色）。接下来拖入文本标签，文字改为"Newike 2021 新款"。在文本标签下方拖入一个文本框，把尺寸调整为 40 像素 ×25 像素，将文本框的"输入类型"改为"数字"，提示文本输入数字"1"，"隐藏提示"设置为"获取焦点"。具体操作如图 16-4 所示。

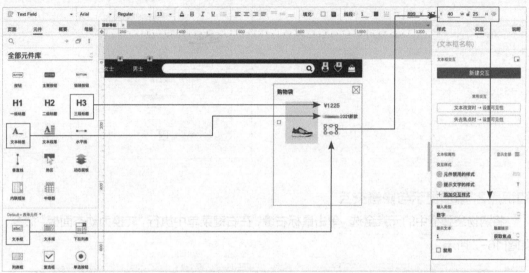

图16-4

　　在图标元件库（Icons）中搜索"垃圾桶"，将"垃圾桶 - 空"图标拖到右侧，如图 16-5 所示。将图标的大小改为 22 像素 ×24 像素，填充颜色改为 #797979（灰色）。

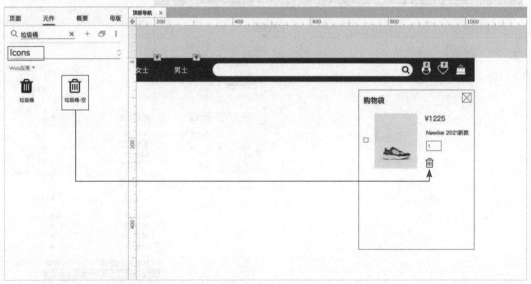

图16-5

　　复制整行内容并在第二行粘贴，双击第二行的图片，用素材中的"right.png"替换，修改价格和描述文字。如图 16-6 所示。这样完成了购物袋弹框的原型设计。

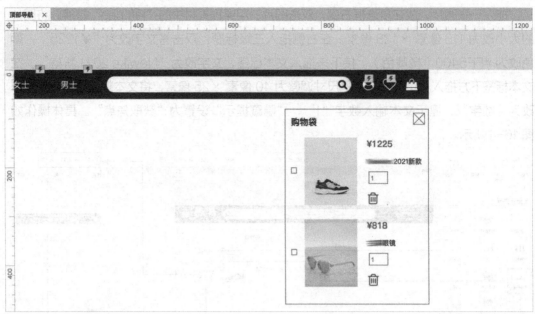

图16-6

知识点2 添加显示与隐藏交互

将购物袋弹框中的元素全选，单击鼠标右键，在右键菜单中执行"转换为动态面板"命令，如图 16-7 所示。

图16-7

因为单击购物袋图标时弹框才出现，所以需将弹框设置为默认隐藏状态，如图 16-8 所示。

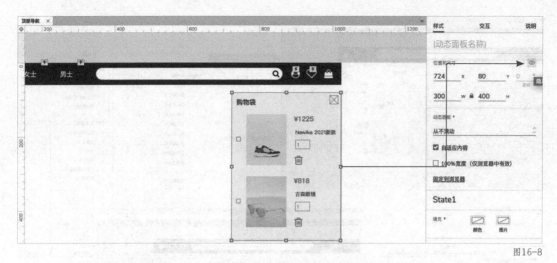

图16-8

选择购物袋图标，单击右侧"新建交互"按钮，在触发事件列表中选择"单击时"选项，在动作列表中选择"显示/隐藏"选项，在目标列表中选择"动态面板"选项，默认交互动作"显示"。选择"向下滑动"动画方式，单击"确定"按钮完成显示交互的添加。具体操作如图 16-9 所示。

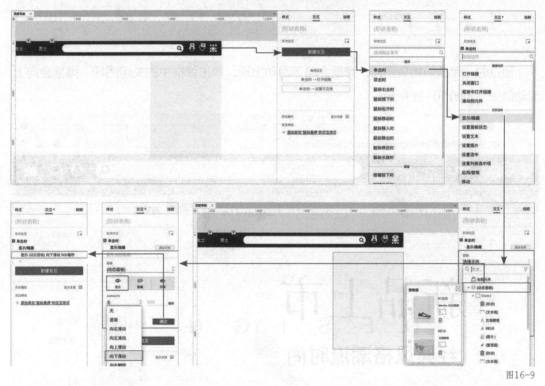

图16-9

接下来添加单击关闭图标后隐藏弹框的交互。双击隐藏的动态面板，进入顶部名为"State1"的动态面板中。选择关闭图标，单击右侧"新建交互"按钮，在触发事件列表中选择"单击时"选项，在动作列表中选择"显示/隐藏"选项，在目标列表中选择"动态面板"选项，设置交互动作为"隐藏"。选择"向上滑动"动画方式，单击"确定"按钮完成隐藏交互的添加。具体操作如图 16-10 所示。

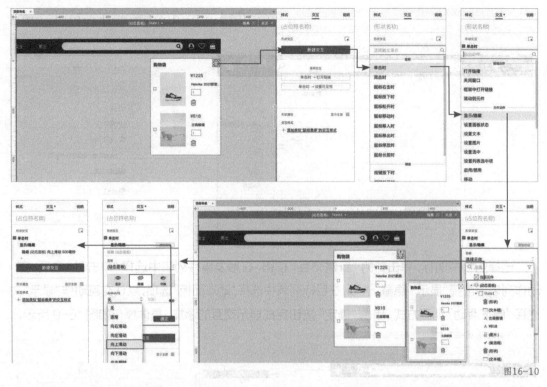

图16-10

　　预览时，单击购物袋图标，弹框会向下滑动出现；单击弹框中的关闭图标，弹框会向上滑动消失，如图 16-11 所示。

图16-11

知识点 3　添加推动与拉动效果

　　接下来设计单击二级导航栏上的"HOT"图标，实现推动与拉动推荐内容的交互，如图 16-12 所示。

图16-12

打开女士页面，为了避免设计时元件互相遮挡，可以先把顶部导航栏移除，设计完推荐内容的交互后再添加回来。首先设计需要推荐的内容原型，在二级导航栏右侧放置图片，双击图片，用课程素材中的"hot.png"替换。具体操作如图 16-13 所示。

图16-13

在二级导航栏下面放置矩形 2，大小改为 1024 像素 ×180 像素，将矩形的边框线宽设置为 0，放在页面居中位置。在矩形中拖入 5 张图片，大小都修改为 120 像素 ×120 像素，分别双击，用课程素材中的"w1.png"~"w5.png"5 张图片替换。具体操作如图 16-14 所示。在图片下方增加文本标签并修改文字。将图片与文字居中对齐后组合，最左侧的组合离矩形左边缘 60 像素，最右侧的组合离矩形右边缘 60 像素，全选图文组合，使其呈水平分布。这样就完成了推荐内容原型的设计。

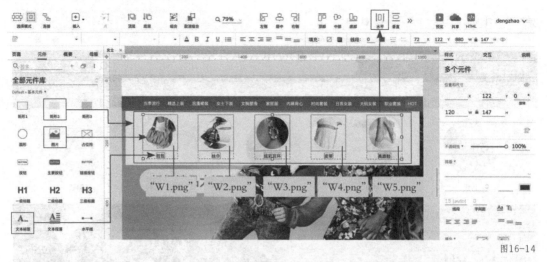

图16-14

全选5个图文组合及底部背景矩形，单击鼠标右键，在右键菜单中执行"转换为动态面板"命令。由于页面中出现了多个动态面板，为了方便查找，可以给此动态面板命名为"pop"。单击右侧隐藏图标，将动态面板设置为默认隐藏状态。具体操作如图16-15所示。

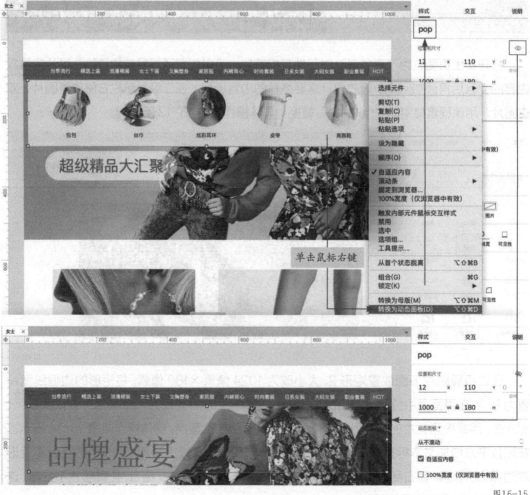

图16-15

接下来添加单击"HOT"图标推拉内容的交互。选择"HOT"图标，单击右侧"新建交互"按钮，在触发事件列表中选择"单击时"选项，在动作列表中选择"显示/隐藏"选项，在目标列表中选择"pop"动态面板，如图 16-16 所示。

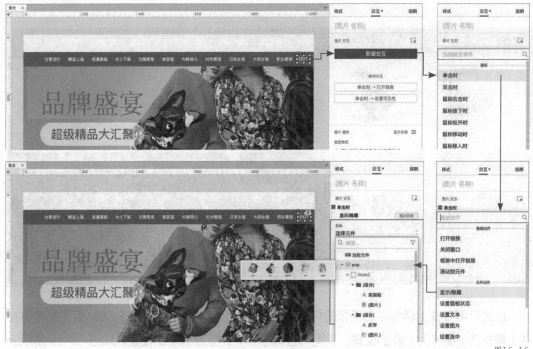

图16-16

注意，当单击"HOT"图标显示出动态面板之后，再次单击图标动态面板需要隐藏起来，因此交互动作需要设置为"切换"。出现动画选择"向下滑动"选项，隐藏动画选择"向上滑动"选项。单击底部"更多选项"按钮，选择拉动和推动元件 (pull/push widgets)。单击"确定"按钮完成设计。具体操作如图 16-17 所示。

图16-17

注意，预览时推荐内容可能会出现错位的情况，如图 16-18 所示。

图16-18

这时只需要往上调整动态面板的内容，或往下调整底部内容即可。例如这里将推荐内容往上调整到 y 坐标为 110 的位置，头图内容调整到 y 坐标为 101 的位置，如图 16-19 所示。只要确保头图内容的顶部在推荐内容顶部下方，就可以解决该问题。

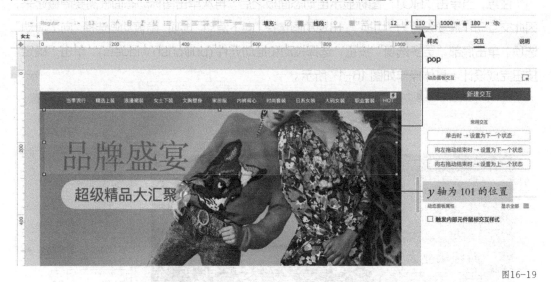

图16-19

最后，将母版中的顶部导航栏拖进页面顶部，这样就完成了推动与拉动交互的设计，如图 16-20 所示。

图16-20

预览时，单击二级导航栏上的"HOT"图标，页面以向下推动的方式显示推荐内容，再次单击"HOT"图标则收起推荐内容，如图 16-21 所示。

图16-21

第2节 设计图片轮播效果

大部分网页产品和移动端的产品，会出现顶部头图轮播效果。此效果也可以通过动态面板来实现，如图 16-22 所示。

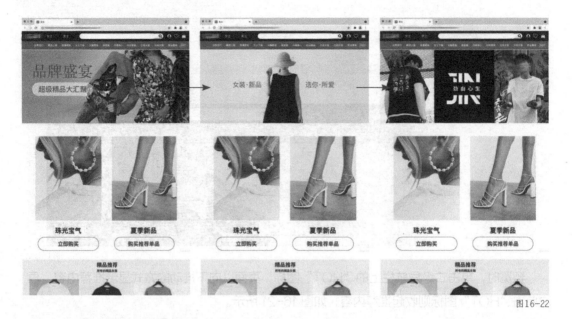

图16-22

知识点1 复制动态面板状态

在页面中把头图相关内容全选，单击鼠标右键，在右键菜单中执行"转换为动态面板"命令，并将此动态面板命名为"head"。如果内容出现遮挡难以选择，也可以直接在左侧"概要"面板中选择相关内容，单击鼠标右键，在右键菜单中执行"转换为动态面板"命令。具体操作如图 16-23 所示。

图16-23

在右侧双击"head"动态面板，进入顶部显示"head:State1"的动态面板。单击"State1"后，可以重复状态和删除状态。单击"重复状态"按钮，复制"State2"和"State3"状态，这样就完成了动态面板中 3 个状态的添加。具体操作如图 16-24 所示。

图16-24

知识点2 自动切换头图

　　每一个状态都相当于一个容器，可以在其内部单独操作。在顶部的状态列表中选择"State2"，双击头图，用素材中的"image2.png"替换，同时修改图片上的文字。这样就完成了第2个状态内容的设计。具体操作如图 16-25 所示。

图16-25

　　单击顶部的"State2"，在列表中选择"State3"。双击图片，用素材中的"image3.png"替换，同时删除图片上的文字，如图16-26所示。这样就完成了第3个状态中内容的设计。

　　关闭动态面板，页面中的动态面板只会默认显示"State1"的内容。接下来需要添加页面打开时，动态面板中的内容自动轮播的交互。选择"head"动态面板，在右侧"交互"面板中单击"新建交互"按钮，在触发事件列表中选择"载入时"选项，在动作列表中选择"设置面板状态"选项，如图 16-27 所示。

211

图16-26

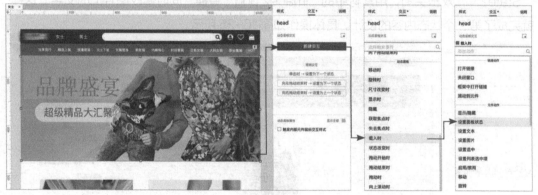

图16-27

在目标列表中选择"head"动态面板，展开状态（STATE）列表，选择"下一项"选项，勾选"向后循环"复选框。同时，进入动画和退出动画都选择"逐渐"选项。单击"更多选项"，将循环间隔由默认的1000毫秒改为3000毫秒。单击"确定"按钮，完成焦点图轮播的设计。具体操作如图16-28所示。

预览时，头图每间隔3秒（3000毫秒）自动播放下一张图片，播放完最后一张图片后会从头开始播放，如此循环，如图16-29所示。

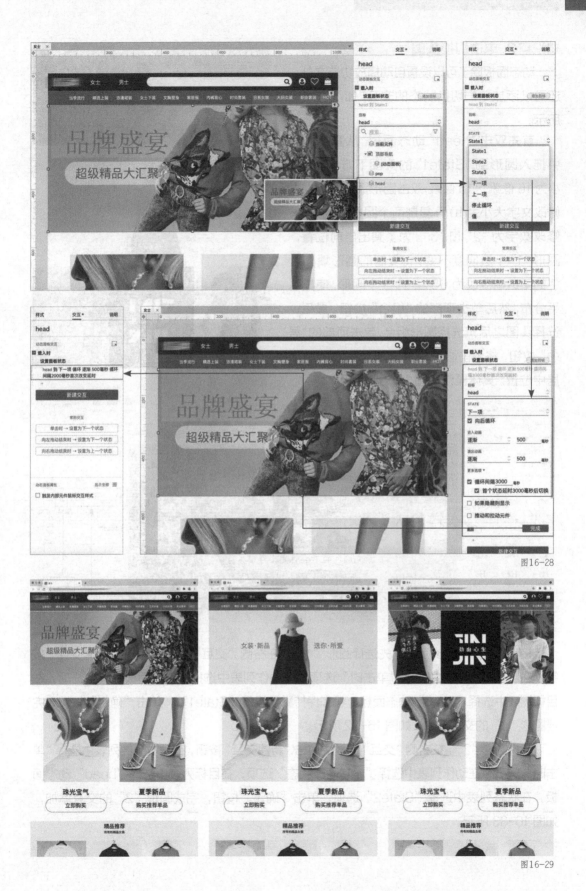

图16-28

图16-29

知识点3 单击切换头图

动态面板除了可以设置自动播放功能之外，还可以添加单击切换状态的交互，如图 16-30 所示。

首先双击"head"动态面板，从基本元件中拖入圆形到"State1"的头图下方，修改大小为 16 像素 ×16 像素，双击圆形添加数字"1"，修改文字大小为 10 号，复制两个圆形 1 到右侧，修改数字为"2"和"3"。为了突出当前位置，圆形"1"不透明度不变，将复制的圆形填充颜色的不透明度改为 65%。选 3 个圆形，使其水平分布，然后单击顶部的"组合"按钮。最后，选择头图之后再选择圆形组合，单击顶部的"居中"按钮，将当前圆形组合添加到头图的底部居中位置。具体操作如图 16-31 所示。

图16-30

图16-31

接下来添加切换交互。首先选择圆形"1"，在右侧"交互"面板中单击"新建交互"按钮，在触发事件列表中选择"单击时"选项，在动作列表中选择"设置面板状态"选项，在目标列表中选择"head"动态面板，状态保持默认设置"State1"，单击"确定"按钮，完成圆形"1"的交互添加，如图 16-32 所示。

选择圆形"2"，在右侧"交互"面板中单击"新建交互"按钮，在触发事件列表中选择"单击时"选项，在动作列表中选择"设置面板状态"选项，在目标列表中选择"head"动态面板，在状态列表中选择"State2"选项，单击"确定"按钮，完成圆形"2"的交互添加，如图 16-33 所示。

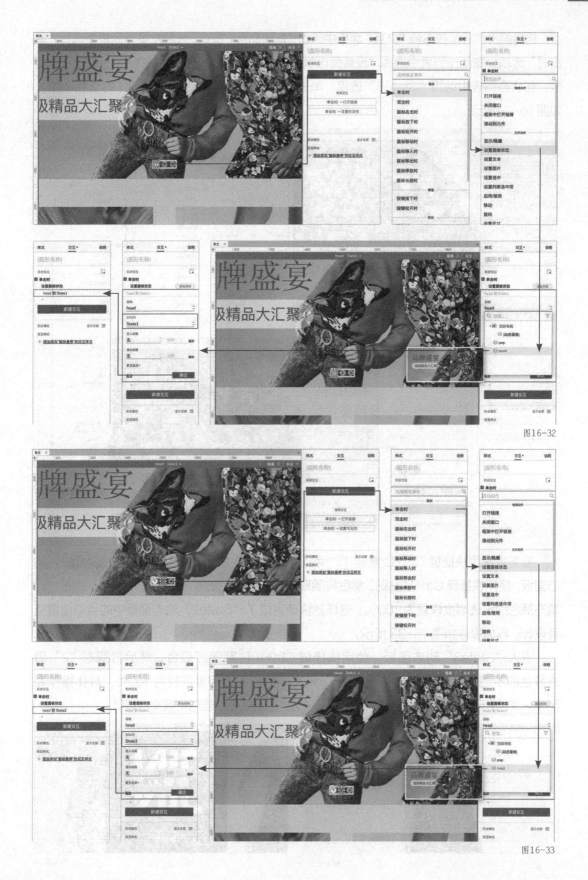

图16-32

图16-33

选择圆形"3"，在右侧"交互"面板中单击"新建交互"按钮，在触发事件列表中选择"单击时"选项，在动作列表中选择"设置面板状态"选项，在目标列表中选择"head"动态面板，在状态列表中选择"State3"选项，单击"确定"按钮，完成圆形"3"的交互添加，如图 16-34 所示。

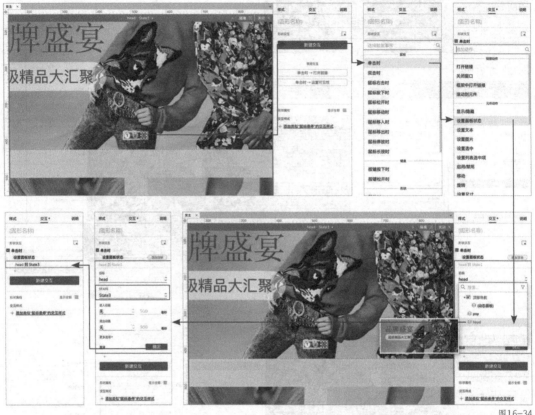

图 16-34

接下来使用快捷键 Ctrl+C 复制"State1"动态面板中的圆形组合，进入"State2"动态面板，使用快捷键 Ctrl+V 粘贴。然后将圆形"1"填充颜色的不透明度改为 65%，圆形"2"填充颜色的不透明度恢复为 100%。这样就快速完成了"State2"动态面板中的当前位置交互设计。具体操作如图 16-35 所示。

进入"State3"动态面板，使用快捷键 Ctrl+V 粘贴圆形组合。然后将圆形"2"填充颜色的不透明度改为 65%，圆形"3"填充颜色的不透明度恢复为 100%。具体操作如图 16-36 所示。这样就快速完成了"State3"动态面板中的当前位置交互设计。

图 16-35

图 16-36

预览时，底部圆形数字显示当前图片位置，单击任意数字，可以切换到相应的图片，如图 16-37 所示。这样就通过动态面板，完成了头图切换的交互设计。

图16-37

第3节　跳转到浏览器指定位置

浏览时，往下滑动购物车页面，右侧和底部会有固定内容随页面的滑动而移动，单击右侧"返回顶部"按钮，页面会直接跳到指定的位置，如图 16-38 所示。

图16-38

知识点1 设计页面定位原型

　　首先在左侧收藏页面上单击鼠标右键，在右键菜单中执行"重复－页面"命令，将复制的页面命名为"购物袋"，如图16-39所示。

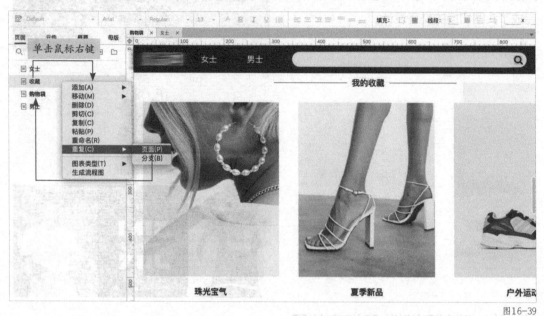

图16-39

　　在页面中将顶部标题修改为"购物袋"，删除底部内容区。从左侧元件库中拖入复选框，双击删除文字。拖入一张图片放在复选框右侧，双击，用素材中的"left.png"替换，将图片大小改为160像素×200像素。拖入两个三级标题，双击并修改文字内容。具体操作如图16-40所示。

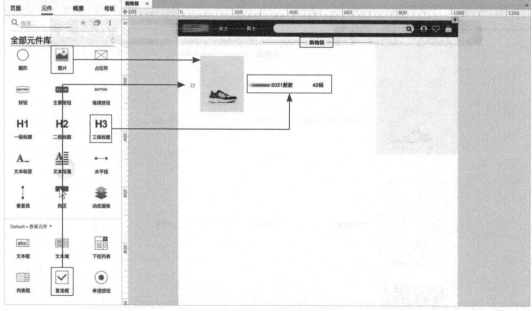

图16-40

在文字右侧拖入文本框，将大小改为 85 像素 ×25 像素，在右侧"交互"面板中，将文本框的"输入类型"设置为"数字"，输入提示文本数字"1"，代表物品数量。拖入一个三级标题，内容修改为价格，颜色改为 #FF5400（橘黄色）。具体操作如图 16-41 所示。

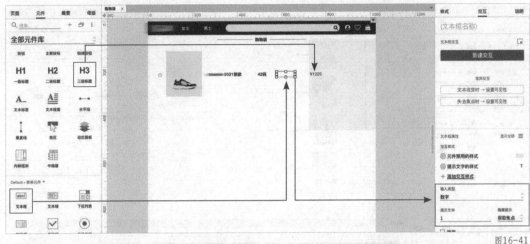

图16-41

在图标元件库 (Icons) 中搜索"垃圾桶"，将"垃圾桶 – 空"图标拖到页面右侧，修改大小为 22 像素 ×24 像素，填充颜色改为 #797979（灰色），如图 16-42 所示。这样就完成了一条列表内容的设计。

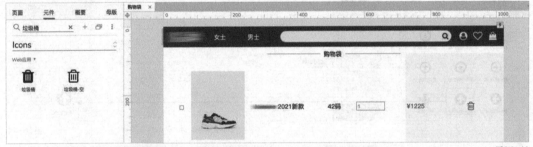

图16-42

拖入一条水平线到页面中，宽度改为 850 像素，线段颜色为 #DBDBDB，把它作为列表间的分隔线。全选单条列表内容后单击顶部"组合"按钮，组合完成后向下复制出多条列表内容，并分别修改其中的图片和文字内容。具体操作如图 16-43 所示。

为了实现定位的交互效果，需要先增加右侧的滚动和下面的横条内容。在图标元件库中搜索"箭头"，将"箭头 – 圆形 – 上"图标拖到页面右侧，在图标下方添加"返回顶部"文字，如图 16-44 所示。这样就完成了返回顶部内容的设计。

接下来设计底部跟随的内容。从基本元件中拖入一个"矩形 2"，将矩形的大小改为 1024 像素 ×60 像素，填充颜色改为 #F1F2FA（浅浅的蓝灰色）。在矩形左侧放置一个复选框，双击，文字改为"全选"。双击矩形，在矩形内部添加文字。在矩形右侧放置一个按钮，将按钮的圆角半径设置为 20 像素，双击按钮，将文字改为"结算"。具体操作如图 16-45 所示。这样就完成了页面原型内容的设计。

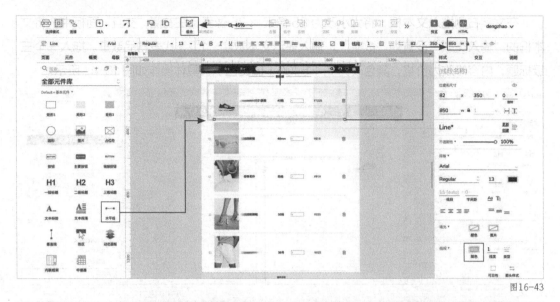

图16-43

图16-44

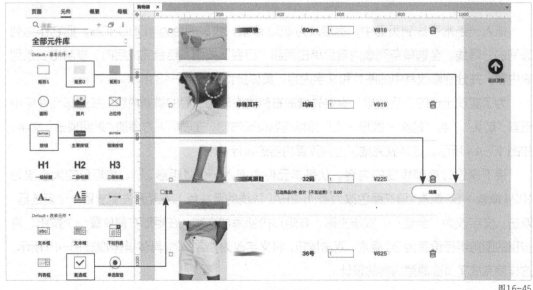

图16-45

知识点 2 添加跟随交互

接下来设计返回顶部和结算横条跟随页面的交互。首先全选"返回顶部"按钮和文字，然后单击鼠标右键，在右键菜单中执行"转换动态面板"命令。单击右侧"样式"面板中的"固定到浏览器"，在弹框中，勾选"固定到浏览器窗口"复选框，"水平固定"选择"右侧"，右侧边距设置为 20 像素，"垂直固定"选择"中部"，默认勾选"始终保持在顶层（仅浏览器中有效）"复选框。单击"确定"按钮，完成跟随交互设计。具体操作如图 16-46 所示。

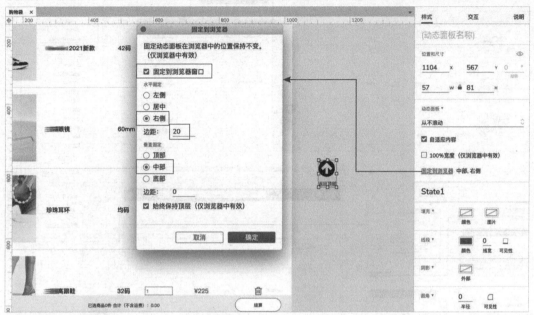

图16-46

完成跟随交互设计之后，还需要添加单击"返回顶部"按钮跳转到页面顶部的交互。首先需要添加跳转到的具体位置。选择顶部"购物袋"文字，给它命名为"top"，如图 16-47 所示。

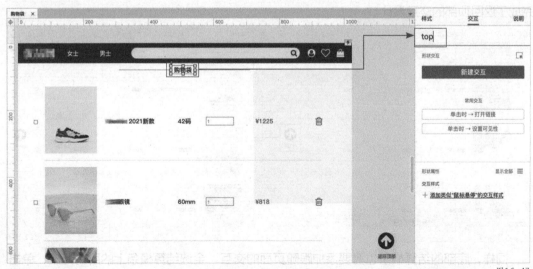

图16-47

接下来选择返回顶部动态面板，在右侧"交互"面板中单击"新建交互"按钮，在触发事件列表中选择"单击时"选项，在动作列表中选择"滚动到元件"选项，在目标列表中搜索"top"元件并将其选中，保持运动方向为默认的"垂直"。单击"确定"按钮，完成跳转交互设计。具体操作如图16-48所示。

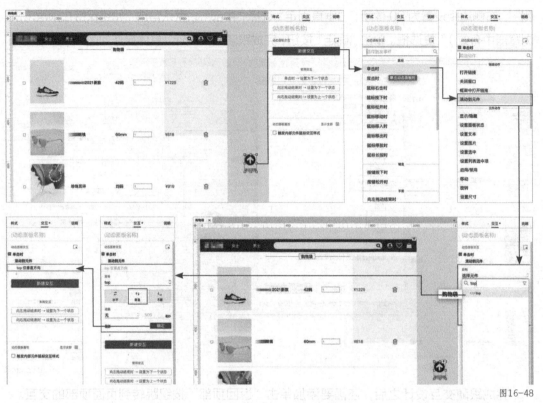

图16-48

单击"预览"按钮，在浏览器中往下滑动页面，"返回顶部"按钮在右侧固定位置跟随。单击"返回顶部"按钮，页面跳转到顶部购物袋的位置。具体操作如图16-49所示。这样就完成了返回顶部的交互设计。

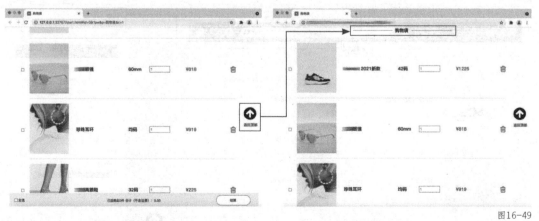

图16-49

同样，底部的结算横条也需要添加跟随页面的交互。全选结算横条上的所有元素，单击鼠标右键，在右键菜单中执行"转换为动态面板"命令。单击右侧"样式"面板中的"固定到浏览器"，在弹框中，勾选"固定到浏览器窗口"复选框，"水平固定"选择"居中"，"垂直固定"选择"底部"，勾选"始终保持在顶层"复选框。单击"确定"按钮，完成结算横条跟随交互设计。具体操作如图 16-50 所示。

图16-50

单击"预览"按钮，在浏览器中，底部结算横条会一直在底部跟随页面移动。如图 16-51 所示。这样我们就完成了购物袋页面的整体设计。

图16-51

第4节　动态面板拓展知识

熟练使用动态面板，可以丰富页面中的交互呈现方式。通过对拓展案例的学习，读者可以更好地掌握动态面板的各项功能。

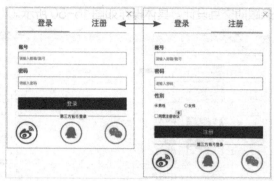

图16-52

知识点1 切换登录/注册页

添加单击标签切换动态面板状态的交互，可以完成弹框中登录页与注册页之间的切换效果，如图16-52所示。

打开"每日设计"APP，输入并搜索"SP051601"，观看讲解视频——切换登录页与注册页的交互设计方法。

知识点2 拖动单条列表

使用动态面板的拖动交互功能，可以制作微信列表的水平拖动交互，如图16-53所示。

打开"每日设计"APP，输入并搜索"SP051602"，观看讲解视频——拖动列表的交互设计方法。

图16-53

知识点3 拖动验证图片

使用动态面板的拖动交互功能，可以实现拖动验证图片的交互，如图16-54所示。

打开"每日设计"APP，输入并搜索"SP051603"，观看讲解视频——拖动验证图片的交互设计方法。

图16-54

知识点 4　定位通讯录列表

使用动态面板的固定到浏览器功能，可以实现微信通讯录列表页右侧字母的跟随效果。单击右侧字母按钮，还可以跳转到固定位置，如图 16-55 所示。

打开"每日设计" APP，输入并搜索"SP051604"，观看讲解视频——定位通讯录列表的交互设计方法。

图16-55

本课练习题

操作题

1. 模拟课程案例，使用动态面板设计购物袋弹框显示与隐藏交互。

关键步骤：

（1）设计购物袋弹框原型；（2）添加显示与隐藏交互效果。

2. 模拟课程案例，使用动态面板设计推荐内容的拖动与拉动交互。

关键步骤：

（1）设计推荐内容原型；（2）添加交互。

3. 模拟课程案例，设计单击切换图片的交互。

关键步骤：

（1）复制动态面板状态；（2）修改状态中的内容；（3）添加图片轮播效果和单击切换交互。

4. 模拟课程案例，设计单击按钮返回顶部固定位置的交互。

关键步骤：

（1）设计返回顶部按钮原型；（2）添加顶部锚点；（3）添加返回顶部交互。

第 **17** 课

高级篇：变量和函数

运用变量设计交互——变量和函数

　　设计师可以使用 *Azure* 中的变量和函数功能，通过运算规则实现较为复杂的设计目标。使用局部变量结合表达式的方法，可以完成交互中的运算设计。使用全局变量则可以进行数据的存储和读取，实现跨页面的交互效果。

本课重点

- 插入变量或函数
- 添加局部变量
- 运用全局变量

每日设计

第1节　插入变量或函数

掌握变量和函数的用法，可以让设计出的原型更加真实。掌握如何制作单击按钮来改变文本的交互效果，可以更好地理解变量和函数的作用，如图 17-1 所示。

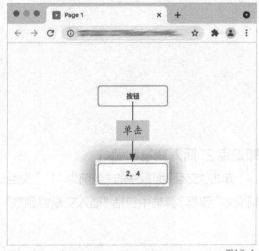

图17-1

知识点1　单击按钮改变文本

从基本元件中拖入一个按钮，按钮上面默认的文字为"按钮"。在右侧单击"新建交互"按钮，在触发事件列表中选择"单击时"选项，在动作列表中选择"设置文本"选项，在目标列表中选择"当前元件"选项。把"值"中的文字"按钮"改为数字"1"，单击"确定"按钮，完成交互的添加。具体操作如图 17-2 所示。

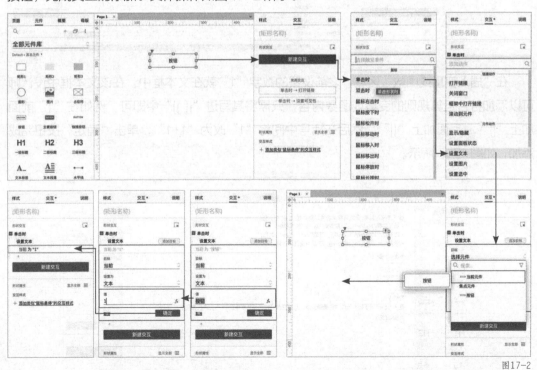

图17-2

预览时，在浏览器中单击按钮，按钮上面的文字会被数字"1"替换，如图17-3所示。

图17-3

知识点2 插入变量和函数

单击"交互"面板中的"当前为'1'"交互动作，然后单击值"1"右侧的 *fx* 按钮，会出现"编辑文本"弹框，弹框中包括"插入变量或函数"和"添加局部变量"两个区域，如图17-4所示。

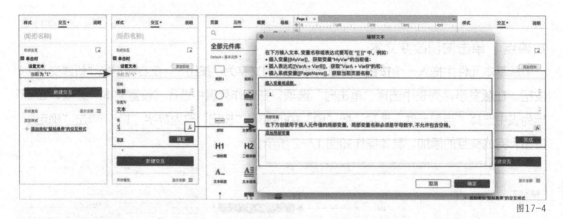

图17-4

在"插入变量或函数"区域，之前设置的数字"1"就在文本框中。在该文本框中设计师可以添加符合运算规则的变量或函数内容，只需将其写进"[[ ]]"中即可。例如在"1"前面加上"[["，后面加上"]]"，然后在括号中间将"1"改为"1+1"，单击"确定"按钮完成添加，如图17-5所示。

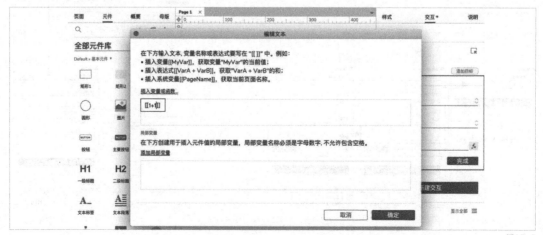

图17-5

预览时，在浏览器中单击"按钮"，按钮上的文字就变成"1+1"运算的结果，也就是"2"，如图17-6所示。

在"插入变量或函数"区域，还可以添加更复杂的运算规则。例如，在当前的内容后面输入"，"，然后再输入"[[2+2]]"，单击"确定"按钮，如图17-7所示。

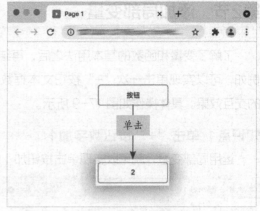

图17-6

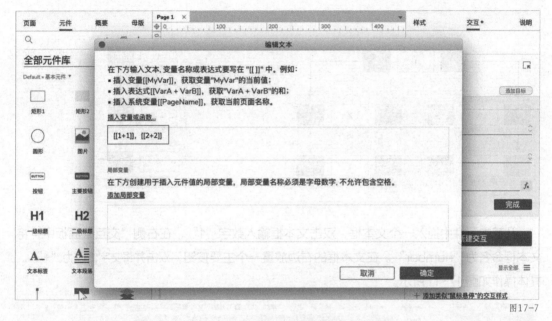

图17-7

预览时，在浏览器中单击"按钮"，按钮上的文字就变成了"2，4"，如图17-8所示。左边的"2"是"1+1"的运算结果，右边的"4"是"2+2"的运算结果，中间的逗号由于不在括号中间，所以不会进行运算，作为文本保留了下来。这就是"插入变量或函数"区域最基础的运用。

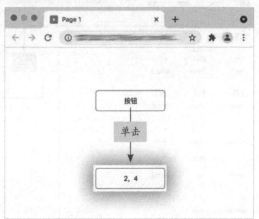

图17-8

第2节 添加局部变量

了解了变量和函数的基本用法之后，再结合局部变量就可以进行较为复杂的交互设计。例如，可以实现单击一次"+"按钮文本框数字加1；单击一次"−"按钮文本框数字就减1的交互效果。具体操作如图17-9所示。

知识点1 单击"+"按钮数字加1

运用局部变量，就可以实现单击按钮加1的交互效果，如图17-10所示。

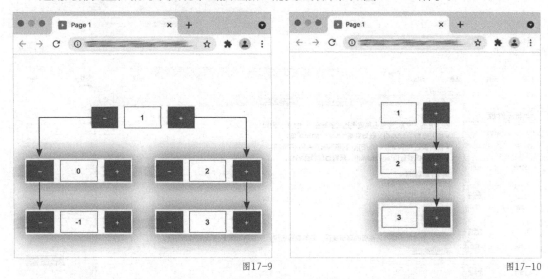

图17-9   图17-10

从基本元件中拖入一个文本框，双击文本框输入数字"1"，在右侧"交互"面板中，将文本框命名为"number"。在文本框的右边放置一个主要按钮，双击并将文字修改为"+"。具体操作如图17-11所示。

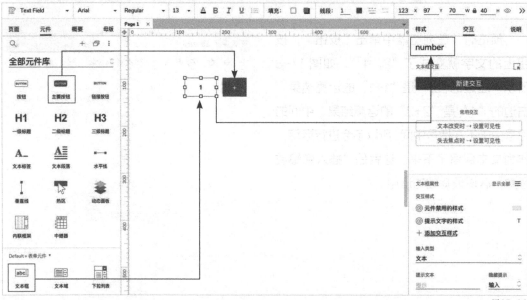

图17-11

选择"+"按钮，单击右侧"新建交互"按钮，在触发事件列表中选择"单击时"选项，在动作列表中选择"设置文本"选项，在目标列表中选择"number"选项。单击值"1"右侧的 f_x 按钮，在弹框的下方单击"添加局部变量"。具体操作如图 17-12 所示。

图17-12

在局部变量中，"LVAR1"是这个局部变量的名称，可以将它重命名为"n"，把"元件文字"关联的"当前"替换为"number"，如图 17-13 所示。这样就完成了自定义局部变量的添加。

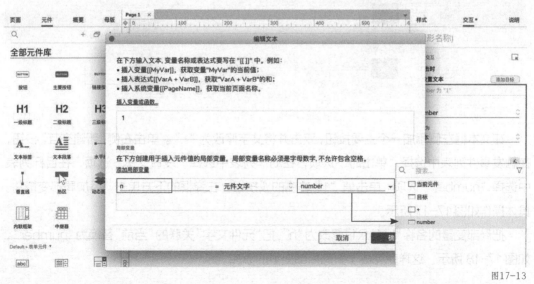

图17-13

在"插入变量或函数"区域中，将数字"1"改为"[[n+1]]"，这里的"n"就是刚刚命名的局部变量，单击"确定"按钮，完成交互的添加，如图17-14所示。

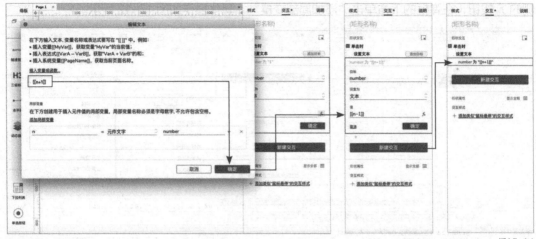

图17-14

预览时，在浏览器中每单击一次"+"按钮，文本框中的数字就会加1，如图17-15所示。

知识点2 单击"−"按钮数字减1

同样，运用局部变量，就可以实现单击按钮减1的交互效果，如图17-16所示。

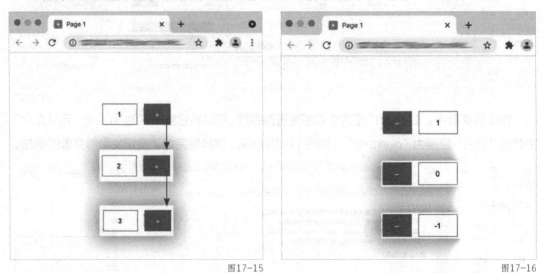

图17-15   图17-16

在文本框左侧添加一个主要按钮，双击并将文字修改为"−"。单击右侧"新建交互"按钮，在触发事件列表中选择"单击时"选项，在动作列表中选择"设置文本"选项，在目标列表中选择"number"选项。单击值"1"右侧的ƒx按钮，在弹框的下方单击"添加局部变量"。具体操作如图17-17所示。

把局部变量的名称"LVAR1"修改为"n"，把"元件文字"关联的"当前"替换为"number"，如图17-18所示。这样就完成了新的局部变量的添加。

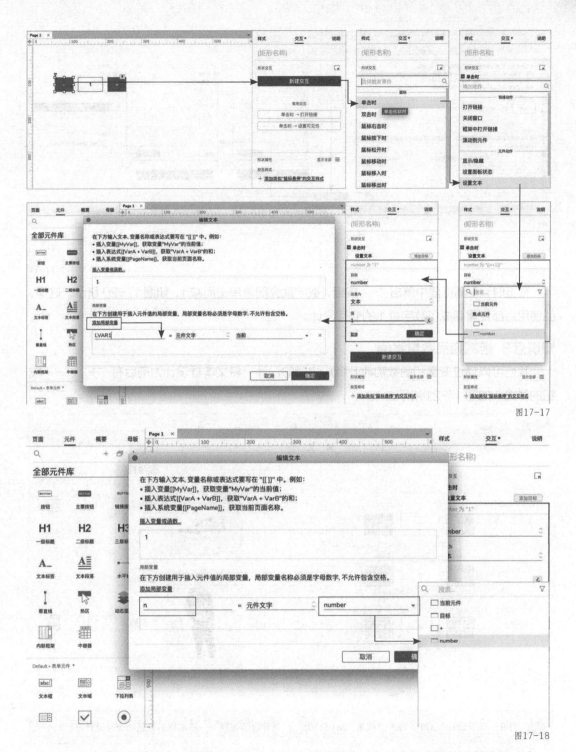

图17-17

图17-18

注意，当前添加的局部变量可以命名为任意字母或数字，它不会和之前的局部变量冲突，因为局部变量的特点是可以单独管理。

在"插入变量或函数"区域，将数字"1"改为"[[n-1]]"，这里的"n"就是刚刚命名的局部变量，单击"确定"按钮，完成交互的添加，如图 17-19 所示。

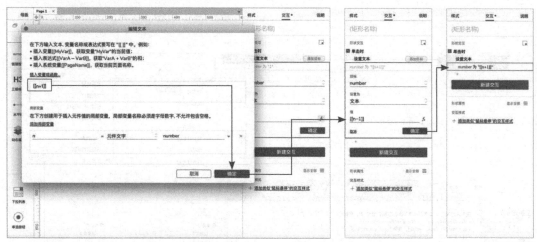

图17-19

预览时，在浏览器中单击"-"按钮，数字就会随着单击而减1，如图17-20所示。这样，就使用局部变量完成了数字减1的交互设计。

知识点3 增减物品数量案例

我们可以通过变量和函数功能升级购物袋的设计，将文本框设计为前后有"+""-"按钮的样式，如图17-21所示。

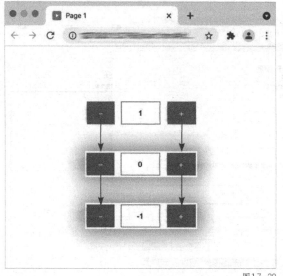

图17-20

图17-21

打开"每日设计"APP，输入并搜索"SP051701"，观看讲解视频——增减物品数量的交互设计方法。

第3节　运用全局变量

使用全局变量，可以实现读取不同页面中输入内容的交互效果，如图17-22所示。

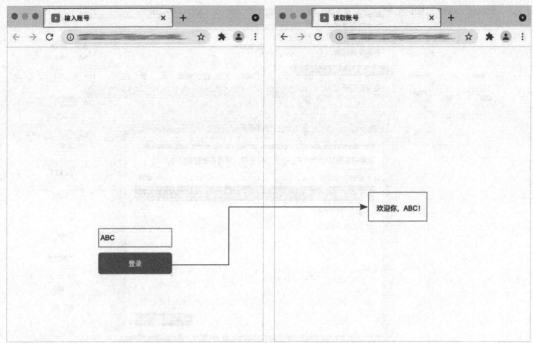

图17-22

知识点1 设置全局变量

从基本元件中拖入一个文本框，将它命名为"account"；在文本框下方放置一个主要按钮，双击并将文字修改为"登录"。具体操作如图 17-23 所示。

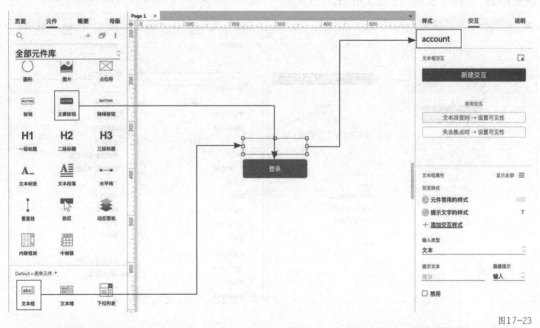

图17-23

在顶部的菜单栏中执行"项目－全局变量"命令，在"全局变量"弹框中单击"添加"按钮，将新添加的全局变量命名为"All"，单击"确定"按钮完成设置，如图 17-24 所示。

图17-24

在文本框中输入内容后，要将输入的内容储存到全局变量中。所以选择文本框"account"，单击右侧"新建交互"按钮，在触发事件列表中选择"文本改变时"选项，在动作列表中选择"设置变量值"选项，如图 17-25 所示。

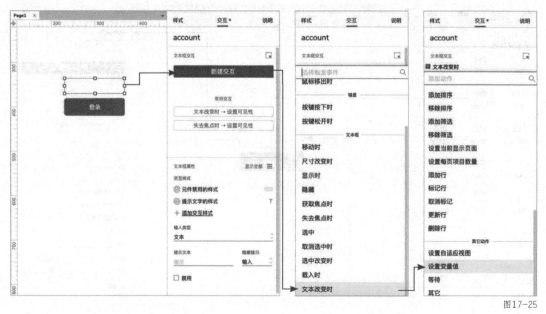

图17-25

在目标列表中选择刚刚创建的全局变量"All"，打开"设置为"列表，在列表中选择"元件文字"选项，单击"完成"按钮，如图 17-26 所示。这样就完成了将输入的内容以文字的形式存储到全局变量"All"中的设置。

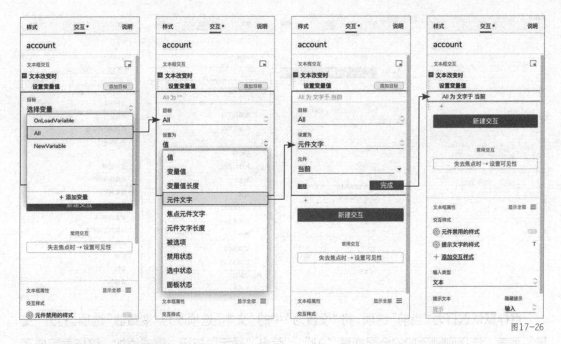

图17-26

知识点2 读取全局变量

在左侧"页面"面板中，将页面名称"Page1"改为"输入账号"，然后新添加一个页面，修改名字为"读取账号"。在新页面中拖入一个文本框，将文本框的边框线宽设置为0。具体操作如图 17-27 所示。

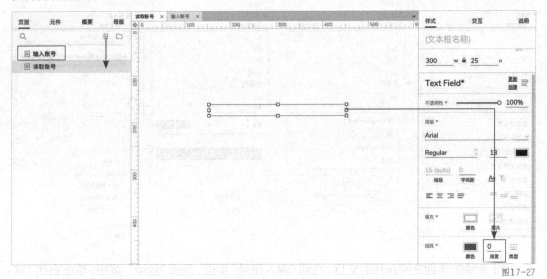

图17-27

选择文本框，在右侧"交互"面板中单击"新建交互"按钮，在触发事件列表中选择"载入时"选项，在动作列表中选择"设置文本"选项，如图 17-28 所示。

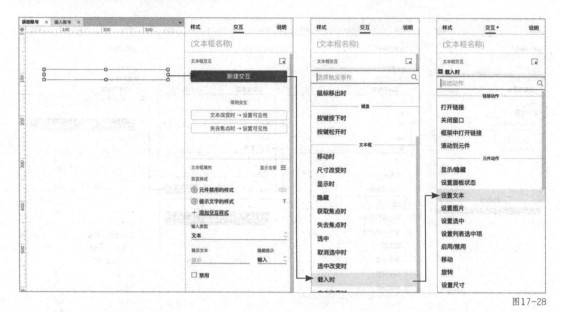

图17-28

目标默认选择为"当前"选项，将"设置为"中的"文本"选项改为"变量值"选项。打开"变量"列表，选择刚刚添加的全局变量"All"。单击"确定"按钮，完成添加。这样就完成了文本框在页面载入时读取全局变量的设置。具体操作如图17-29所示。

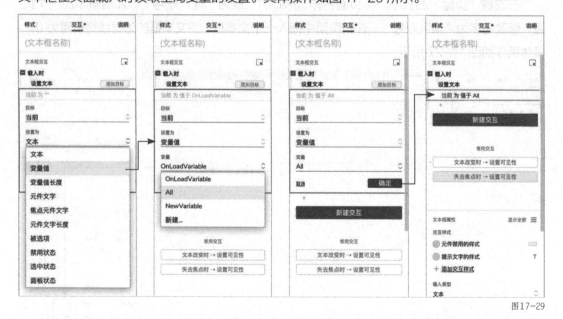

图17-29

接下来添加页面之间跳转的交互。回到"输入账号"页面，选择"登录"按钮，单击右侧"常用交互"中的"单击时→打开链接"按钮，在列表中选择"读取账号"，如图17-30所示。这样就完成了单击"登录"按钮跳转到"读取账号"页面的交互添加。

在"输入账号"页面，单击"预览"按钮。在文本框中输入文字"ABC"，然后单击"登录"按钮，页面跳转到"账号读取"页面，且页面直接显示出刚刚输入的文字"ABC"，如图17-31所示。

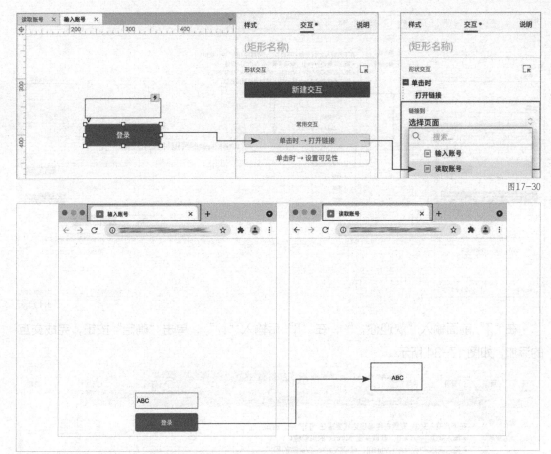

图17-30

图17-31

在"插入变量或函数"区域中，也可以读取全局变量。灵活运用全局变量的特性，可以对页面内容进行优化。

打开"读取账号"页面，单击文本框右侧"载入时"中的交互，将"设置为"中的"变量值"改为"文本"，如图 17-32 所示。

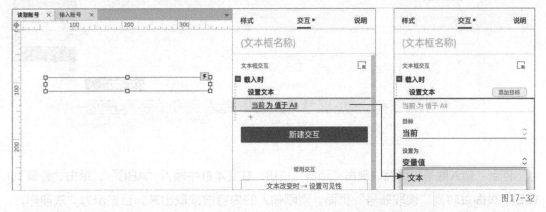

图17-32

单击"值"右侧的 f_x 按钮，在弹框中，单击"插入变量或函数"，打开"变量或函数"列表。列表的第一个大类就是全局变量，选择自定义的全局变量"All"，将其添加进文本框。具体操作如图 17-33 所示。

图17-33

在"[["前面输入"欢迎你，"，在"]]"后输入"！"，单击"确定"按钮，完成交互的添加，如图17-34所示。

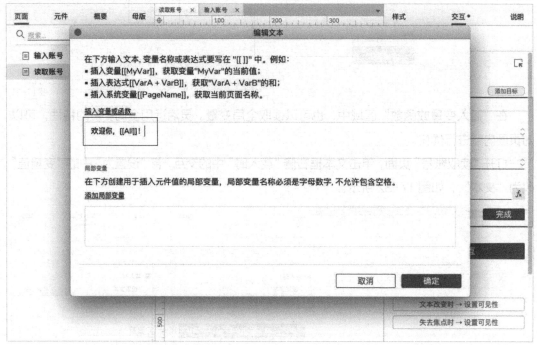

图17-34

回到"输入账号"页面，单击"预览"按钮。在文本框中输入"ABC"，单击"登录"按钮。页面跳转到"读取账号"页面，刚刚输入的内容被读取出来，且显示为"欢迎你，ABC！"。具体操作如图17-35所示。

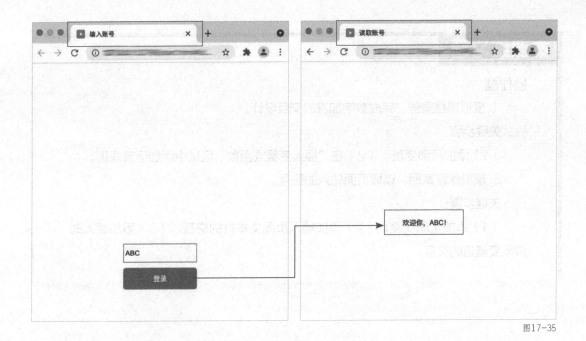

图17-35

知识点3 全局变量案例

我们还可以使用全局变量迭代登录弹框的交互设计：在登录弹框中输入账号后，在用户图标下面会显示出输入的内容，如图 17-36 所示。

图17-36

📹 打开"每日设计"APP，输入并搜索"SP051702"，观看讲解视频——读取输入账号的交互设计方法。

本课练习题

操作题

1. 模拟课程案例，完成数字加减的交互设计。

关键步骤：

（1）添加局部变量；（2）在"插入变量或函数"区域中添加运算规则。

2. 模拟课程案例，读取页面输入的账号。

关键步骤：

（1）添加全局变量；（2）添加输入页面文本框的交互；（3）添加载入时读取变量值的交互。

第**18**课 添加条件判断——启用情形

在设计复杂的交互之前梳理交互流程，不但能查漏补缺，还能让设计过程更加流畅。当设计满足多个条件才能触发操作的交互时，需要编辑交互的启用情形。

本课重点

- 判断文本框输入
- 添加文本框提示判断交互

每日设计

第1节　判断文本框输入

在本案例中，"登录"按钮默认为禁用状态，输入账号和密码后，"登录"按钮才被启用，如图 18-1 所示。

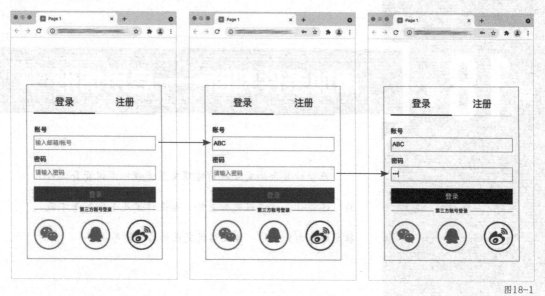

图18-1

知识点1 梳理交互流程

在设计较复杂的交互之前，需要梳理出交互流程。在本案例中，交互流程包含以下 4 个要点。

①"登录"按钮默认处于禁用状态。

②没有输入账号，"登录"按钮为禁用状态。

③没有输入密码，"登录"按钮为禁用状态。

④输入账号且输入了密码，"登录"按钮为启用状态。

登录弹框的原型设计请查看第 12 课第 1 节内容。完成原型设计之后，接下来需要解决流程中的交互设计问题。

想要解决要点①，只需为"登录"按钮添加默认禁用状态。选择"登录"按钮，在右侧"交互"面板添加元件禁用的样式。将填充颜色改为浅一点的灰色，文字颜色改为更浅一点的灰白色，单击"确定"按钮。单击"形状属性"右侧的"显示全部"按钮，勾选"禁用"复选框。具体操作如图 18-2 所示。

选择账号下方的文本框，将它命名为"account"；选择密码下方的文本框，将它命名为"password"；选择"登录"按钮，将它命名为"login"。这样能在交互设计时，更容易找到元件。具体操作如图 18-3 所示。

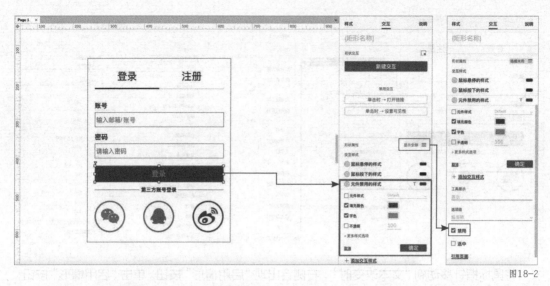

图18-2

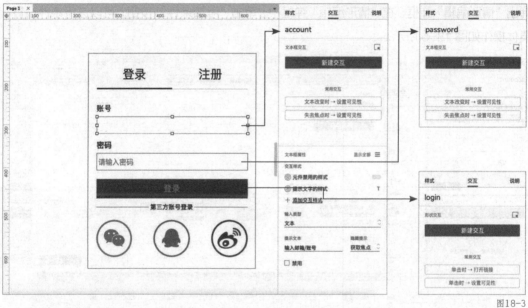

图18-3

知识点2　编辑启用情形

接下来需要解决账号文本框的交互设计问题。根据梳理的流程要点，与账号文本框相关的交互包括两个要点：要点② 没有输入账号，"登录"按钮为禁用状态；要点④ 输入账号且输入了密码，"登录"按钮为启用状态。

要想同时满足这两个条件，需要编辑启用情形逐一添加条件判断。首先选择账号"account"文本框，单击右侧"新建交互"按钮，在触发动作列表中选择"文本改变时"选项，在动作列表中选择"启用 / 禁用"选项，在目标列表中选择名为"login"的登录按钮，如图18-4 所示。

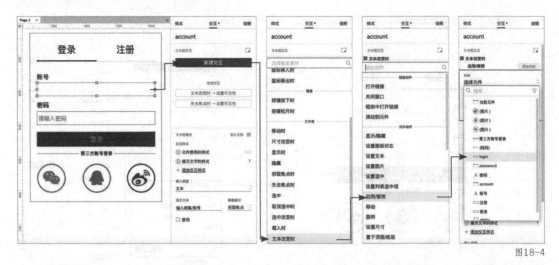

图18-4

将鼠标指针移动到"文本改变时"，右侧会出现"启用情形"按钮。单击"启用情形"按钮，弹出"情形编辑"弹框。在"情形编辑"弹框中，单击"添加条件"按钮，可以进行条件设置。具体操作如图 18-5 所示。

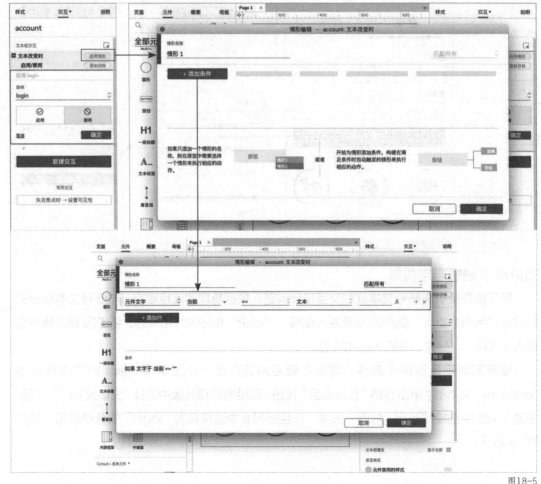

图18-5

　　打开"元件文字"右侧的下拉列表，在列表中搜索并选择"account"选项。打开表达式符号列表，其中包括"==（等于）""!=（不等于）""<（小于）"">（大于）""<=（小于等于）"和">=（大于等于）"等。这里选择默认选项"==（等于）"，后面选项保持不变。

　　整个条件设置的含义就是：如果"account"文本框中没有填写内容，这个条件将会引发相关交互。单击"确定"按钮，完成条件的添加。具体操作如图18-6所示。

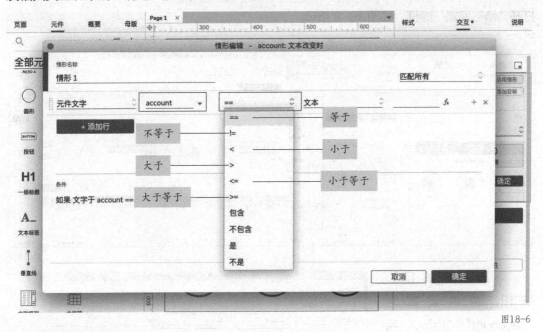

图18-6

　　没有填写内容时，按钮应该处于禁用状态，所以将交互选择为"禁用"，单击"确定"按钮，完成添加，如图18-7所示。

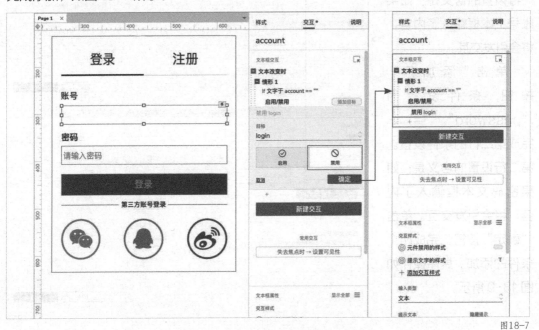

图18-7

知识点3 增加判断条件

添加了"account"文本框为空时禁用按钮的交互后，还需要添加"account"文本框不为空，且"password"文本框也不为空时，"登录"按钮启用的交互。这里需要在"情形编辑"弹框中添加两个条件。

将鼠标指针移动到"文本改变时"，右侧出现"启用情形"按钮，单击"启用情形"按钮，打开"情形编辑"弹框，如图18-8所示。

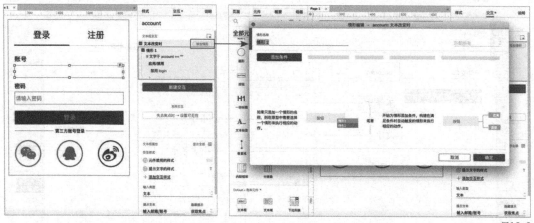

图18-8

单击"添加行"按钮，条件设置为"account""!="，完成第一行的条件设置。第一行设置的含义是：如果账号文本框输入了内容，将会引发交互。

单击"添加行"按钮，条件设置为"password""!="，完成第二行的条件设置。第二行设置的含义是：如果密码文本框输入了内容，将会引发交互。单击"确定"按钮，完成两个条件的添加。具体操作如图18-9所示。

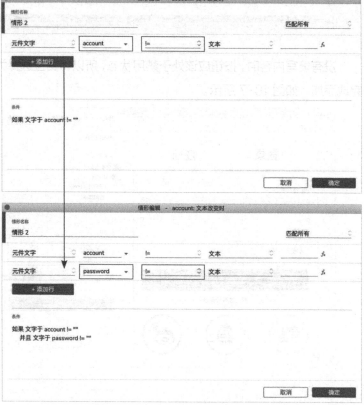

图18-9

接下来添加启用"登录"按钮的动作。单击"情形 2"下方的"+"按钮。在动作列表中选择"启用 / 禁用"选项,在目标列表中选择"login"登录按钮,将交互动作改为"启用",单击"确定"按钮,完成交互的添加,如图 18-10 所示。

图18-10

"account"文本框添加了两个情形,如图 18-11 所示。第一个情形是如果账号文本框为空,禁用"登录"按钮。第二个情形是如果账号文本框不为空,且密码文本框也不为空,启用"登录"按钮。这样就完成了"account"文本框的条件判断设置。

图18-11

知识点4 复用条件判断

接下来需要添加密码文本框的交互设计。根据梳理的交互流程要点,与密码文本框相关的交互包括两个要点:要点③ 没有输入密码,"登录"按钮为禁用状态;要点④ 输入账号且输入了密码,"登录"按钮为启用状态。

通过复制粘贴的方式，可以快速添加密码文本框的交互。选择账号文本框，在"文本改变时"右侧单击，全选已添加的情形，使用快捷键 Ctrl+C 复制。然后选择密码文本框，使用快捷键 Ctrl+V 粘贴。这时，我们可以在密码文本框右侧的"交互"面板中到看到和账号文本框一样的交互内容，如图 18-12 所示。

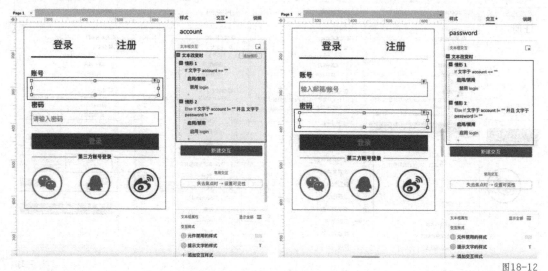

图18-12

单击情形 1 的条件，在弹出的"情形编辑"弹框中将"account"改为"password"，这样就完成了交互设计的修改，如图 18-13 所示。

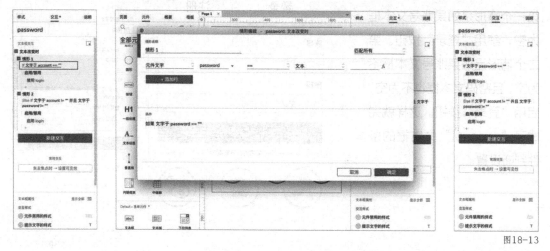

图18-13

预览时，先输入账号，然后输入密码，此时"登录"按钮被启用。如果账号或密码有一项没有输入，"登录"按钮都会被禁用，如图 18-14 所示。这样就完成了所有条件判断的添加。

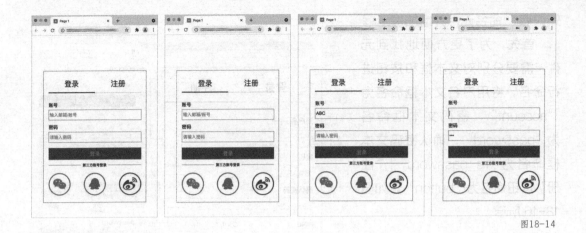

图18-14

第2节　添加文本框提示判断交互

接下来，结合相关的知识设计较复杂的交互。

在注册弹框中，勾选"同意注册协议"复选框后，"注册"按钮启动。如果没有输入任何内容，单击"注册"按钮时，"用户名""密码""确认密码"右侧会同时出现提示文字；完成内容输入后，单击"注册"按钮，提示文字消失。具体操作如图18-15所示。

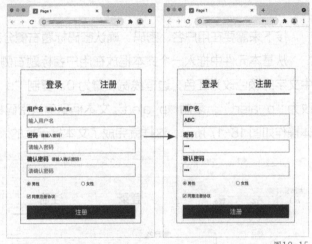

图18-15

注册弹框的原型设计可参看第13课第1节内容。完成原型设计后，接下来只需逐一解决流程中的交互设计问题。在添加交互之前，可以先梳理出本案例的交互流程要点。

①当用户名文本框为空的时候，出现提示文字"请输入用户名！"。

②当用户名文本框不为空的时候，提示文字不显示。

③当密码文本框为空的时候，出现提示文字"请输入密码！"。

④当密码文本框不为空的时候，提示文字不显示。

⑤当确认密码文本框为空的时候，出现提示文字"请输入确认密码！"。

⑥当确认密码文本框不为空的时候，提示文字不显示。

知识点1 命名元件并增加提示框

首先，为了更方便地找到元件，需要分别对文本框和按钮进行命名。将用户名文本框命名为"account"，密码文本框命名为"password"，确认密码文本框命名为"re_password"，"注册"按钮命名为"button"，如图18-16 所示。

图18-16

接下来需要在用户名、密码、确认密码标题右侧分别增加文本提示框。

从基本元件中拖入一个文本框放在用户名标题右侧，将它命名为"a_alert"。将文本框中文字的颜色改为红色，边框线宽设置为0。复制"a_alert"文本框到密码标题右侧，名称改为"p_alert"。复制"p_alert"文本框到确认密码标题右侧，名称改为"rp_alert"。具体操作如图18-17 所示。这样就完成了文本提示框的添加和命名。

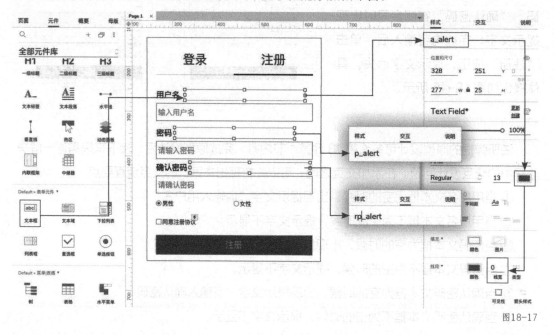

图18-17

知识点2 添加条件判断

所有的交互都是通过单击"注册"按钮来触发的，那么只需在"注册"按钮上添加交互即可。

首先添加与用户名相关的交互，包括两个要点：要点① 当用户名文本框为空的时候，出现提示文字 "请输入用户名！"；要点② 当用户名文本框不为空的时候，提示文字不显示。

选择注册按钮，单击右侧 "交互" 面板中的 "新建交互" 按钮，在触发事件列表中选择 "单击时" 选项，在动作列表中选择 "设置文本" 选项，在目标列表中选择 "a_alert" 选项。将鼠标指针移动到 "单击时"，右侧出现 "启用情形" 按钮，单击 "启用情形" 按钮，打开 "情形编辑" 弹框，在弹框中单击 "添加行" 按钮，将 "元件文字" 关联的 "当前" 替换为 "account"。单击 "确定" 按钮，完成条件的添加。具体操作如图 18-18 所示。

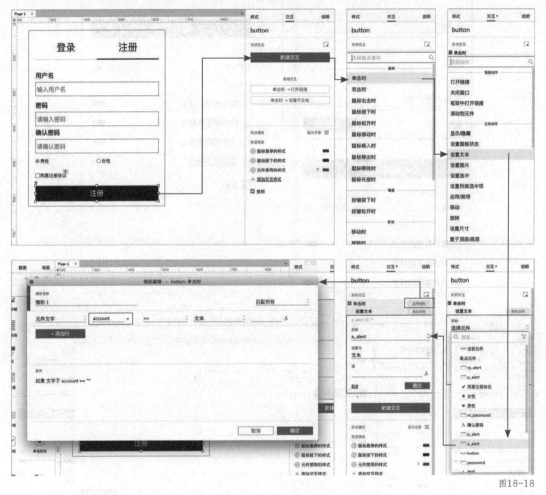

图18-18

首先实现交互要点①：当用户名文本框为空的时候，出现提示文字 "请输入用户名！"。所以在 "值" 中输入 "请输入用户名！"，单击 "确定" 按钮，这样就完成了情形 1 的添加，如图 18-19 所示。

接下来实现交互要点②：当用户名文本框不为空的时候，提示文字不显示。将鼠标指针移动到 "单击时"，右侧出现 "添加情形" 按钮。单击 "添加情形" 按钮，在 "情形编辑" 弹框中单击 "添加行" 按钮，将 "元件文字" 关联的 "当前" 替换为 "account"，同时将 "==" 替换为 "!="。单击 "确定" 按钮，完成条件的添加。具体操作如图 18-20 所示。

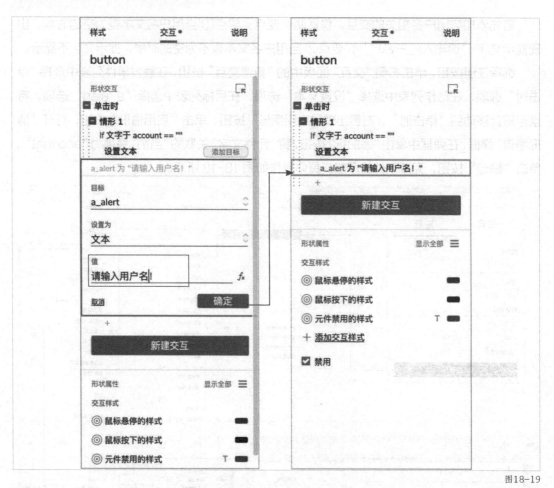

图18-19

图18-20

　　由于当用户名文本框不为空的时候，提示文字不显示，所以单击情形 2 下面的"+"按钮，在动作列表中选择"设置文本"选项，在目标列表中选择"a_alert"选项，设置"值"为空。单击"确定"按钮，完成情形 2 添加。具体操作如图 18-21 所示。

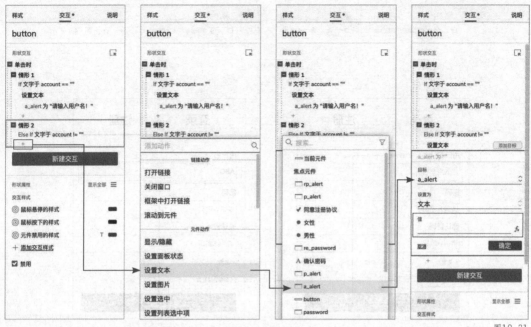

图18-21

　　这样就通过在"注册"按钮上添加两个情形，实现了与用户名文本框相关的要点①和要点②的交互设计，如图 18-22 所示。

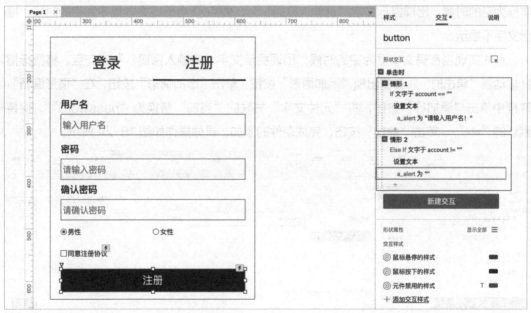

图18-22

　　此时单击"预览"按钮，在浏览器中勾选"同意注册协议"复选框，启用"注册"按钮。不输入文本内容，直接单击"注册"按钮，出现提示文字"请输入用户名！"。在用户名文本框中输入文字后，单击"注册"按钮，提示文字消失。具体操作如图 18-23 所示。

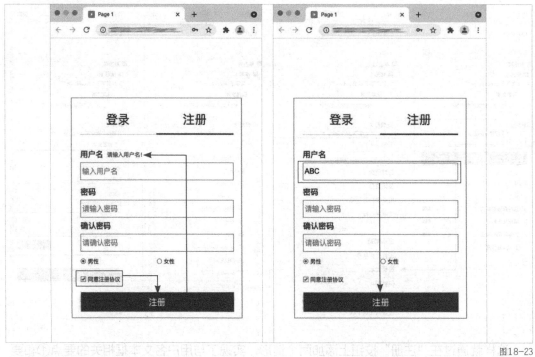

图18-23

接下来，用同样的方法添加与密码文本框相关的交互，包括两个要点：要点③ 当密码文本框为空的时候，出现提示文字"请输入密码！"；要点④ 当密码文本框不为空的时候，提示文字不显示。

首先实现当密码文本框为空的时候，出现提示文字"请输入密码！"的交互。将鼠标指针移动到"单击时"，右侧出现"添加情形"按钮。单击"添加情形"按钮，在"情形编辑"弹框中单击"添加行"按钮，将"元件文字"关联的"当前"替换为"password"，保持默认的"=="。单击"确定"按钮，完成条件的添加。具体操作如图18-24所示。

图18-24

单击情形 3 下面的"+"按钮，在动作列表中选择"设置文本"选项，在目标列表中选择"p_alert"，设置"值"为"请输入密码！"。单击"确定"按钮，完成情形 3 的添加。具体操作如图 18-25 所示。

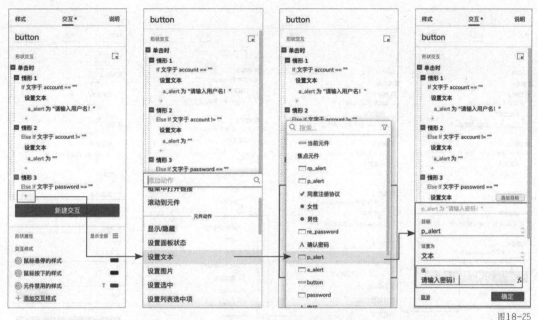

图18-25

接下来实现密码文本框不为空时，提示文字不显示的交互。将鼠标指针移动到"单击时"，右侧出现"添加情形"按钮。单击"添加情形"按钮，在"情形编辑"弹框中单击"添加行"按钮，将"元件文字"关联的"当前"替换为"password"，同时将"=="替换为"!="。单击"确定"按钮，完成条件的添加。具体操作如图 18-26 所示。

图18-26

单击情形 4 下面的"+"按钮，在动作列表中选择"设置文本"选项，在目标列表中选择"p_alert"选项，设置"值"为空。单击"确定"按钮，完成情形 4 的添加。具体操作如图 18-27 所示。

图18-27

这样就通过在"注册"按钮上添加两个情形，实现了与密码文本框相关的要点③和要点④的交互设计，如图 18-28 所示。

图18-28

知识点3　切换为[如果]或[否则]

单击"预览"按钮，在浏览器中勾选"同意注册协议"复选框，启用"注册"按钮。若不输任何内容直接单击"注册"按钮，用户名文本框的提示文字就会出现，密码文本框的提示文字未出现，如图18-29所示。这就需要切换密码文本框相关交互中的[如果](if)和[否则](Else if)。

在Axure中，添加的交互会采用从上到下的方式执行命令。"If"的含义是如果，"Else if"的含义是否则。在之前添加的交互列表中，程序会先判断"If"中的条件后面的"Else if"都为下一级判断，如图18-30所示。

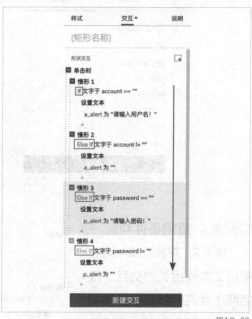

图18-29

图18-30

只需要在情形3上单击鼠标右键，在右键菜单中执行"切换为[如果]或[否则]"命令，就能将情形3切换为和情形1同级的"if"条件判断，如图18-31所示。

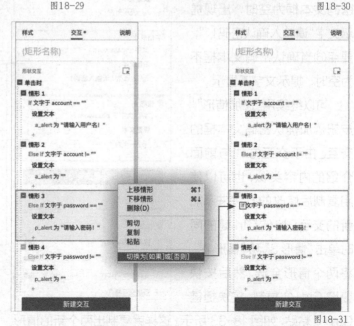

图18-31

再次单击"预览"按钮，在浏览器中勾选"同意注册协议"复选框，启用"注册"按钮，在没有输入任何内容的情况下单击"注册"按钮，用户名和密码文本框的提示文字同时出现，如图 18-32 所示。

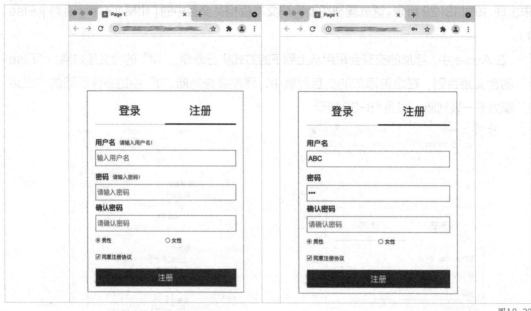

图18-32

知识点 4　复用条件判断

接下来，需要添加与确认密码文本框相关的交互，包括两个要点：要点⑤当确认密码文本框为空时，出现提示文字"请输入确认密码！"；要点⑥当确认密码文本框不为空时，提示文字不显示。

可以继续用"添加情形"按钮添加确认密码文本框的交互。由于交互方式与前面介绍的内容类似，也可以使用复制后修改的方法来添加新的交互。按住 Ctrl 键的同时单击"情形 3"和"情形 4"将两个情形全选，然后按快捷键 Ctrl+C 复制，按快捷键 Ctrl+V 粘贴，如图 18-33 所示。这样就复制出两个新的情形。

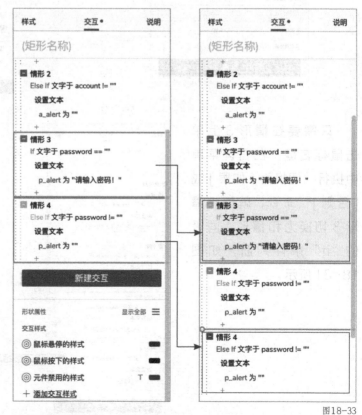

图18-33

　　单击复制出来的情形3中的条件，打开"情形编辑"弹框，在弹框中将"情形3"改名为"情形5"，将条件中的"password"替换为"re_password"，单击"确定"按钮，完成情形5条件的修改，如图18-34所示。

图18-34

　　单击情形5"设置文本"下方的链接，将目标"p_alert"改为"rp_alert"，将提示文字"请输入密码！"改为"请输入确认密码！"，如图18-35所示。这样就完成了情形5文本的修改。

图18-35

按住鼠标左键，将情形 5 拖动到第一个情形 4 的下方，如图 18-36 所示。

单击最下方的情形 4 中的条件，打开"情形编辑"弹框。在弹框中，将"情形 4"改名为"情形 6"，将条件中的"password"替换为"re_password"。单击"确定"按钮，完成情形 6 条件的修改。具体操作如图 18-37 所示。

单击情形 6"设置文本"下方的链接，将目标"p_alert"改为"rp_alert"，"值"设置为空，完成情形 6 文本的修改，如图 18-38 所示。

图18-36

图18-37

图18-38

这样就通过复制的方式，完成了情形 5 和情形 6 的添加，解决了与确认密码文本框相关的要点⑤和要点⑥的交互设计。右侧"注册"按钮的"单击时"一共添加了 6 个交互情形，如图 18-39 所示。

单击"预览"按钮，在浏览器中勾选"同意注册协议"复选框，启用"注册"按钮。在没有输入任何内容的情况下单击"注册"按钮，用户名、密码、确认密码标题右侧的提示文字同时出现。只要用户名、密码、确认密码文本框任意一个存在没有输入的情况，都会根据情况进行提示，这样就完成了文本框提示判断的交互设计，如图 18-40 所示。

图18-39

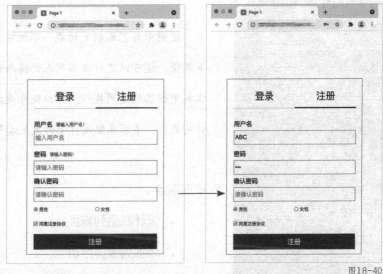

图18-40

本课练习题

操作题

1. 模拟课程案例，设计登录弹框输入判断的交互。

关键步骤：

（1）梳理交互流程；（2）编辑启用情形。

2. 模拟课程案例，设计注册弹框提示判断的交互。

关键步骤：

（1）梳理交互流程；（2）添加启用情形；（3）切换为 [如果] 或 [否则]。

第 **19** 课

设计带交互的列表——中继器

使用中继器的相关功能，不但可以设计出真实的列表页原型，还可以进行商品列表的排序和筛选的交互设计。掌握中继器的使用技巧，可以提升设计师进行复杂原型设计的能力，丰富原型设计中的交互效果。

本课重点

- 设计商品列表页
- 添加列表排序功能
- 添加商品筛选功能

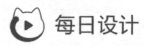
每日设计

第1节　设计商品列表页

　　运用中继器可以快速替换商品列表页中的内容，让页面效果更加真实。在使用中继器设计的本案例中，每件商品都具有不同的图片、价格、销量和商品名称，如图 19-1 所示。

图19-1

知识点1 中继器的基本属性

从基本元件中拖入一个中继器，中继器默认显示3行内容，在右侧"样式"面板中有一个默认的数据列表，如图19-2所示。

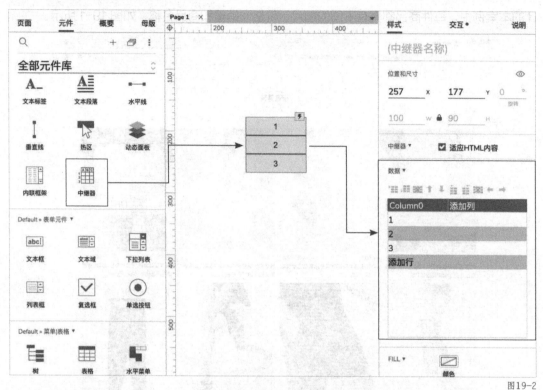

图19-2

在数据列表中，双击文字"添加行"，将它改为"4"，页面中的中继器就会自动新增一行，如图19-3所示。

双击中继器中的某行，可以进入中继器的编辑界面。在编辑界面右侧放置按钮，单击右上角"关闭"按钮，返回页面区，拖入的按钮由1个自动变成了4个，如图19-4所示。这也说明，只要在中继器中编辑一行，所有行都会发生改变。

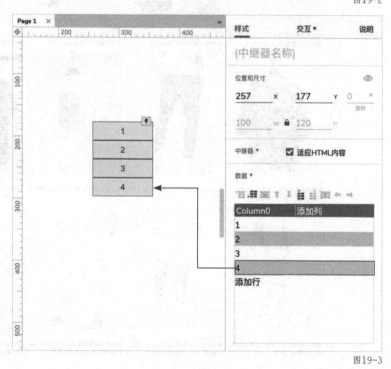

图19-3

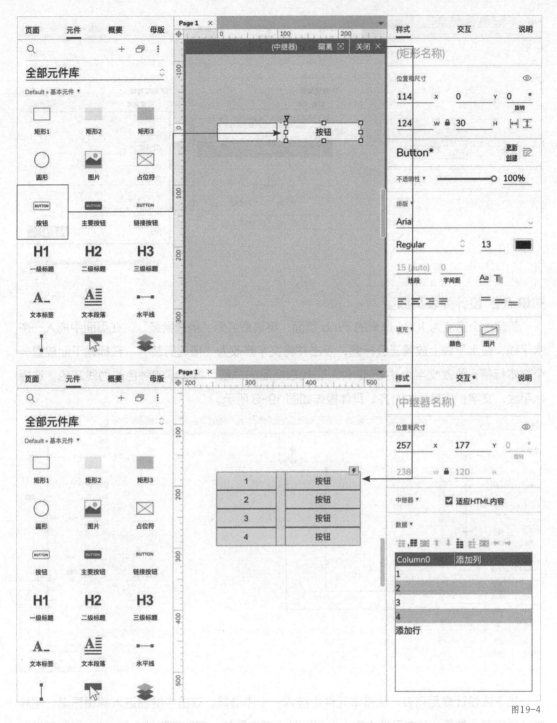

图19-4

在右侧"交互"面板中，中继器默认自带一个加载时的交互，矩形文本的值为"[[Item.
Column0]]"，其中"Column0"是中继器第一列的名称，如图 19-5 所示。

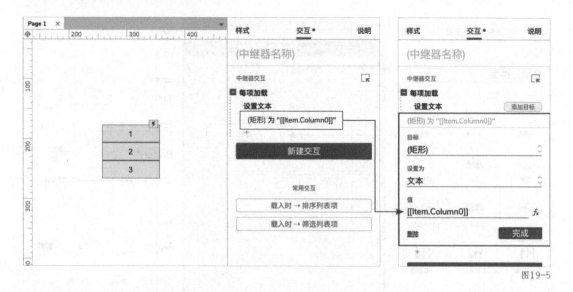

图19-5

知识点2 设计列表页原型

新建一个宽度为 1024 像素的 Web 页面，将其命名为"精选男装"。在页面中拖入一条水平线，在水平线上放置三级标题，双击并将文字修改为"精选男装"。在标题下面放置一个文本标签，修改文字为"4567 件"，代表商品的总量，将文字的颜色改为浅灰色。选择水平线、文字，使其居中对齐。具体操作如图 19-6 所示。

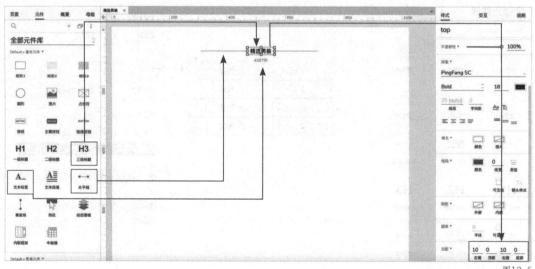

图19-6

接下来设计商品列表。从基本元件中拖入一个中继器。双击中继器进入编辑界面，删除默认的矩形。然后从基本元件中拖入一张图片，双击图片，用课程附件中的"1.png"替换，修改图片的大小为 240 像素 ×300 像素。拖入一个圆形，将大小改为 30 像素 ×30 像素，边框线宽设置为 0，放到图片右下角。具体操作如图 19-7 所示。

在图标元件库中搜索"心"，将"心形"图标拖到白色圆形中间位置，大小改为 14 像素 ×12 像素，并把它的填充颜色改为 #CECECE（浅灰色），如图 19-8 所示。这样就完成了收藏图标的设计。

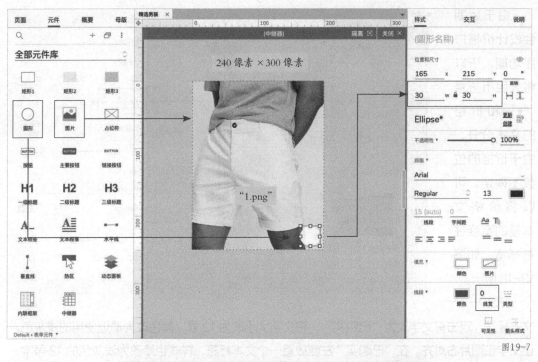

图19-7

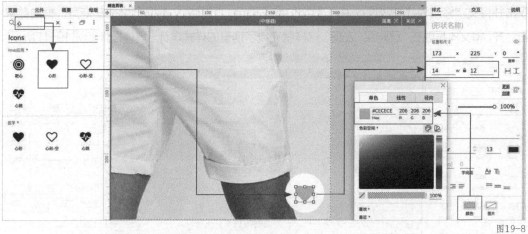

图19-8

从基本元件中拖入一个文本标签，双击并将文字修改为"￥88.88"，将文字颜色调整为
#FF5400（黄色），如图 19-9 所示。

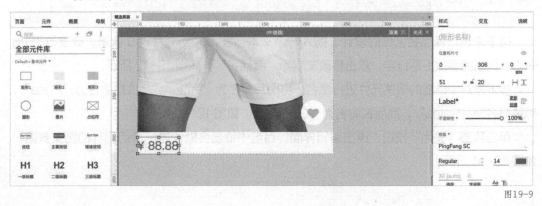

图19-9

由于后期会设计价格排序功能，所以将人民币符号"¥"和价格的文本分开；由于价格的位数不确定，可以将价格文本框的宽度往右拖宽，如图19-10所示。

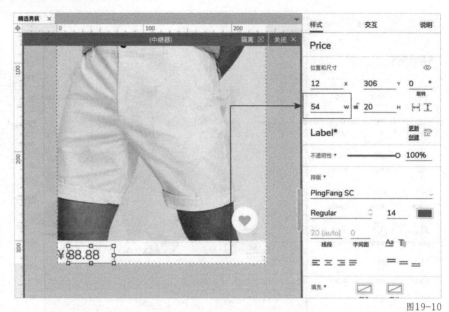

图19-10

拖入一个文本标签，双击将文字改为"已购买"，将文字大小改为12号，颜色改为最近使用的浅灰色，让文字和图片右对齐。在"已购买"左侧放置一个文本标签，样式也修改为浅灰色的12号字，双击并将文字修改为"8888"。由于数字位数不确定，可以将文本框宽度往左拖宽，框内数字右对齐，将文本框贴在"已购买"左侧。这样就完成了销量的样式设计。具体操作如图19-11所示。

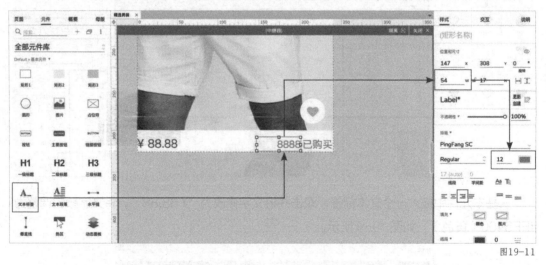

图19-11

接下来进行商品名区域的设计。拖入一个文本标签，宽度改为240像素，高度改为40像素，让它能够放下两行字，双击修改文字为"商品名"，如图19-12所示。

接下来对中继器的相关元件进行命名。将图片命名为"Picture"，价格命名为"Price"，销量命名为"Sales"，商品名命名为"Goods"，如图19-13所示。

单击顶部"关闭"按钮，退出编辑界面，目前中继器会默认显示3组同样的图文数据，如图19-14所示。

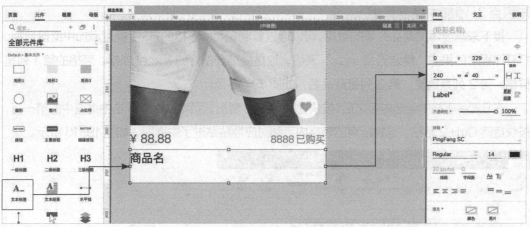

图19-12

图19-13

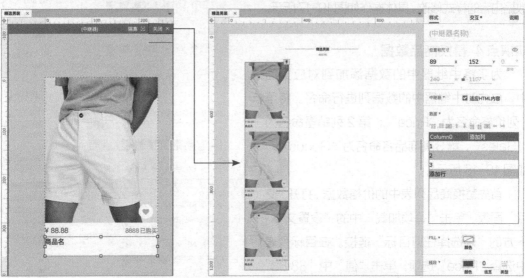

图19-14

知识点3 添加中继器数据

接下来需要添加商品列表的数据。可以通过复制Excel表格的方式，批量添加中继器数据。打开课程附件里的"精选男装.xlsx"表格，这是提前准备好的Excel表格。表格的第1列是价格，第2列是销量，第3列是商品名，如图19-15所示。

在Excel表格中全选内容之后，按快捷键Ctrl+C复制。回到Axure，单击中继器中的第一行，按快捷键Ctrl+V粘贴。这样所有的表格内容都对应地粘贴进了中继器，如图19-16所示。

图19-15

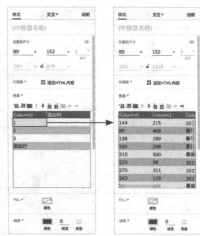

图19-16

接下来修改中继器的样式。左侧页面中自动生成竖向排列的16行内容；在右侧"样式"面板的下方，将行和列的间距都设置为10像素。将布局改为水平显示，然后勾选"网格排布"复选框，将"每行项数量"改为4。这样就完成了数据内容的样式修改。具体操作如图19-17所示。

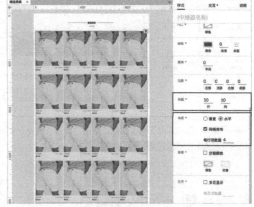

图19-17

知识点4 替换商品数据

为了将中继器中的数据添加到对应页面中，应先对中继器中的数据列进行命名。将第1列价格命名为"Price"，第2列销量命名为"Sales"，第3列商品名命名为"Goods"，如图19-18所示。

首先替换商品列表中的价格数据。打开"交互"面板，单击"每项加载"中的"设置文本"下方的"未选择任何目标"链接。在目标列表中选择"Price"选项，单击"值"中"88.88"右侧的 f_x 按钮，打开"编辑文本"弹框。具体操作如图19-19所示。

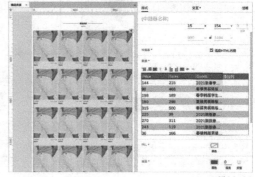

图19-18

图19-19

　　在弹框中删除文字"88.88"，单击"插入变量或函数"，在展开的列表中选择"中继器 / 数据集"列表，选择列表中的"Item.Price"将其加入"插入变量或函数"区域。单击"确定"按钮，完成价格数据的设置。具体操作如图 19-20 所示。

　　接下来替换商品列表中的销量数据。将鼠标指针移动到"设置文本"，右侧出现"添加目标"按钮。单击"添加目标"按钮，在目标列表中选择"Sales"选项，单击"值"中"8888"右侧的 f_x 按钮，打开"编辑文本"弹框。具体操作如图 19-21 所示。

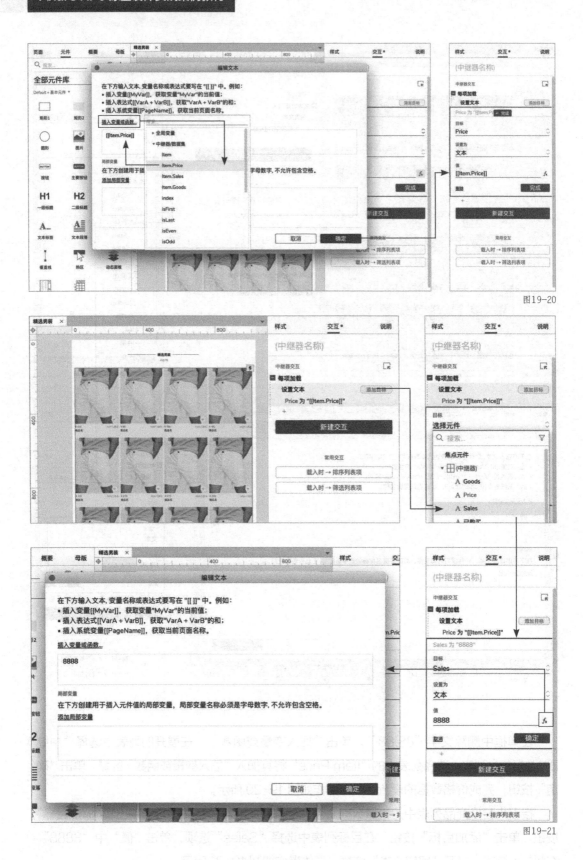

图19-20

图19-21

在弹窗中删除文字"8888"，单击"插入变量或函数"，在展开的列表中选择"中继器 /
数据集"列表，选择列表中的"Item.Sales"将其加入"插入变量或函数"区域。单击"确定"
按钮，完成销量数据的设置。具体操作如图 19-22 所示。

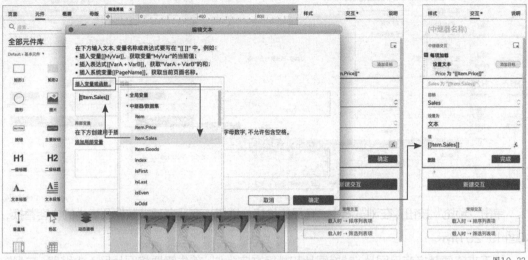

图19-22

继续替换商品列表中的商品名数据。将鼠标指针移动到"设置文本"，单击右侧出现的"添
加目标"按钮，在目标列表中选择"Goods"选项，单击"值"中"商品名"右侧的 f_x 按钮，
打开"编辑文本"弹框，如图 19-23 所示。

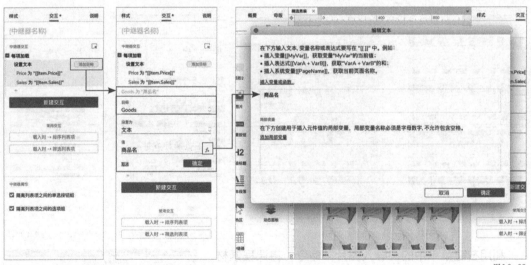

图19-23

在弹框中删除文字"商品名"，单击"插入变量或函数"，在展开的列表中选择"中继
器 / 数据集"列表，选择列表中的"Item.Goods"将其加入文本框。单击"确定"按钮，完
成商品名数据的设置。具体操作如图 19-24 所示。

图19-24

单击"预览"按钮，在浏览器中，商品的价格、销量、商品名都被数据列表中的内容替换，如图19-25所示。

接下来需要替换商品图片。替换图片和替换文字类似，首先需要将图片导入中继器。在"样式"面板中，双击中继器添加列，输入名称"Picture"。在列表框上单击鼠标右键，在右键菜单中执行"导入图片"命令，将课程素材中的"1.png"导入中继器。这样就完成了一张图片的导入。具体操作如图19-26所示。

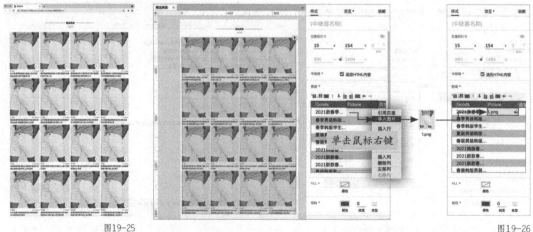

图19-25   图19-26

利用右键菜单中的"导入图片"命令，将课程素材中的16张图片逐张导入中继器的列表中，如图19-27所示。

完成所有图片的导入后，打开"交互"面板。单击"每项加载"下的"+"按钮，添加新的交互动作。在动作列表中选择"设置图片"选项，在目标列表中选择"Picture"选项。将"设置Default图片"下的"图片"

Price	Sales	Goods	Picture	添加列
144	215	2021款春季…	1.png	
90	468	春季男装韩版…	2.png	
198	189	春季男装版学生…	3.png	
180	298	夏装男装韩版…	4.png	
315	500	春装男装韩版…	5.png	
225	99	2021韩版春…	6.png	
270	311	2021新款春…	7.png	
243	119	2021新款春…	8.png	
36	166	春装韩版男装…	9.png	
72	44	学院风短袖T…	10.png	
144	66	宽松中长款春…	11.png	
54	179	春装韩版男装…	12.png	
252	426	2021款春装…	13.png	
180	81	春装韩版男装…	14.png	
225	441	春夏韩版男装…	15.png	
243	136	2021春季新…	16.png	
添加行				

图19-27

替换为"值"。单击"值"右侧的 f_x 按钮，在"编辑值"弹框中单击"插入变量或函数"，选择列表中的"Item.Picture"，将其加入"插入变量或函数"区域。单击"确定"按钮，完成图片数据的替换。具体操作如图 19-28 所示。

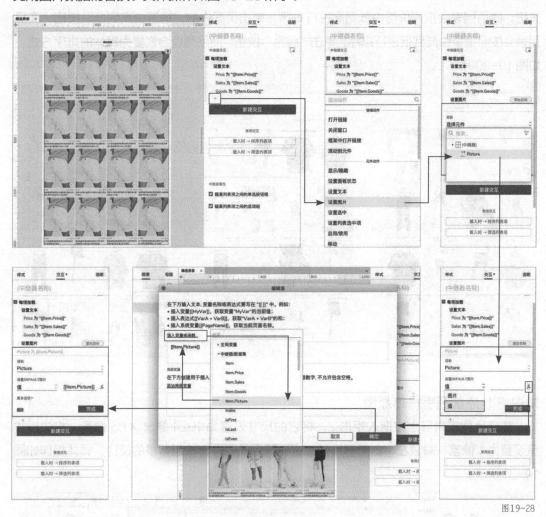

图19-28

设置完图片数据之后，页面中所有的内容都完成了替换。单击"预览"按钮，商品的图片、价格、销量、商品名都被数据列表中的内容替换，如图 19-29 所示。

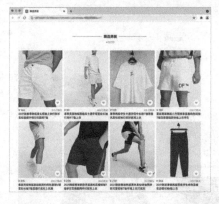

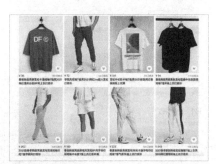

图19-29

第2节　添加列表排序功能

在商品列表页中，利用中继器，可以对列表内容进行排序。单击页面中的"价格由低到高"按钮，商品列表会按照价格由低到高进行排序；单击页面中的"销量由高到低"按钮，商品列表会按照销量由高到低进行排序；单击"综合"按钮，商品列表会恢复为默认的排序方式，如图19-30所示。

图19-30

知识点1　添加列表排序原型

在商品列表内容上方拖入矩形2，将它的尺寸设置为1024像素×65像素。将边框线宽设置为1像素，隐藏左、右两侧边框。这样就完成了排序按钮背景的设计。具体操作如图19-31所示。

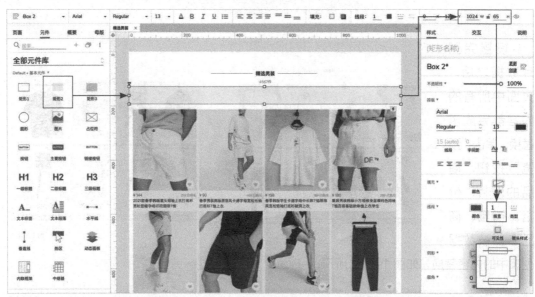

图19-31

在背景左侧放置 3 个矩形 2，将其尺寸都改为 130 像素 × 65 像素。依次将矩形内的文字改为"综合""价格由低到高""销量由高到低"，将文字大小改为 16 号。将边框线宽设置为 1 像素，"综合"按钮距离左边缘 10 像素。这样就完成了 3 个按钮默认状态的设计。具体操作如图 19-32 所示。

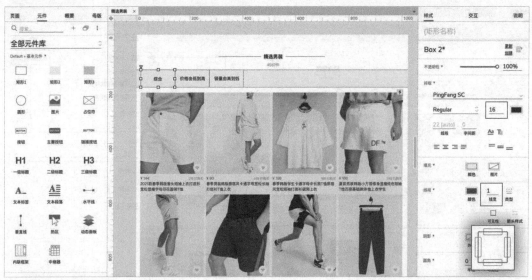

图19-32

知识点 2　添加按钮选中交互

分别选择"综合""价格由低到高""销量由高到低"按钮，在右侧"交互"面板中添加元件选中的样式。将填充颜色设置为白色，单击"确定"按钮，完成按钮选中样式的添加。具体操作如图 19-33 所示。

图19-33

全选 3 个按钮，单击"形状属性"右侧的"隐藏未用"按钮，并将选项组命名为"order"，如图 19-34 所示。

接下来需要添加综合、价格、销量的选中交互。选择"综合"按钮，在右侧"交互"面板中单击"新建交互"按钮，在触发事件列表中选择"单击时"选项，在动作列表中选择"设置选中"选项，在目标列表中选择"当前元件"选项，单击"确定"按钮，完成选中交互的添加。具体操作如图 19-35 所示。

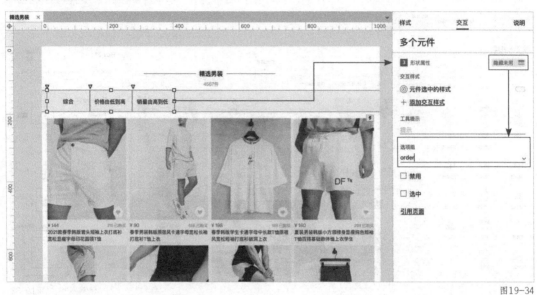

图19-34

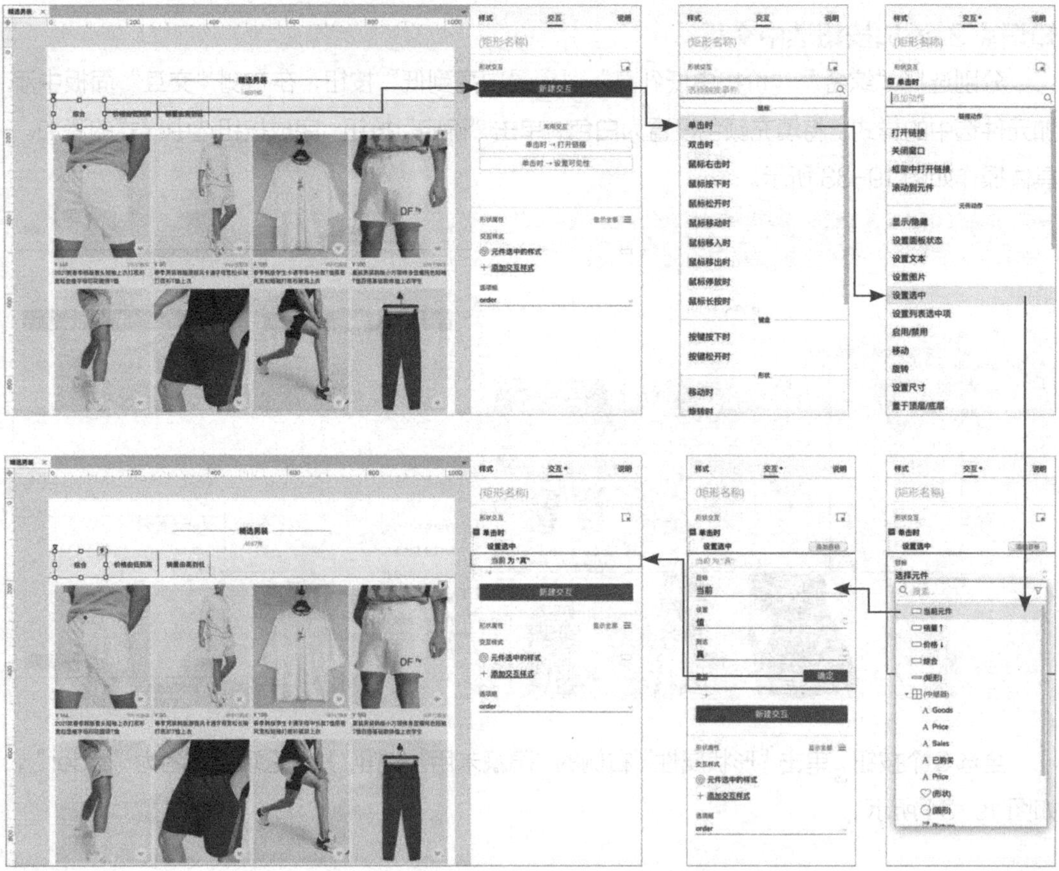

图19-35

选择"综合"按钮，在右侧选择"单击时"交互，使用快捷键 Ctrl+C 复制。分别选择"价格由低到高""销量由高到低"按钮，使用快捷键 Ctrl+V 粘贴。这样就快速完成了"综合""价格由低到高""销量由高到低"3 个按钮选中交互的添加。具体操作如图 19-36 所示。

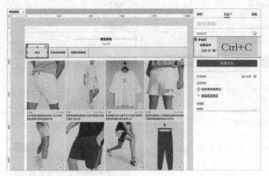

图19-36

知识点 3 设置中继器排序

接下来分别添加综合、价格、销量的排序交互。选择"价格由低到高"按钮，在右侧"交互"面板中，单击"单击时"下方的"+"按钮，选择中继器动作列表中的"添加排序"选项，在目标列表中选择"（中继器）"选项。具体操作如图 19-37 所示。

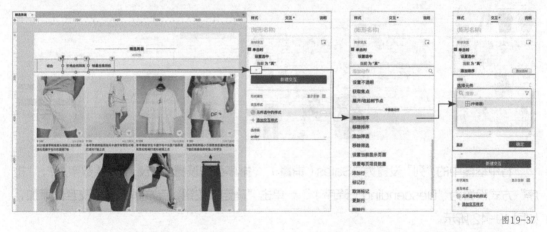

图19-37

将中继器中的"列"设置为"Price（价格）"，"排序类型"设置为"Number（数字）"，"排序"方式设置为"Ascending（升序）"，单击"确定"按钮，完成价格排序交互的添加，如图 19-38 所示。

注意，由于一些汉化版本将"Number"汉化成了"数字"，可能会造成此功能无法正常使用，如图 19-39 所示。删除本地汉化文件夹"lang"，本功能即可恢复正常。

单击"预览"按钮，在浏览器中单击"价格"按钮，商品内容会按照价格的升序进行排列，如图 19-40 所示。

接下来，选择"销量由高到低"按钮，在右侧"交互"面板中，单击"单击时"下方的"+"按钮，选择中继器动作列表中的"添加排序"选项，在目标列表中选择"（中继器）"选项，如图 19-41 所示。

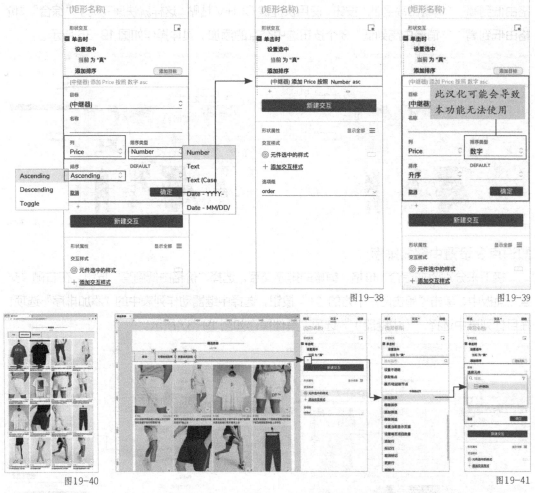

图19-38　　　　图19-39

图19-40　　　　图19-41

将中继器中的"列"设置为"Sales（销量）"，排序类型设置为"Number（数字）"，"排序"方式设置为"Descending（降序）"，单击"确定"按钮，完成销量排序交互的添加，如图19-42所示。

单击"预览"按钮，在浏览器中单击"销量"按钮，商品内容会按照销量的由高到低进行排列，如图19-43所示。

最后，选择"综合"按钮，在右侧"交互"面板中，单击"单击时"下方的"＋"按钮，选择中继器动作列表中的"移出排序"选项，在目标列表中选择"（中继器）"选项，如图19-44所示。

选中"排序"中的"全部"单选按钮，单击"确定"按钮，完成排序移除的交互设计，如图19-45所示。

单击"预览"按钮，在浏览器中单击"综合"按钮，商品内容会恢复为默认的排列方式，如图19-46所示。这样就完成了列表页全部排序功能的设计。

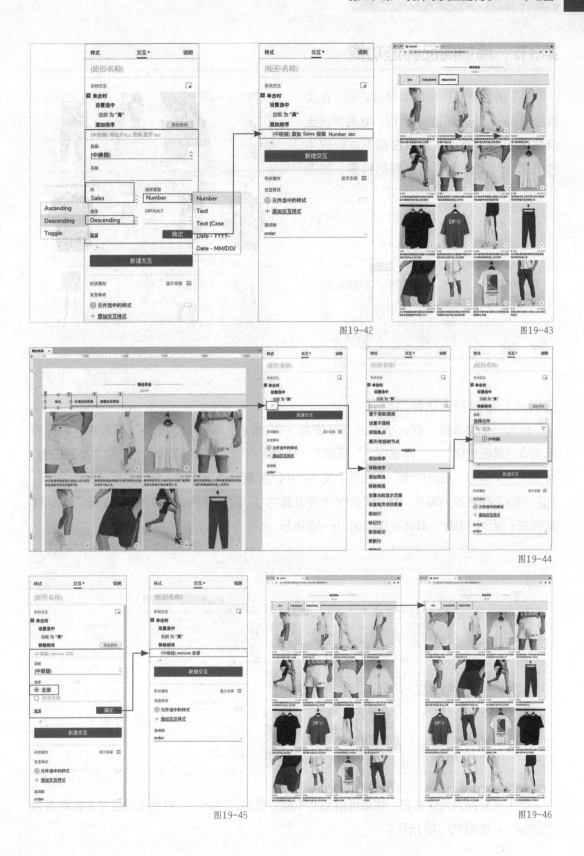

图19-42

图19-43

图19-44

图19-45

图19-46

第3节　添加商品筛选功能

接下来为商品列表增加筛选功能。在页面中输入最低价格和最高价格，就会筛选出价格区间内的商品。选择右侧下拉列表中的选项，可以进行价格区间的检索，如图19-47所示。

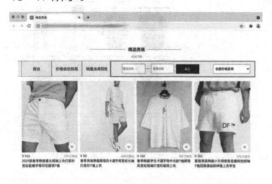

图19-47

知识点1　添加筛选功能原型

拖入一个文本框，将大小改为100像素×40像素。在右侧"交互"面板中，输入提示文本"最低价格"，"隐藏提示"设置为"获取焦点"。复制"最低价格"文本框到右侧，修改提示文本为"最高价格"。在两个文本框中间放置一条水平线。拖动主要按钮到右侧，把它的填充颜色改为黑色，然后把圆角半径设置为0，双击并将文字修改为"确定"，这样就完成了原型的设计。具体操作如图19-48所示。

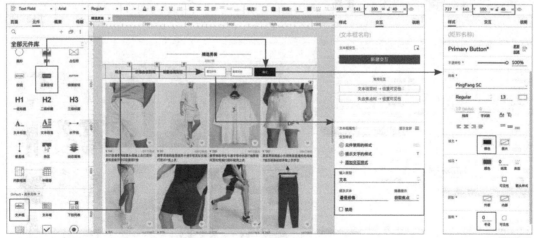

图19-48

接下来分别为元件命名，将最低价格文本框命名为"Mini"，将最高价格文本框命名为"Max"，如图19-49所示。

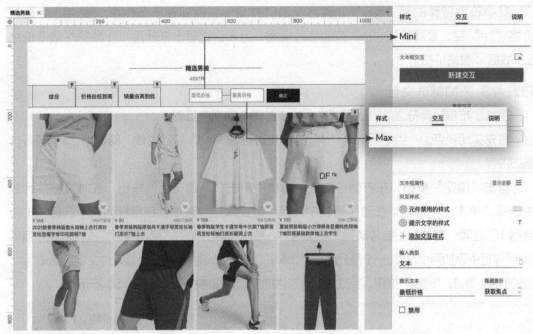

图19-49

知识点2　布尔运算符

在进行较复杂的交互设计之前，应该先整理出相关的交互流程。此处交互包含 4 个交互要点。

① 当最低价格 "!=" 空、最高价格 "==" 空的时候，筛选出 ">" 最低价格的内容。

② 当最低价格 "==" 空、最高价格 "！=" 空的时候，筛选出 "<" 最高价格的内容。

③ 当最低价格 "!=" 空、最高价格 "!=" 空的时候，筛选出 ">" 最低价格，并且 "<" 最高价格的内容。

④ 当最低价格 "==" 空、最高价格 "==" 空的时候，取消筛选。

Axure 包含以下布尔运算符，如表 19-1 所示。

表19-1

布尔运算符	含义	案例
==	等于	[[数据 =Mini]]
!=	不等于	[[数据!=Mini]]
>	大于	[[数据 > Mini]]
>=	大于等于	[[数据 >=Mini]]
<	小于	[[数据 < Max]]
<=	小于等于	[[数据 <=Max]]
&&	并且	[[数据 >Mini&& 数据 < Max]]
||	或者	[[数据! =Mini || 数据! =Max]]

其中较为特殊的是 "&&"，其含义是 "并且"。例如在本案例中，要点③中最低价格 "!=" 空、最高价格 "!=" 空的筛选规则，用表达式写出来就是 "[[数据 > 最低价格 && 数据 < 最高价格]]"。

知识点3 添加筛选交互

了解了布尔运算符之后，我们就来添加情形逐个实现交互要点。

首先实现要点①：当最低价格 "!=" 空、最高价格 "==" 空的时候，筛选出 ">" 最低价格的内容。

单击 "确定" 按钮，在右侧 "交互" 面板中单击 "新建交互" 按钮，在触发事件列表中选择 "单击时" 选项，在动作列表中选择 "添加筛选" 选项，在目标列表中选择 "（中继器）" 选项。将鼠标指针移动到 "单击时"，单击右侧出现的 "启用情形" 按钮，在 "情形编辑" 弹框中添加两个条件，一个是元件文字 "Mini" "！=" 空的时候，另一个是元件文字 "Max" "==" 空的时候。单击 "确定" 按钮，完成情形1条件的添加。具体操作如图19-50所示。

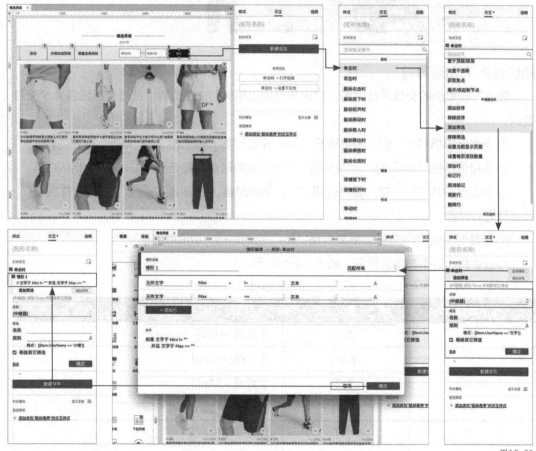

图19-50

接下来需要添加筛选规则。首先单击规则右侧的 *fx* 按钮，单击弹框中下方的 "添加局部变量"，将变量名称改为 "Mini"，"元件文字" 关联项也选择为 "Mini"，如图19-51所示。

在弹框 "插入变量或函数" 区域的文本框中，输入 "[[]]"，将鼠标光标插入双中括号中间。单击"插入变量或函数"，选择"中继器 / 数据集"列表中的"Item.Price"将其插入双中括号中；再次单击"插入变量或函数"，选择"布尔"列表中的">"符号；继续单击"插入变量或函数"，选择"局部变量"列表中的"Mini"选项。单击"确定"按钮，这样就完成了筛选规则的设定。具体操作如图 19-52 所示。

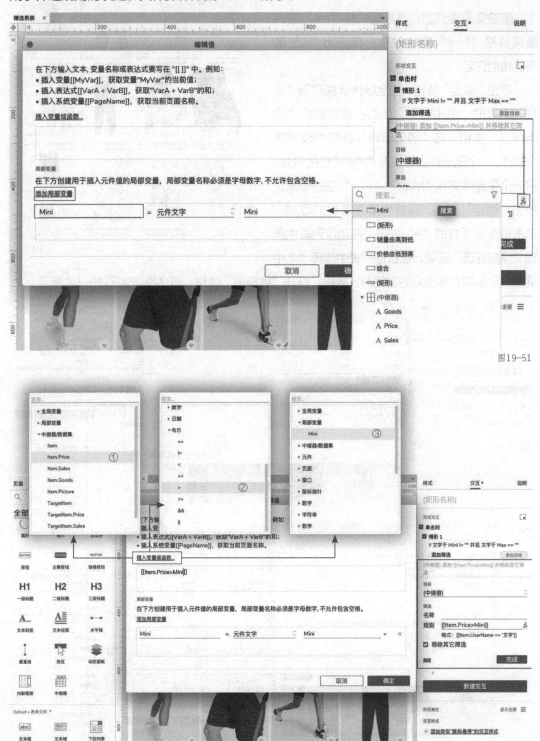

图19-51

图19-52

单击"预览"按钮，在"最低价格"文本框输入"100"，单击"确定"按钮，页面会筛选出所有价格大于 100 元的商品，如图 19-53 所示。

接着实现要点②：当最低价格"=="空、最高价格"！ ="空的时候，筛选出"<"最高价格的内容。

单击"确定"按钮，将鼠标指针移动到"交互"面板的"单击时"，单击右侧出现的"启用情形"按钮，在"情形编辑"弹框中添加两个条件，一个是元件文字"Mini""=="空的时候，另一个是元件文字"Max""！ ="空的时候。单击"确定"按钮，完成情形 2 条件的添加。单击情形 2 下方的"+"按钮，在动作列表中选择"添加筛选"选项，在目标列表中选择"（中继器）"选项，单击规则右侧的 f_x 按钮，打开"编辑值"弹框。具体操作如图 19-54 所示。

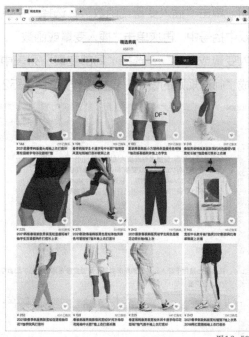

图19-53

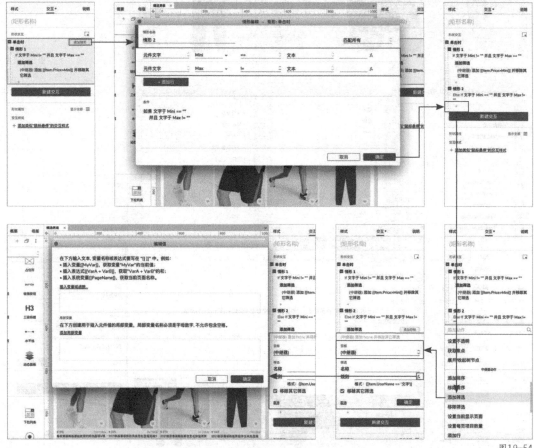

图19-54

单击弹框下方的"添加局部变量"，将变量名称改为"Max"，"元件文字"关联项也选择为"Max"，如图 19-55 所示。

在弹框"插入变量或函数"区域的文本框中输入"[[]]"，将鼠标光标插入双中括号中间。单击"插入变量或函数"，选择"中继器/数据集"列表中的"Item.Price"将其插入双中括号中，接下来可以直接在后面输入"<Max"。单击"确定"按钮，这样就完成了筛选规则的设定。具体操作如图 19-56 所示。

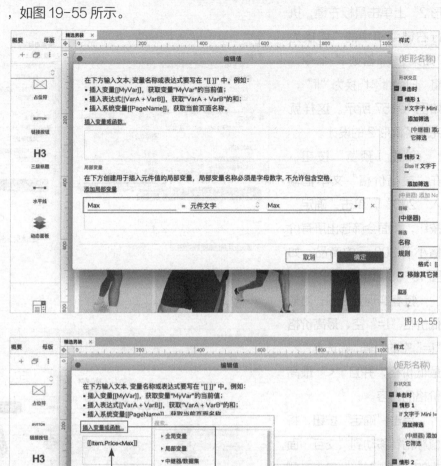

图 19-55

图 19-56

在"形状交互"的"情形2"上单击鼠标右键，执行右键菜单中的"切换为[如果]或[否则]"命令，将"Else if"切换为"if"，如图19-57所示。这样就完成了情形2的设计。

单击"预览"按钮，在"最高价格"文本框输入"200"，单击"确定"按钮，页面会筛选出所有价格小于200元的商品，如图19-58所示。

接着实现要点③：当最低价格"!="空、最高价格"!="空的时候，筛选出">"最低价格，并且"<"最高价格的内容。

单击"确定"按钮，将鼠标指针移动到"交互"面板的"单击时"，单击右侧出现的"启用情形"按钮，在"情形编辑"弹框中添加两个条件，一个是元件文字"Mini""!="空的时候，另一个是元件文字"Max""!="空的时候。单击"确定"按钮，完成情形3条件的添加。单击情形3下方的"+"按钮，在动作列表中选择"添加筛选"选项，在目标列表中选择"（中继器）"选项，单击规则右侧的 fx 按钮，打开"编辑值"弹框。具体操作如图19-59所示。

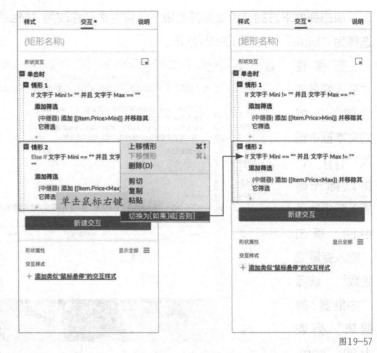

图19-57

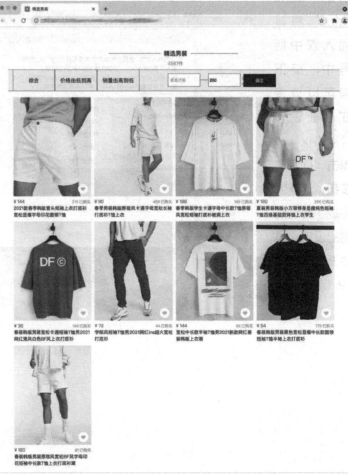

图19-58

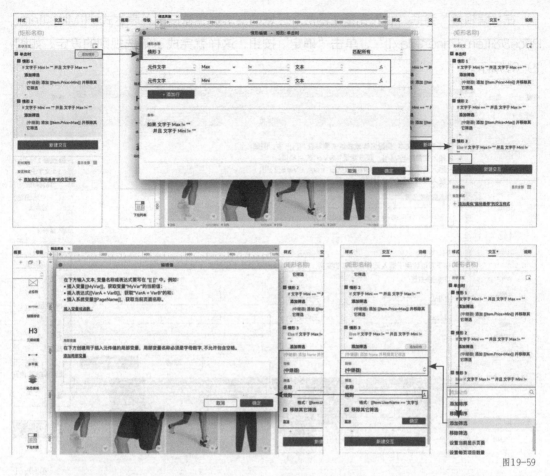

图19-59

添加两个局部变量，一个变量名称改为"Mini"，"元件文字"关联项也选择为"Mini"文本框；另一个变量名称改为"Max"，"元件文字"关联项也选择为"Max"文本框，如图19-60所示。

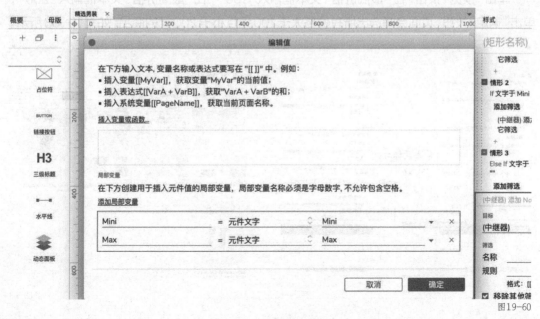

图19-60

在"编辑值"弹框"插入变量或函数"区域的文本框中直接输入表达式"[[Mini<Item.Price&&Item.Price<Max]]",单击"确定"按钮,这样就完成了筛选规则的设定,如图19-61所示。

图19-61

在"形状交互"的"情形3"上单击鼠标右键,执行右键菜单中的"切换为[如果]或[否则]"命令,将"Else if"切换为"if",如图19-62所示。这样就完成了情形3的设计。

单击"预览"按钮,在"最低价格"文本框输入"100",在"最高价格"文本框输入"200",单击"确定"按钮,页面会筛选出所有价格大于100元且小于200元的商品,如图19-63所示。

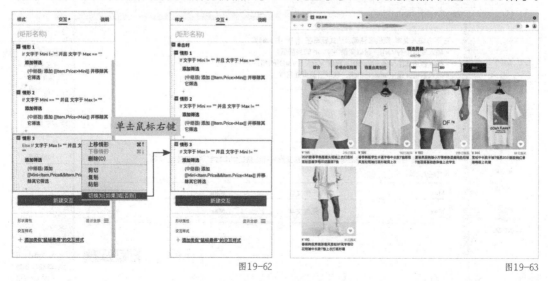

图19-62   图19-63

最后实现要点④：当最低价格"=="空、最高价格"=="空的时候，取消筛选。

单击"确定"按钮，将鼠标指针移动到"交互"面板的"单击时"，单击右侧出现的"启用情形"按钮，在"情形编辑"弹框中添加两个条件，一个是元件文字"Mini""=="空的时候，另一个是元件文字"Max""=="空的时候。单击"确定"按钮。完成情形 4 条件的添加。具体操作如图 19-64 所示。

图19-64

单击情形 4 下方的"+"按钮，在动作列表中选择"取消筛选"选项，在目标列表中选择"（中继器）"选项，选中"过滤"下方的"全部"单选按钮，单击"确定"按钮，完成动作的添加，如图 19-65 所示。

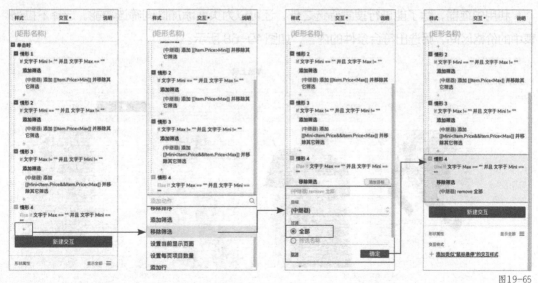

图19-65

在"形状交互"的"情形 4"上单击鼠标右键，执行右键菜单中的"切换为[如果]或[否则]"命令，将"Else if"切换为"if"，如图 19-66 所示。这样就完成了情形 4 的设计。

单击"预览"按钮，若想筛选之后恢复默认排序，只需删除价格文本框中的内容，单击"确定"按钮，如图 19-67 所示。

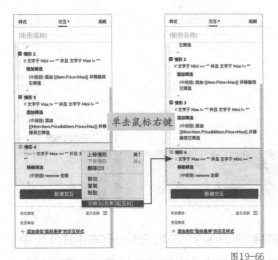

图 19-66

图 19-67

知识点 4　设计筛选区间案例

利用中继器，除了能进行搜索筛选之外，还可以为页面添加区间筛选功能。选择下拉列表中的价格区间，筛选出符合条件的内容，如图 19-68 所示。

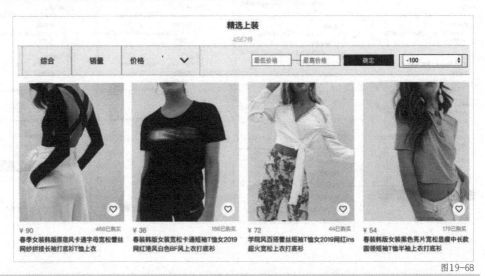

图 19-68

📺 打开"每日设计"APP，输入并搜索"SP051901"，观看讲解视频——筛选区间案例的具体设计方法。

本课练习题

操作题

1. 运用中继器，设计商品列表页。

关键步骤：

（1）添加中继器；（2）替换商品数据。

2. 模拟课程案例，添加商品列表页排序和筛选功能。

关键步骤：

（1）添加中继器排序功能；（2）添加中继器筛选功能。

制作翻页效果——中继器的变量

使用中继器，可以方便快速地设计出分页效果。使用

中继器的默认变量，还可以显示分页的当前页数及总页数。

添加交互设计可以轻松实现中继器分页内容的切换。

本课重点

- 设计商品分页效果

- 添加商品翻页交互

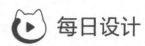

第1节　设计商品分页效果

使用中继器，可以让商品内容分页显示。在分页区域，还可以显示出商品当前页数和总页数，如图 20-1 所示。

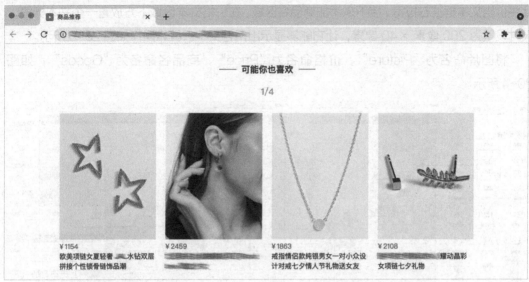

图20-1

知识点1　设计翻页原型

首先拖入三级标题放到页面中间位置，双击并将标题文字修改为"可能你也喜欢"；然后从基本元件中拖入中继器，如图 20-2 所示。

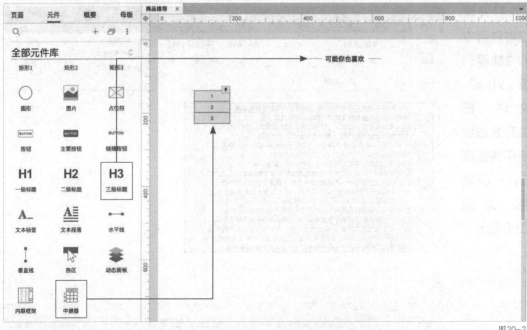

图20-2

　　双击中继器进入编辑模式。把中继器中默认的矩形删除，然后拖入一张图片，双击图片，用课程素材中的"1.png"替换。将图片的尺寸改为 200 像素 ×256 像素。首先设计价格文本区域，拖入一个文本标签，双击并将文字修改为人民币符号"¥"，将文字颜色调整为 #FF5400（黄色），复制"¥"到右侧，修改文字为"88.88"。由于价格位数不固定，因此将价格文本框往右拉宽。接下来添加商品名区域，在价格文本区域下方放置一个文本标签，尺寸设置为 200 像素 ×40 像素，让它能够显示出两行文字。具体操作如图 20-3 所示。

　　将图片命名为"Picture"，价格命名为"Price"，商品名命名为"Goods"，如图 20-4 所示。

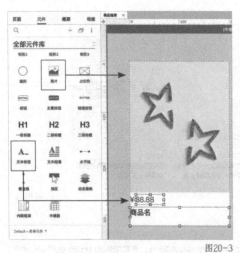

图20-3

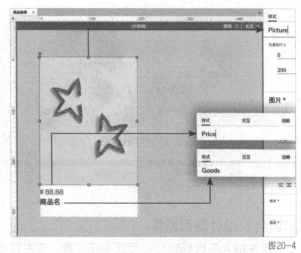

图20-4

知识点2　设置商品分页数据

　　打开课程附件当中的"推荐列表.xlsx"文件，把内容全选后使用快捷键 Ctrl+C 复制，如图 20-5 所示。

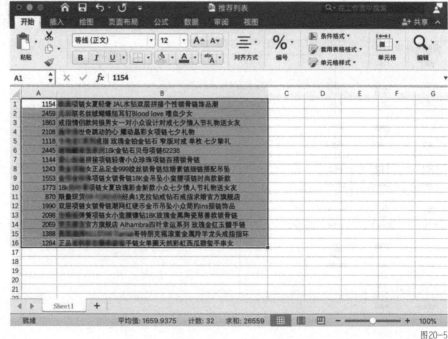

图20-5

回到 Axure，单击"关闭"按钮退出中继器的编辑界面。单击右侧"样式"面板"数据"列表的第一行数据，按快捷键 Ctrl+V 粘贴。这样所有的列表内容都粘贴进了中继器内，如图 20-6 所示。

数据中出现两列内容，将第一列名称改名为"Price"，第二列改名为"Goods"。增加一列并取名为"Picture"，在列表框上单击鼠标右键，执行右键菜单中的"导入图片"命令，将课程素材中的 16 张图片逐张导入中继器的列表中，如图 20-7 所示。

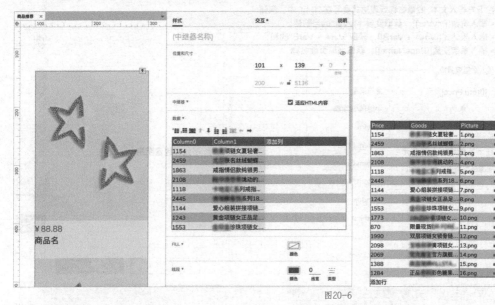

图20-6

图20-7

首先替换列表中的价格数据。打开"交互"面板，单击"设置文本"下方的"未选择任何目标"。在目标列表中选择"Price"选项，单击"值"中"88.88"右侧的 f_x 按钮，打开"编辑文本"弹框。具体操作如图 20-8 所示。

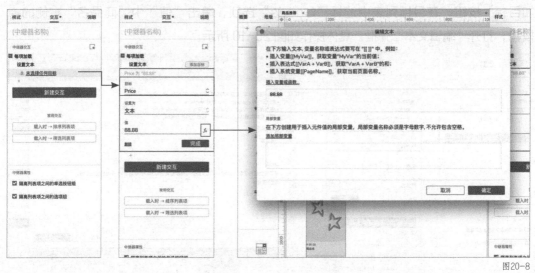

图20-8

在弹框中删除文字"88.88"，单击"插入变量或函数"，在展开的列表中选择"中继器/数据集"中的"Item.Price"，将其加入文本框。单击"确定"按钮，完成价格数据的设置。具体操作如图 20-9 所示。

图20-9

继续替换列表中的商品名数据。将鼠标指针移动到"设置文本"，单击右侧出现的"添加目标"按钮，在目标列表中选择"Goods"选项，单击"值"中"商品名"右侧的 *fx*按钮，打开"编辑文本"弹框。具体操作如图 20-10 所示。

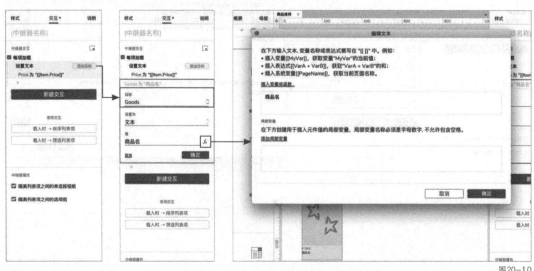

图20-10

　　在弹框中删除文字"商品名"，单击"插入变量或函数"，在展开的列表中选择"中继器 / 数据集"列表中的"Item.Goods"，将其加入文本框。单击"确定"按钮，完成商品名数据的设置。具体操作如图20-11 所示。

　　接下来需要替换商品图片的数据。单击"每项加载"下的"+"按钮，添加新的交互动作。在动作列表中选择"设置图片"选项，在目标列表中选择"Picture"选项。将"设置 DEFAULT 图片"下的"图片"替换为"值"。单击"值"右侧的 *fx* 按钮，在弹框中单击"插入变量或函数"，选择"中继器 / 数据集"列表中的"Item.Picture"，将其加入文本框。单击"确定"按钮，这样就完成了图片数据的替换。具体操作如图 20-12 所示。

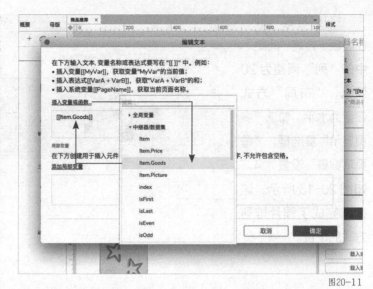

图20-11

图20-12

打开"样式"面板，在面板下方将"间距"中的"列"调整为20像素，"布局"方式设置为水平，勾选"多页显示"复选框，"每页项数量"设置为4，如图20-13所示。这样就完成了图片排列方式的设置。

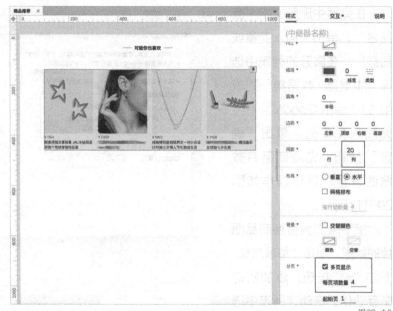

图20-13

知识点3 添加当前页数和页面总数

拖入一个三级标题到页面标题下方，双击并将文字修改为"当前页数/页面总数"，颜色改为#ACACAC（灰色），将文字的对齐方式改为居中对齐，如图20-14所示。

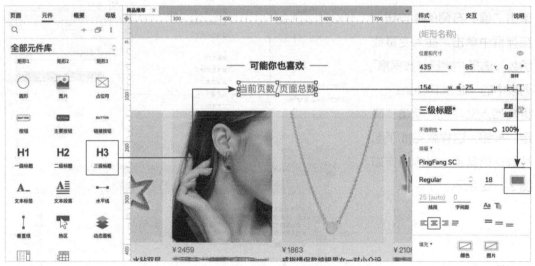

图20-14

在右侧"交互"面板中，单击"新建交互"按钮，在触发事件列表中选择"载入时"选项，在动作列表中选择"设置文本"选项，在目标列表中选择"当前"选项。单击"值"右侧的 f_x 按钮，打开"编辑文本"弹框。具体操作如图20-15所示。

在"中继器/数据集"列表中，"pageIndex"即当前页，"pageCount"是页面总数。单击"插入变量或函数"，选择"pageIndex"替换"当前页数"，再次单击"插入变量或函数"，选择"pageCount"替换"页面总数"。具体操作如图20-16所示。

图20-15

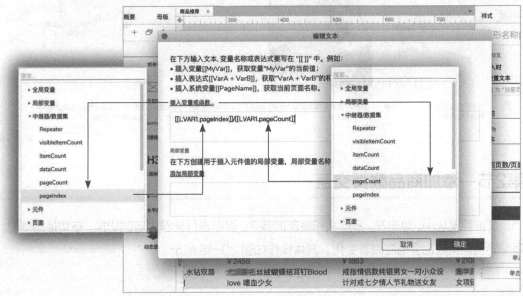

图20-16

　　单击弹框下方的"添加局部变量"，修改局部变量名称为"list"，将右侧的"元件文字"改为"元件"，"元件"关联项改为"（中继器）"。此时，上方文本框内的"LVAR1"会被自动更新为"list"。单击"确定"按钮完成添加。具体操作如图20-17所示。

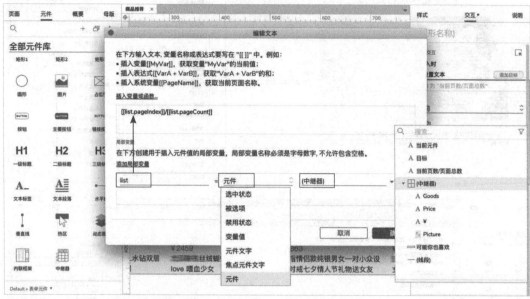

图20-17

　　单击"预览"按钮页面显示出了当前页数和页面总数，如图20-18所示。

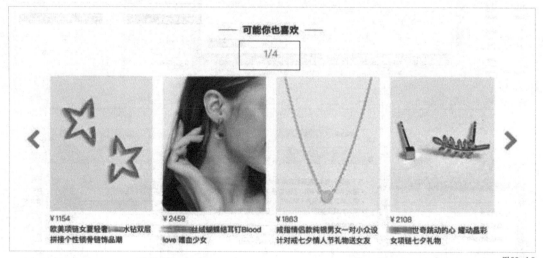

图20-18

第2节　添加商品翻页交互

　　在推荐模块中，单击左、右箭头和底部的数字，可以进行推荐内容的切换；在切换的同时，顶部的当前页数也会相应跟着变化。具体操作如图20-19所示。

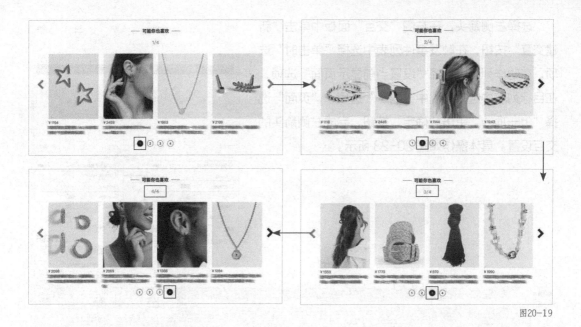

图20-19

知识点1 添加页面切换交互

在图标元件库中搜索"左"，将图标"臂章－左"拖到中继器左侧，将图标大小改为24像素 ×36 像素，填充颜色改为最近使用过的灰色，如图 20-20 所示。

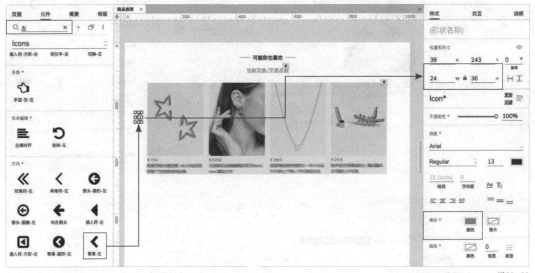

图20-20

在右侧"交互"面板中，首先添加鼠标悬停的样式，将填充颜色改为黑色。然后添加鼠标按下的样式，填充颜色改为灰色。具体操作如图 20-21 所示。

将图标"臂章－左"复制到右侧，在"样式"面板中将旋转参数设置为180 度，如图 20-22 所示。这样就完成了左右切换箭头的添加。

选择左侧箭头，在右侧"交互"面板中单击"新建交互"按钮，在触发事件列表中选择"单击时"选项，在动作列表中选择"设置当前显示页面"选项，在目标列表中选择"（中继器）"选项，"页面"选择"上一项"。单击"确定"按钮，完成左侧箭头的交互设置。具体操作如图 20-23 所示。

图 20-21

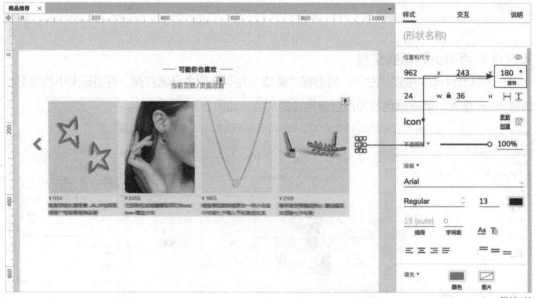

图 20-22

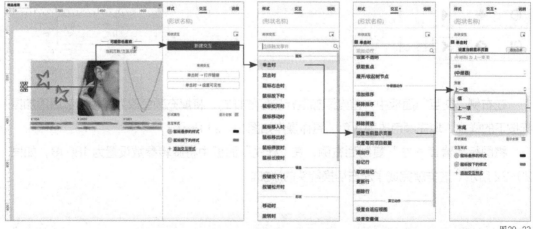

图 20-23

　　选择右侧箭头，在右侧"交互"面板中单击"新建交互"按钮，在触发事件列表中选择"单击时"选项，在动作列表中选择"设置当前显示页面"选项，在目标列表中选择"（中继器）"选项，"页面"选择"下一项"。单击"确定"按钮，完成右侧箭头的交互设置。具体操作如图 20-24 所示。

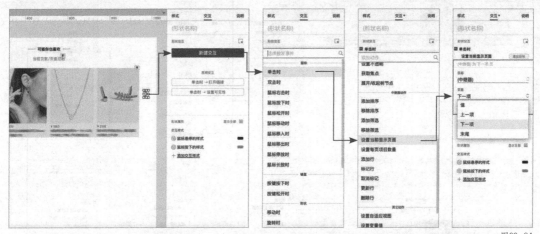

图20-24

　　单击"预览"按钮，单击左右箭头按钮即可切换推荐内容，如图 20-25 所示。

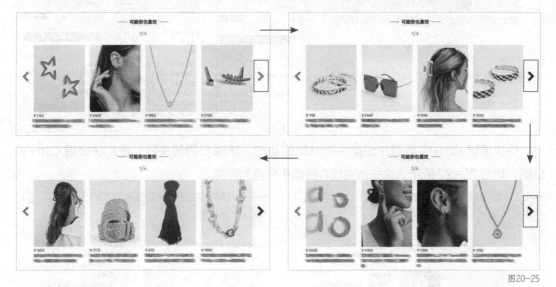

图20-25

知识点 2　完善交互情形

　　预览时会发现，虽然推荐内容可以切换，但是顶部的当前页数和页面总数并没有跟着发生改变，接下来需要完善此交互情形。

　　选择左侧箭头，在右侧"交互"面板中，单击"单击时"交互下方的"+"按钮添加新动作。选择触发事件列表最下方的"触发事件"选项，在目标列表中选择"当前页数/页面总数"选项。单击"添加事件"按钮，选择"载入时"选项。单击"确定"按钮，完成左侧箭头交互的添加。具体操作如图 20-26 所示。

图20-26

用快捷键 Ctrl+C 复制左侧箭头新添加的动作，选择右侧箭头后，使用快捷键 Ctrl+V 粘贴，如图 20-27 所示。这样就完成右侧箭头交互的添加。

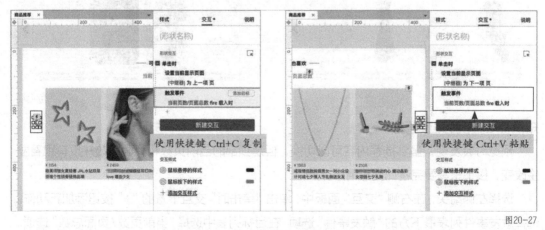

图20-27

单击"预览"按钮，在浏览器中，单击左箭头或右箭头按钮，顶部的页面数字会跟随改变，如图 20-28 所示。这样就完成了交互情形的完善。

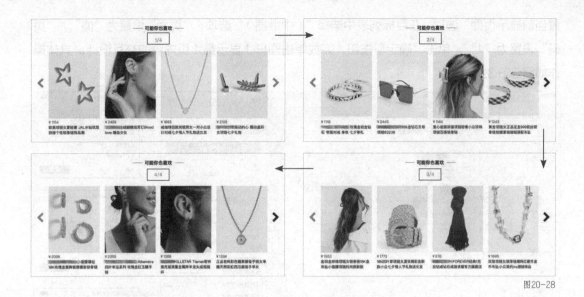

图20-28

知识点 3　添加数字翻页交互

接下来添加单击数字时，中继器根据单击的数字显示相关页面的交互。

从基本元件中拖入一个圆形，双击圆形添加数字"1"，将圆形的大小改为 25 像素 × 25 像素，文字大小改为 12 号，如图 20-29 所示。

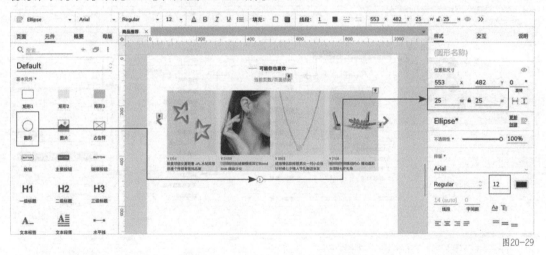

图20-29

选择圆形 1，首先在右侧"交互"面板中添加鼠标悬停的样式，将填充颜色改为 #ACACAC（灰色），文字颜色改为白色。然后添加鼠标按下的样式，填充颜色改为白色，文字颜色为黑色。最后添加元件选中的样式，填充颜色改为黑色，文字颜色为白色。这样就完成了圆形 1 交互样式的添加。具体操作如图 20-30 所示。

单击"新建交互"按钮，在触发事件列表中选择"单击时"选项，在动作列表中选择"设置选中"选项，在目标列表中选择"当前"选项，如图 20-31 所示。单击"确定"按钮，完成选中交互的添加。

单击右侧"交互"面板中"单击时"下方的"+"按钮，添加新的动作。在动作列表中选择"设置当前显示页面"选项,在目标列表中选择"(中继器)"选项,"页面"设置为"值","页码"设置为"1"。单击"确定"按钮,完成单击圆形1显示第1页内容的交互设计。具体操作如图20-32所示。

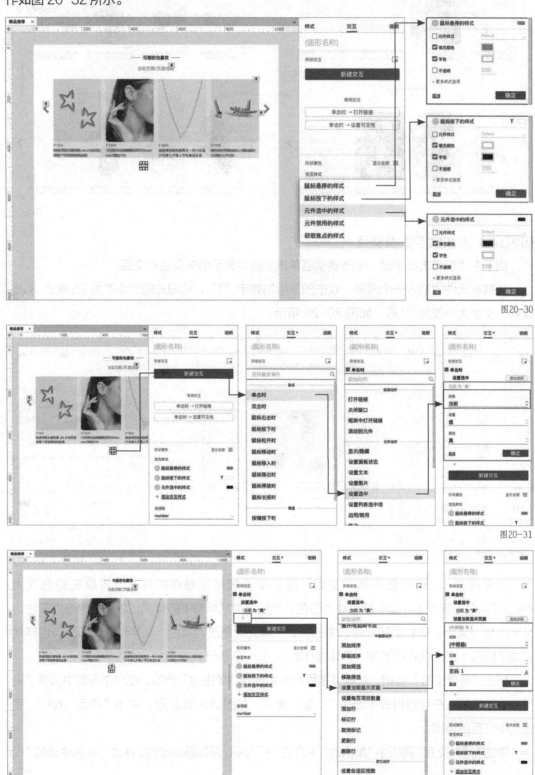

图20-30

图20-31

图20-32

复制 3 个圆形 1 到右侧，将复制出的圆形中的数字分别修改为"2""3""4"。全选 4 个圆形并使其水平分布，放到中继器下面居中位置。在右侧"交互"面板中，将"选项组"命名为"number"。具体操作如图 20-33 所示。

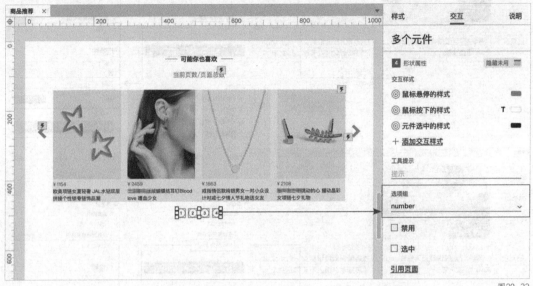

图20-33

选择圆形 2，单击"交互"面板中"设置当前显示页面"下方的链接，将页码改为"2"；选择圆形 3，单击"交互"面板中"设置当前显示页面"下方的链接，将页码改为"3"；选择圆形 4，单击"交互"面板中"设置当前显示页面"下方的链接，将页码改为"4"。这样就完成了圆形 2、3、4 的交互修改。具体操作如图 20-34 所示。

最后选择圆形 1，单击"形状属性"右侧的"显示全部"按钮，勾选"选中"复选框，如图 20-35 所示。这样就将圆形 1 设置为打开页面时默认选中的样式了。

单击"预览"按钮，在浏览器中，圆形 1 默认为选中状态，单击圆形 2、3、4 会切换到相关联的页面，如图 20-36 所示。

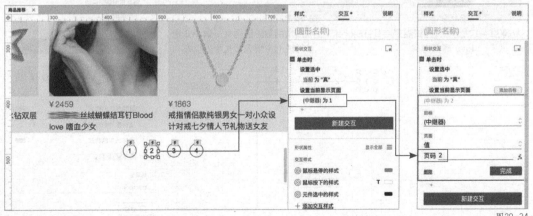

图20-34

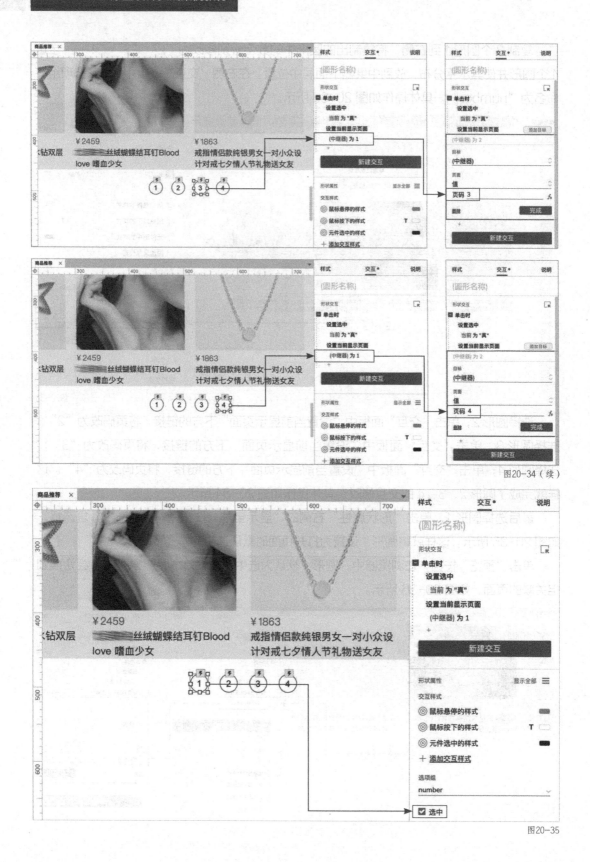

图20-34（续）

图20-35

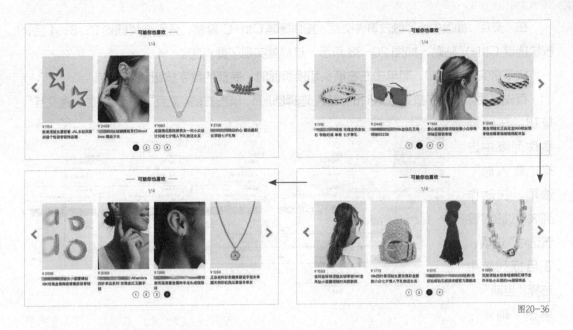

图20-36

知识点4　完善关联交互

　　预览时会发现，还有关联的交互要点需要逐一进行完善。

　　① 单击数字切换页面时，顶部的"当前页数 / 总页数"跟随改变。

　　② 单击左右箭头切换页面时，底部的数字按钮跟随改变。

　　同知识点 2 一样，想实现要点①，只需要添加载入时的触发动作。选择圆形 1，单击右

侧"单击时"下方的"+"按钮，在动作列表中选择"触发事件"选项，在目标列表中选择"当前页数 / 页面总数"选项。单击"添加事件"，在事件列表中选择"载入时"选项。单击"确定"按钮，完成新动作的添加。具体操作如图 20-37 所示。

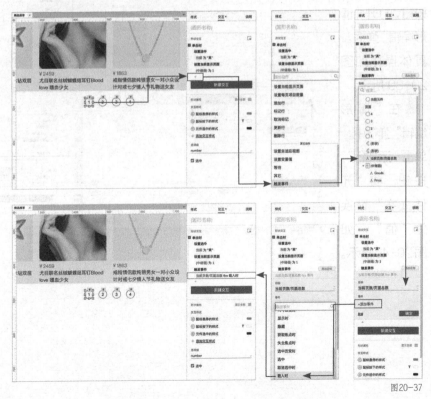

图20-37

在"交互"面板中选择触发事件交互，按快捷键 Ctrl+C 复制，分别选择圆形 2、3、4 后，按快捷键 Ctrl+V 粘贴，如图 20-38 所示。这样就实现了要点①。

接下来实现要点②，即单击左右箭头切换页面时，底部的数字按钮跟随改变。

首先需要添加数字按钮载入时的交互。选择圆形 1，单击右侧"交互"面板中的"新建交互"按钮，在触发事件列表中选择"载入时"选项，在动作列表中选择"设置选中"选项，在目标列表中选择"当前"。单击"确定"按钮后，将鼠标指针移动到"载入时"，单击右侧出现的"启用情形"按钮，打开"情形编辑"弹框。具体操作如图 20-39 所示。

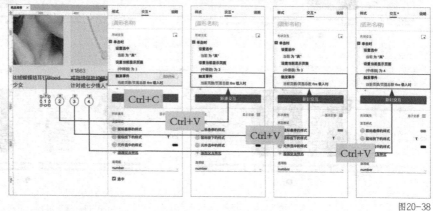

图20-38

在"情形编辑"弹框中，单击"添加行"按钮，将"元件文字"替换为"值"，如图 20-40 所示。

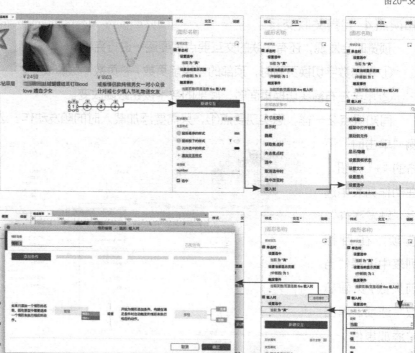

图20-39

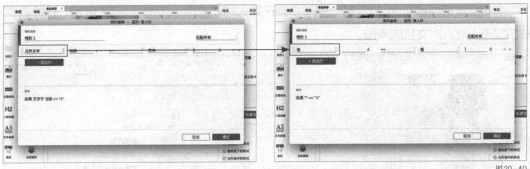

图20-40

　　单击第一个值关联项右侧的 *fx* 按钮，在弹框中单击"插入变量或函数"。首先选择"中继器 / 数据集"列表中的"pageIndex"将其插入文本框中。然后单击底部的"添加局部变量"，将局部变量名称改为"list"，"目标"改为"元件"，其关联项改为"（中继器）"。完成局部变量添加之后，上方文本框中的内容会自动更新为"[[list.pageIndex]]"。单击"确定"按钮，返回"情形编辑"弹框"值"右侧关联项也被替换为"[[list.pageIndex]]"。单击"确定"按钮，完成条件的添加。具体操作如图20-41所示。

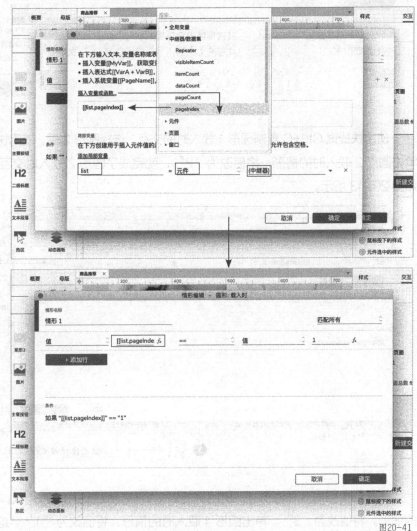

图20-41

当中继器的当前页为"1"时，圆形 1 会在载入时被选中，如图 20-42 所示。这样就完成了圆形 1 载入时交互的添加。

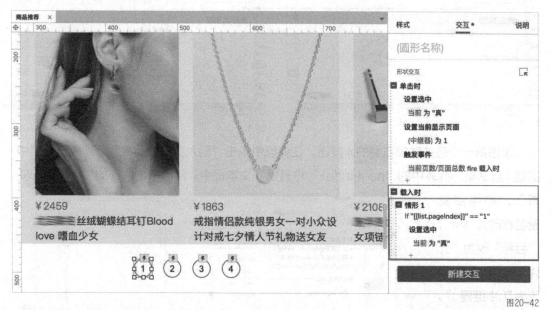

图20-42

使用快捷键 Ctrl+C 复制圆形 1 载入时的交互，选择圆形 2 后，使用快捷键 Ctrl+V 粘贴。单击圆形 2 载入时的情形，将值改为"2"，就完成了圆形 2 载入时交互的添加。具体操作如图 20-43 所示。

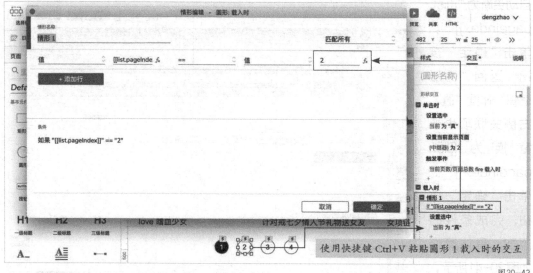

图20-43

同样选择圆形 3 和圆形 4，使用快捷键 Ctrl+V 粘贴载入时的交互。单击圆形 3 载入时的情形，将值改为"3"；单击圆形 4 载入时的情形，将值改为"4"。这样就完成了所有数字按钮载入时交互的添加。具体操作如图 20-44 所示。

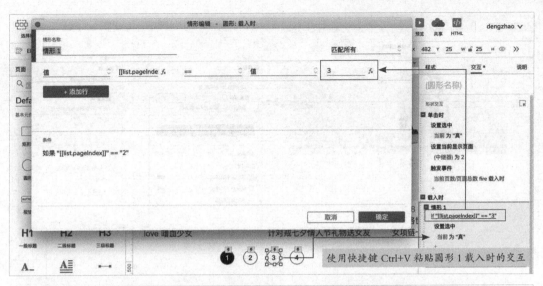

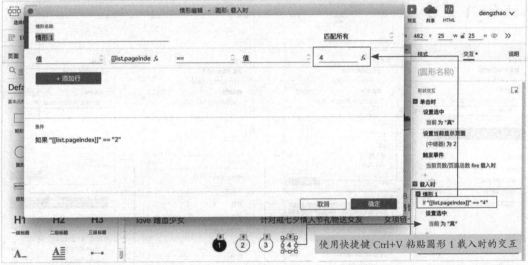

图 20-44

　　接下来需要添加左右箭头的触发交互。选择左箭头，在右侧"交互"面板中，将鼠标指针移动到"触发事件"，单击右侧出现的"添加目标"按钮，在目标列表中选择圆形 1。单击"添加事件"链接，在事件列表中选择"载入时"选项。单击"完成"按钮，这样就完成了单击箭头触发圆形 1 载入时交互的添加。具体操作如图 20-45 所示。

　　按同样的流程添加触发圆形 2 载入时的交互，将鼠标指针移动到"触发事件"，单击右侧出现的"添加目标"按钮，在目标列表中选择圆形 2。单击"添加事件"链接，在事件列表中选择"载入时"选项。单击"完成"按钮完成添加。具体操作如图 20-46 所示。

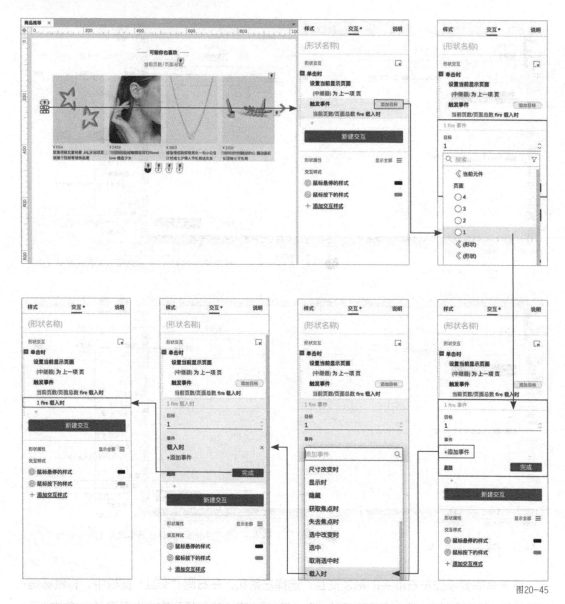

图20-45

按同样的流程添加触发圆形 3 载入时的交互，将鼠标指针移动到"触发事件"，单击右侧出现的"添加目标"按钮，在目标列表中选择圆形 3。单击"添加事件"链接，在事件列表中选择"载入时"选项。单击"确定"按钮完成添加。具体操作如图 20-47 所示。

按同样的流程添加触发圆形 4 载入时的交互，将鼠标指针移动到"触发事件"，单击右侧出现的"添加目标"按钮，在目标列表中选择圆形 4。单击"添加事件"链接，在事件列表中选择"载入时"选项。单击"确定"按钮完成添加。具体操作如图 20-48 所示。

最后，使用快捷键 Ctrl+C 复制左箭头触发事件的全部交互，选择右箭头后使用快捷键 Ctrl+V 粘贴，然后将右箭头重复的触发事件删除，如图 20-49 所示。这样就完成了全部关联交互的添加。

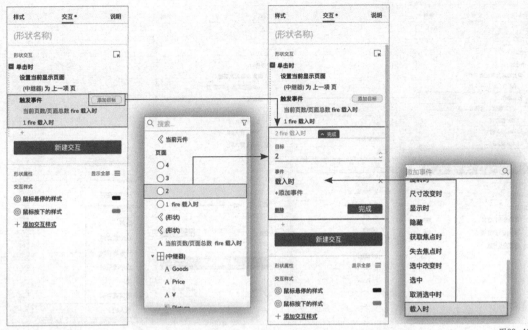

图20-46

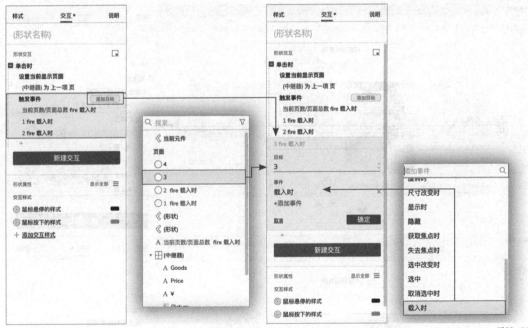

图20-47

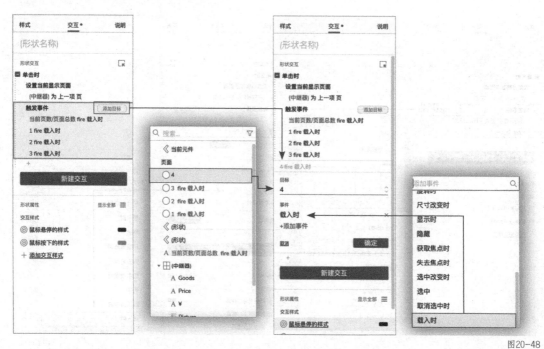

图20-48

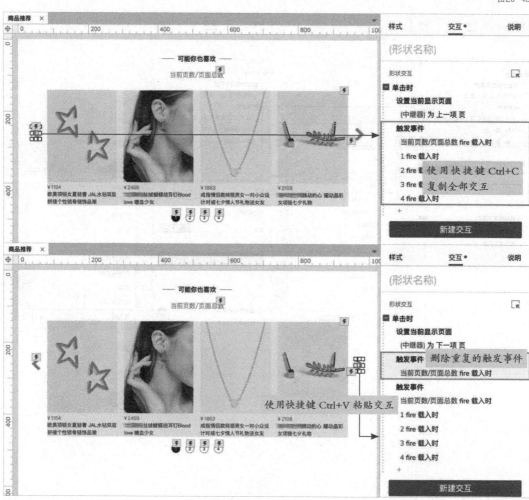

图20-49

　　单击"预览"按钮，在浏览器中单击左右箭头按钮翻页，中继器内容、顶部页数、底部数字按钮都会发生相应改变，如图 20-50 所示。

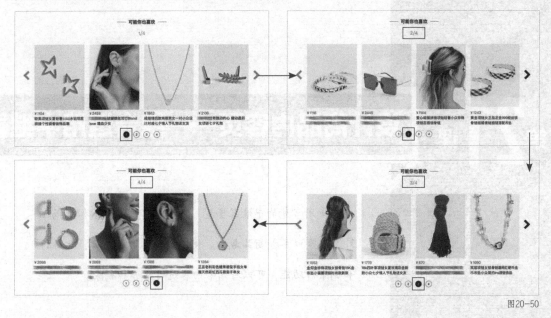

图20-50

本课练习题

操作题

　　1. 运用中继器，设计商品推荐区域的分页效果。

　　关键步骤：

　　（1）添加中继器数据；（2）添加当前页数和总页数。

　　2. 模拟课程案例，添加页面切换交互和数字翻页交互。

　　关键步骤：

　　（1）添加页面切换交互；（2）添加数字翻页交互；（3）完善关联交互。

第**21**课

设计商品内容页——综合运用中继器

使用常见的中继器变量，除了可以方便地添加页码之外，还可以添加商品数量。使用中继器的添加行、标记行和删除行功能，可以对列表内容进行添加和删除。

本课重点

- 添加商品推荐图标
- 设计商品内容页

第1节　添加商品推荐图标

　　使用中继器变量，除了可以添加当前显示的商品数和商品总数，还可以在指定商品上添加推荐图标，如图 21-1 所示。

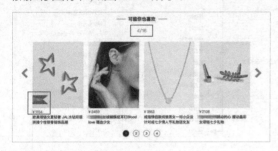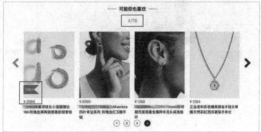

图21-1

知识点1　显示商品数量

　　删除"当前页数 / 页面总数"，从基本元件中拖入三级标题放到"可能你也喜欢"下方，修改文字为"当前商品数 / 商品总数"，将文字的颜色改为灰色，文本居中排列，如图 21-2 所示。

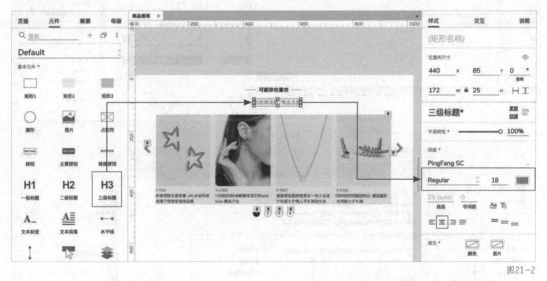

图21-2

　　在右侧"交互"面板中，单击"新建交互"按钮，在触发事件列表中选择"载入时"选项，在动作列表中选择"设置文本"选项，在目标列表中选择"当前商品数 / 商品总数"选项，单击"值"右侧的 *fx* 按钮，打开"编辑文本"弹框，如图 21-3 所示。

　　在中继器变量中，"visibleItemCount"即当前可见商品数，"itemCount"是商品总数。单击"插入变量或函数"，选择"visibleItemCount"替换"当前商品数"；再次单击"插入变量或函数"，选择"itemCount"替换"商品总数"。具体操作如图 21-4 所示。

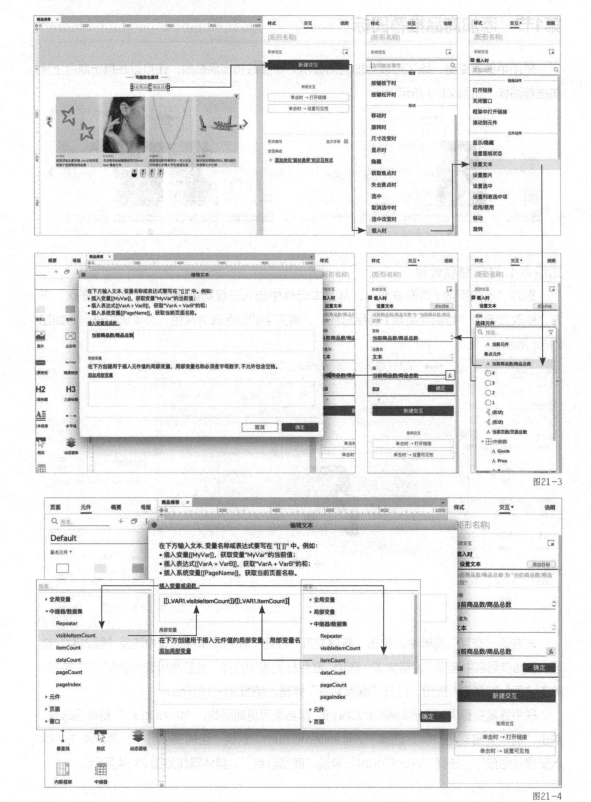

图21-3

图21-4

单击"编辑文本"弹框下方的"添加局部变量",修改局部变量名称为"list",将右侧的"元件文字"改为"元件","元件"关联项选为"(中继器)"。此时,单击上方文本框,框内的"LVAR1"会自动更新为"list"。单击"确定"按钮完成交互的添加。具体操作如图21-5所示。

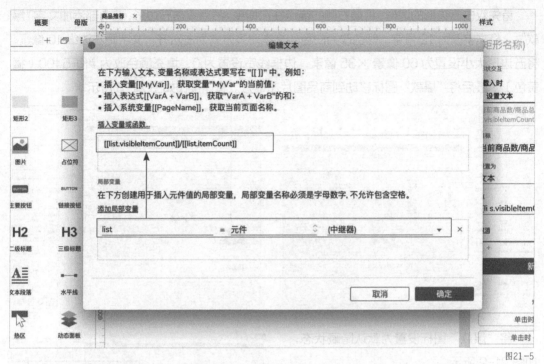

图21-5

单击"预览"按钮,页面中显示出了当前商品数和商品总数,如图21-6所示。

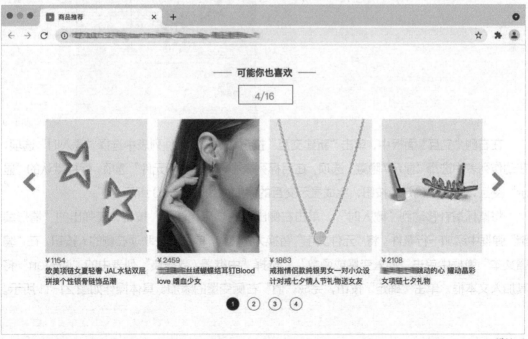

图21-6

知识点 2 识别偶数项

接下来增加推荐商品的"爆款"图标，并且让"爆款"图标只在商品的偶数项上显示。

双击中继器进入编辑界面，单击顶部"插入"按钮，在列表中选择"形状"选项，在形状中选项五边形。在编辑界面拖动鼠标指针，画出一个五边形。具体操作如图 21-7 所示。

首先双击五边形的边框，将最右侧的锚点往左拖曳。然后双击五边形，在内部添加文字"爆款"，将文字改为 12 号字，颜色改为白色，文本对齐方式为左对齐，文字距左边缘 10 像素。将五边形大小设置为 60 像素 ×35 像素，边框线宽设置为 0，填充颜色改为 #FF5400（橘黄色）。最后将"爆款"图标移动到商品图片左下方。具体操作如图 21-8 所示。

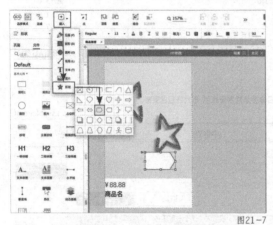

图 21-7   图 21-8

将"爆款"图标设置为默认隐藏状态，如图 21-9 所示。

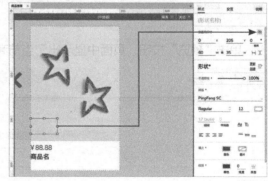

图 21-9

在右侧"交互"面板中，单击"新建交互"按钮，在触发事件列表中选择"载入时"选项，在动作列表中选择"显示/隐藏"选项，在目标列表中选择"当前元件"选项，保持默认的"显示"交互，单击"确定"按钮，完成显示交互的添加，如图 21-10 所示。

将鼠标指针移动到"载入时"，单击右侧出现的"启用情形"按钮，在弹出的"情形编辑"弹框中添加一行条件。将"元件文字"替换为"值"，单击值关联项右侧的 fx 按钮，在"编辑文本"弹框中单击"插入变量或函数"，选择"中继器/数据集"列表中的"isEven"将其加入文本框。单击"确定"按钮，完成"值"右侧变量的添加。具体操作如图 21-11 所示。

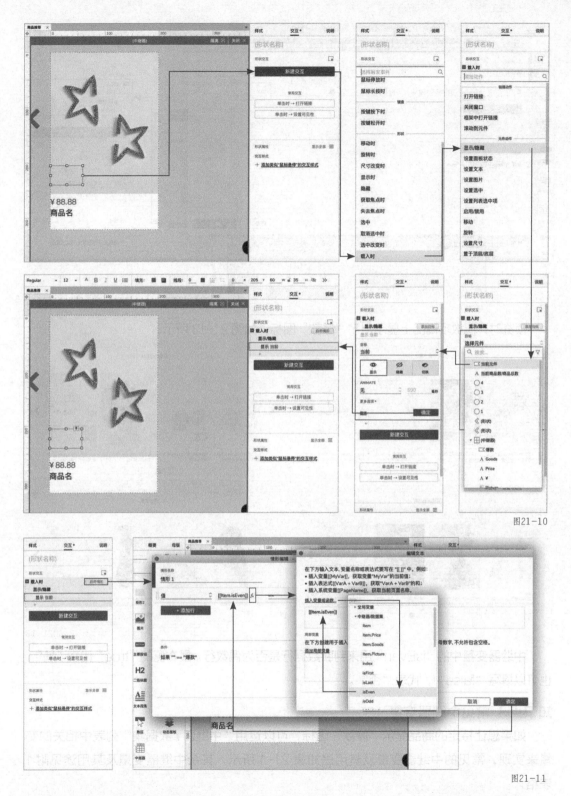

图21-10

图21-11

在"情形编辑"弹框最右侧的文本框中输入文字"true"替换之前的文字"爆款"，单击"确定"按钮，完成载入时交互的添加，如图 21-12 所示。

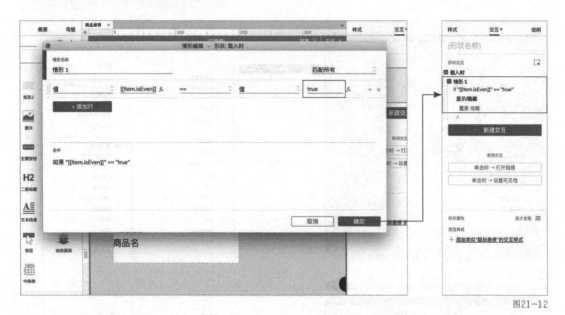

图21-12

预览时，偶数项商品上显示出了"爆款"图标，如图21-13所示。

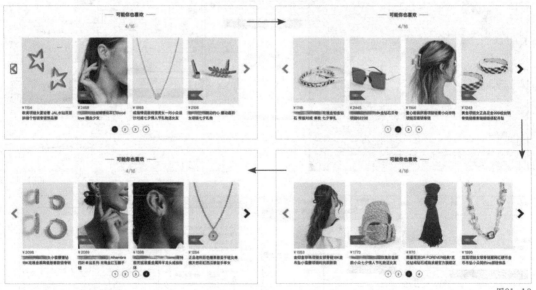

图21-13

中继器变量中的"isEven"用来判断数据行是否为偶数行。最右侧的"true"代表"是"，也可以填写"false"，代表"否"。

知识点3 常见中继器变量

如果想让特定的商品显示"爆款"图标，可以运用"中继器/数据集"列表中相关的变量来实现，常见的中继器变量及其用途如表21-1所示，其余中继器变量及其用途见附1表格。

表 21-1

变量	用途
index	获取数据行索引编号。起始编号为 1，由上至下每行递增 1
isFirst	判断数据行是否为第 1 行。如果是，返回值为"True"，否则为"False"
isLast	判断数据行是否为最末行。如果是，返回值为"True"，否则为"False"
isEven	判断数据行是否为偶数行。如果是，返回值为"True"，否则为"False"
isOdd	判断数据行是否为奇数行。如果是，返回值为"True"，否则为"False"

其中"index"代表数据的索引编号，起始编号为 1，由上至下每行递增 1。例如，单击情形 1 下方的条件链接，打开"情形编辑"弹框。单击"[[item.isEven]]"右侧的 fx 按钮，在弹出的"编辑文本"弹框中，单击"插入变量或函数"，选择"中继器 / 数据集"列表中的"index"将其放入文本框中，删除之前的"[[item.isEven]]"。单击"确定"按钮，这样就将"[[item.isEven]]"替换为了"[[item.index]]"。具体操作如图 21-14 所示。

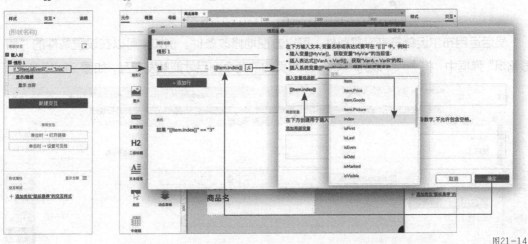

图21-14

在第二个"值"右侧的关联项中填入数字"3"，替换之前的"true"，如图 21-15 所示。单击"确定"按钮，这样就完成了条件的更改，即

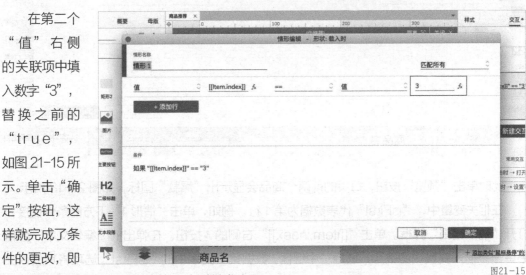

图21-15

更改为当商品是每行数据的第 3 个时触发交互。

预览时，每页的第 3 个商品会显示出"爆款"图标，如图 21-16 所示。

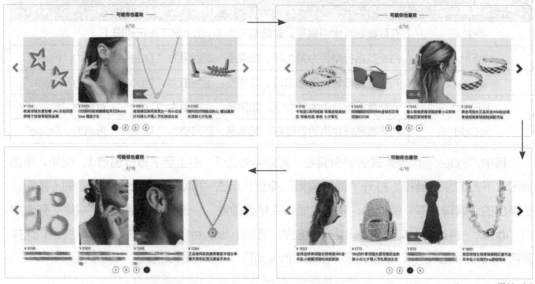

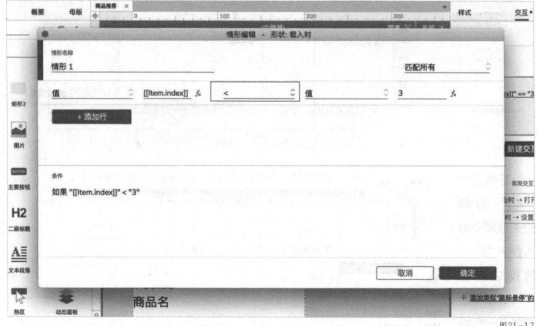

图21-16

灵活运用布尔运算符来设置条件，可以方便地修改条件。例如，可以在设置条件的"情形编辑"弹框中，将"=="改为"<"，即每页的前两个商品才能触发交互，如图 21-17 所示。

图21-17

此时单击"预览"按钮，每页的前两个商品会显示出"爆款"图标，如图 21-18 所示。

在相关变量中，"isFirst"代表数据为第 1 行。例如，单击"情形 1"下方的条件链接，打开"情形编辑"弹框。单击"[[item.index]]"右侧的 *fx* 按钮。在弹出的"编辑文本"弹框中单击"插入变量或函数"，选择"中继器 / 数据集"列表中的"isFirst"选项将其放入文本框中，删除之前的"[[item.index]]"。单击"确定"按钮，这样就将"[[item.index]]"替换为了"[[item.isFirst]]"。具体操作如图 21-19 所示。

将"<"改回"==",然后在第 2 个值右侧的关联项中填入"true",替换之前的"3",单击"确定"按钮,这样就完成了条件的更改,如图 21-20 所示。此时条件的含义为当商品为每行数据的第 1 个时触发交互。

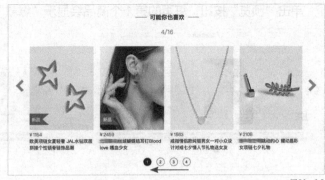

图21-18

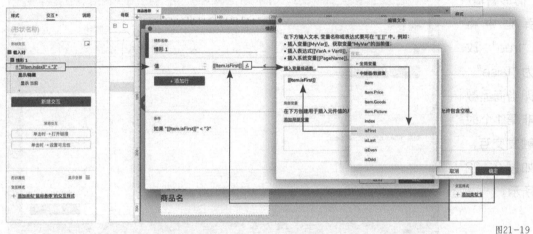

图21-19

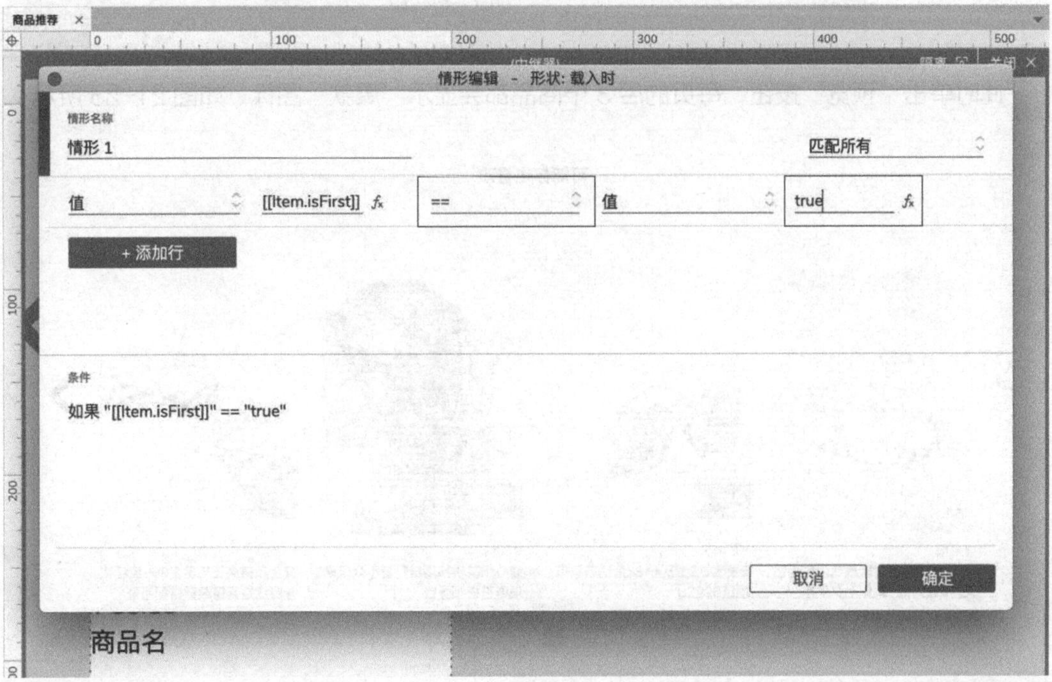

图21-20

单击"预览"按钮，每页的第 1 个商品会显示"爆款"图标，如图 21-21 所示。

图21-21

可以在"情形编辑"弹框中将"true"改为"false"，即当商品数非第 1 个时触发交互，如图 21-22 所示。

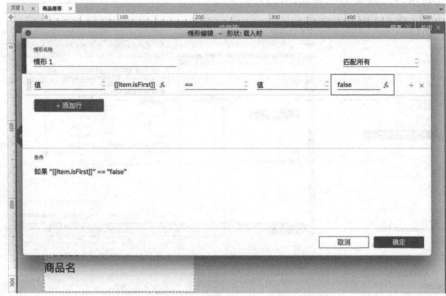

图21-22

此时单击"预览"按钮，每页的后 3 个商品都会显示"爆款"图标，如图 21-23 所示。

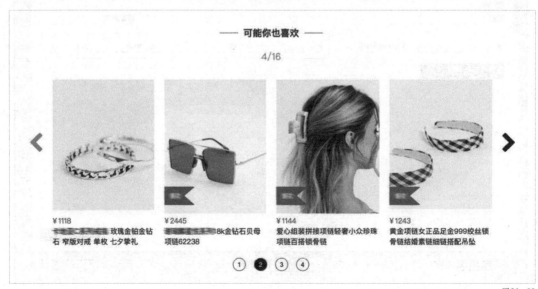

图21-23

在相关变量中，"isOdd"代表奇数行。例如，单击"情形1"下方的条件链接，打开"情形编辑"弹框。单击"[[item.isFirst]]"右侧的 f_x 按钮。在弹出的"编辑文本"弹框中，单击"插入变量或函数"，选择"中继器/数据集"列表中的"isOdd"将其放入文本框中，删除之前的"[[item.isFirst]]"。单击"确定"按钮，这样就将"[[item. isFirst]]"替换为了"[[item. isOdd]]"。具体操作如图21-24所示。

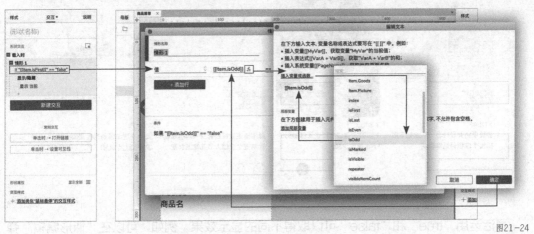

图21-24

在第2个值右侧的关联项中填入"true"，替换之前的"false"，单击"确定"按钮，这样就完成了条件的更改，如图21-25所示。此时条件的含义为当商品数为奇数时触发交互。

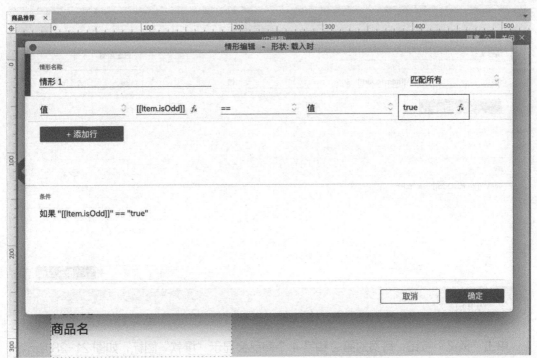

图21-25

单击"预览"按钮，每页的第1个和第3个商品会显示"新品"图标，如图21-26所示。

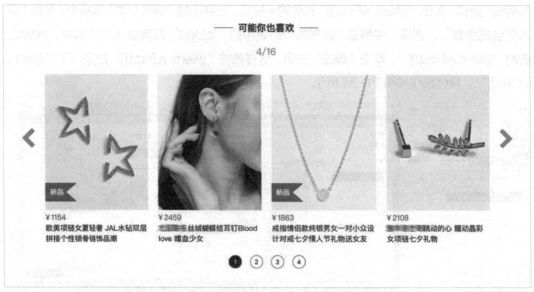

图21-26

灵活运用"true"和"false"可以取得不同的显示效果。例如，可以在"情形编辑"弹框中将"true"改回"false"，即当商品数非奇数时触发交互，如图21-27所示。

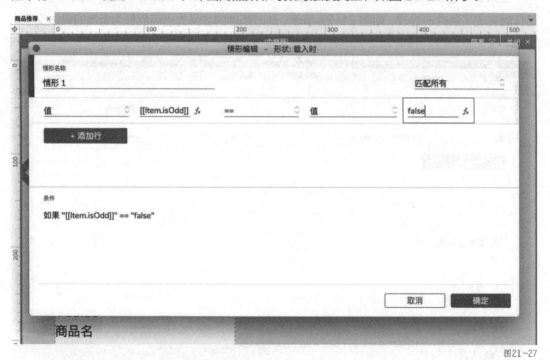

图21-27

单击"预览"按钮，每页的第2和第4个商品会显示"爆款"图标，如图21-28所示。

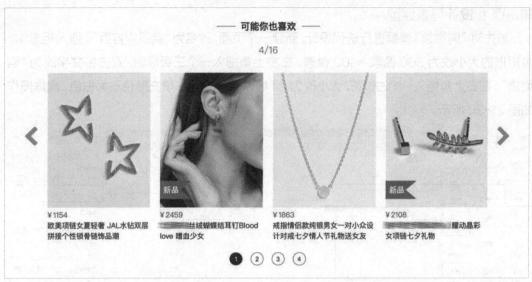

图21-28

第2节　设计商品内容页

　　使用中继器的添加行、标记行和删除行功能，可以对页面中的列表项进行删除和添加，如图 21-29 所示。

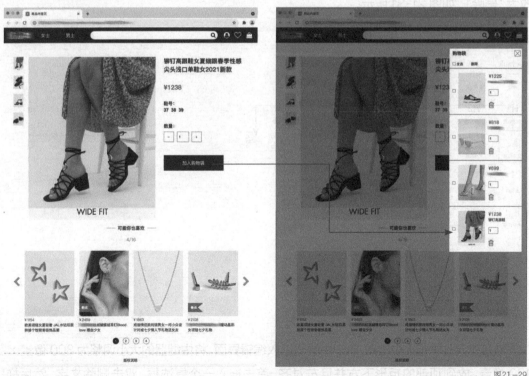

图21-29

知识点 1　设计列表原型

　　首先对"购物袋"弹框进行迭代设计。新建一个页面，改名为"商品内容页"。拖入矩形 1，将矩形的大小改为 300 像素 ×100 像素。在左上角拖入一个三级标题，双击将文字改为"购物袋"。在右上角拖入一个占位符，大小改为 24 像素 ×24 像素，填充颜色改为白色。具体操作如图 21-30 所示。

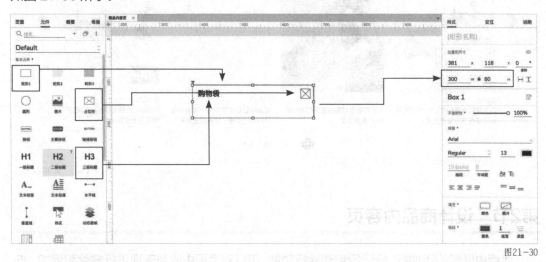

图21-30

　　拖入一个复选框，双击修改文字为"全选"；在其右侧拖入一个文本标签，双击并将文字修改为"删除"，如图 21-31 所示。

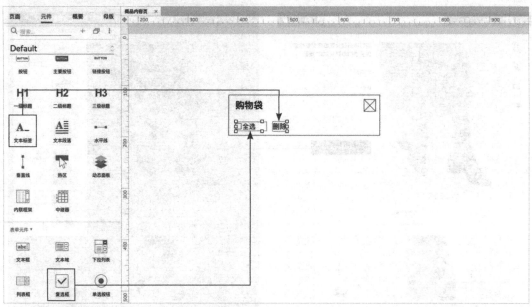

图21-31

　　从基本元件中拖入中继器，双击中继器进入编辑界面。将中继器的大小调整为 300 像素 ×180 像素，放到顶部的矩形下方并且左对齐。首先拖入一个复选框，双击删除文字，然后拖入一张图片放在复选框右侧，双击图片，用课程素材中的"left.png"替换，将图片的大小改为 110 像素 ×138 像素。在右侧拖入一个三级标题，双击将文字改为"¥1225"，颜色改

为 #FF5400（橘黄色）。接下来在三级标题下方放置一个文本标签，文字改为"Newike 2021 新款"。在文本标签下方放置一个文本框，把宽度调整为 40 像素，将文本框的属性改为数字，提示文本输入数字"1"。具体操作如图 21-32 所示。

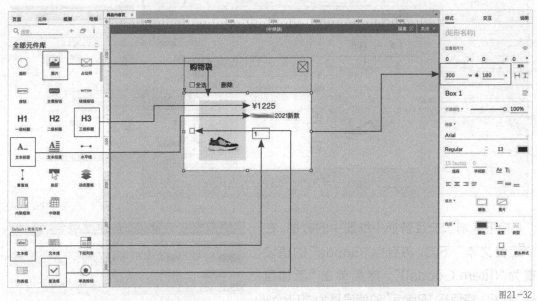

图 21-32

在图标元件库中搜索"垃圾桶"，将"垃圾桶 - 空"图标拖到图片右下方。将图标的大小改为 22 像素 ×24 像素，填充颜色改为 #797979（灰色）。具体操作如图 21-33 所示。

图 21-33

接下来对元件分别进行命名，将图片命名为"Picture"，"¥1225"命名为"Price"，"Newike 2021 新款"命名为"Goods"，如图 21-34 所示。

单击右上角"关闭"按钮，退出编辑界面。在右侧的"样式"面板中，将数据第 1 列命名为"Goods"，第 2 列命名为"Price"，第 3 列命名为"Picture"。在第 1 列中直接输入 3 行名字"Newike 2021 新款""古森眼镜""Baili 高跟鞋"。在第 2 列直接输入 3 行价格"¥1225""¥818""¥699"。在第 3 列下方 3 行分别单击鼠标右键并执行"导入图片"命令，分别导入课程素材中的"left.png""right.png""商品 2.png"。这样就完成了商品数据的添加。具体操作如图 21-35 所示。

图21-34

接下来增加交互替换中继器中的数据。在"设置文本"下方，将目标"Goods"的值设置为"[[item.Goods]]"，然后单击"添加目标"按钮，将目标"Price"的值设置为"[[item.Price]]"，如图21-36所示。

Goods	Price	Picture	添加列
	¥1225	left.png	
	¥818	right.png	
	¥699	商品2.png	
添加行			

图21-35

单击"+"按钮添加新动作，在动作列表中选择"设置图片"选项，将目标"Picture"的值设置为"[[item.Picture]]"，如图21-37所示。这样就完成了图片的替换。

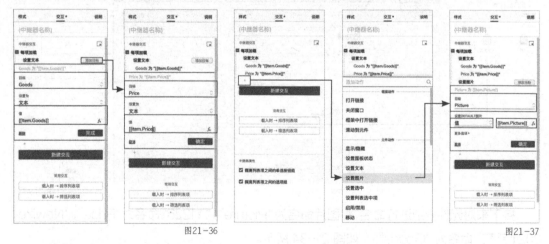

图21-36　　　　　　　　　　　　　　　　　　　　图21-37

替换完数据，就完成了列表原型的设计，如图21-38所示。

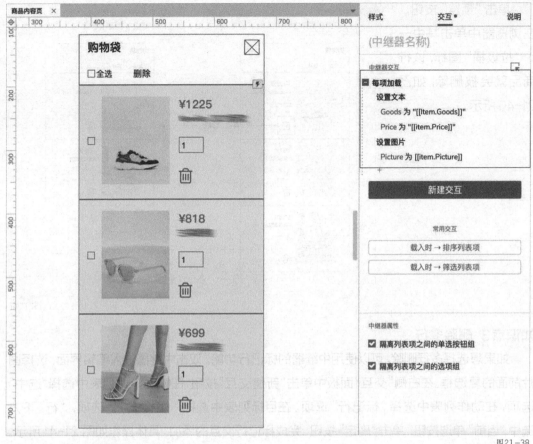

图21-38

知识点2　删除当前行

双击中继器进入编辑界面，选择"垃圾桶"图标。在右侧"交互"面板中单击"新建交互"按钮，在触发事件列表中选择"单击时"选项，在动作列表中选择"删除行"选项，在目标列表在中选择"（中继器）"选项，"行"下方选中"当前"单选按钮。单击"确定"按钮，完成交互的添加。具体操作如图 21-39 所示。

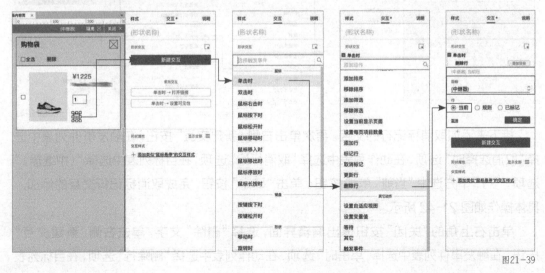

图21-39

单击"预览"按钮,在浏览器中单击其中一个"垃圾桶"图标,该行商品就会被删除,如图21-40所示。

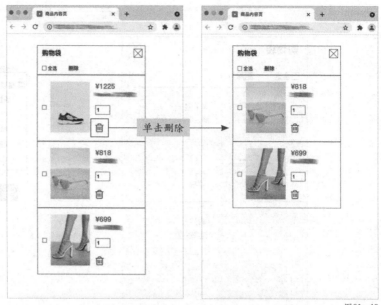

图21-40

知识点3 删除多行

如果想选择多行删除,可以使用中继器的标记行功能。双击中继器进入编辑界面,选择图片前面的复选框。在右侧"交互"面板中单击"新建交互"按钮,在触发事件列表中选择"选中"选项,在动作列表中选择"标记行"选项。在目标列表中选择"(中继器)"选项,"行"下方选中"当前"单选按钮。单击"确定"按钮,完成标记行交互的添加。具体操作如图21-41所示。

图21-41

接下来添加取消标记行的交互。再次单击右侧"新建交互"按钮,在触发事件列表中选择"取消选择时"选项,在动作列表中选择"取消标记"选项,在目标列表中选择"(中继器)"选项,"行"下方选中"当前"单选按钮。单击"确定"按钮,完成取消标记行交互的添加。具体操作如图21-42所示。

单击右上角的"关闭"按钮退出编辑界面,选择"删除"文字。单击右侧"新建交互"按钮,在触发事件列表中选择"单击时"选项,在动作列表中选择"删除行"选项,在目标列表中选择"（中继器）"，"行"下方选中"已标记"单选按钮。单击"确定"按钮，完成标记行交互的添加。具体操作如图 21-43 所示。

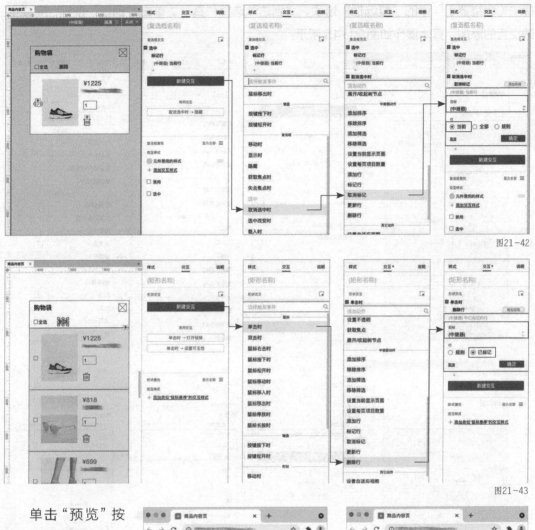

图21-42

图21-43

单击"预览"按钮，选择列表中的项目后单击"删除"按钮，可以删除选中项目，如图 21-44 所示。

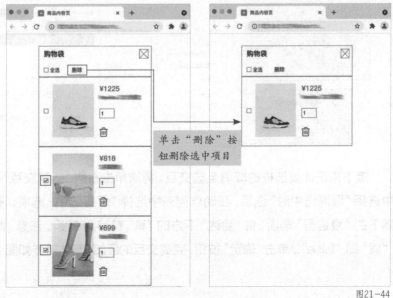

图21-44

接下来设计复选框的全选交互。选择"全选"复选框，单击右侧"新建交互"按钮，在触发事件列表中选择"选中"选项，在动作列表中选择"设置选中"选项，在目标列表中选择"（中继器）"中的"复选框"选项，"到达"选择"真"。单击"确定"按钮，完成全选交互的添加。具体操作如图 21-45 所示。

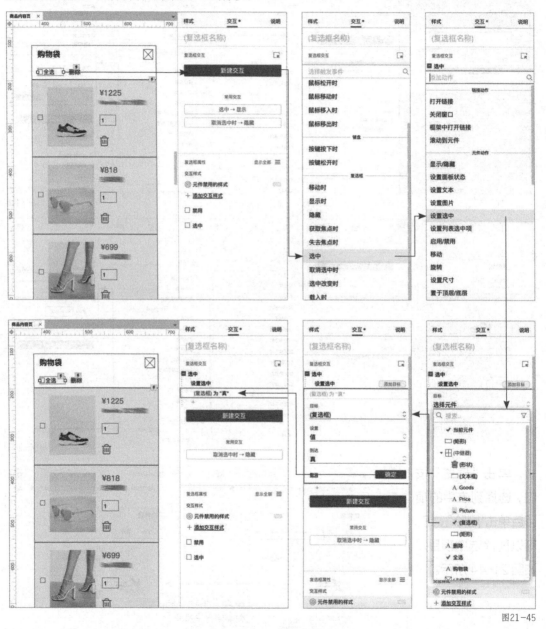

图21-45

接下来设计复选框的取消全选交互。再次单击右侧"新建交互"按钮，在触发事件列表中选择"取消选中时"选项，在动作列表中选择"设置选中"选项，在目标列表中选择中继器下的"复选框"选项，将"到达"下方的"真"替换为"假"。注意，此处的"真"即"true"，"假"即"false"。单击"确定"按钮，完成交互的添加。具体操作如图 21-46 所示。

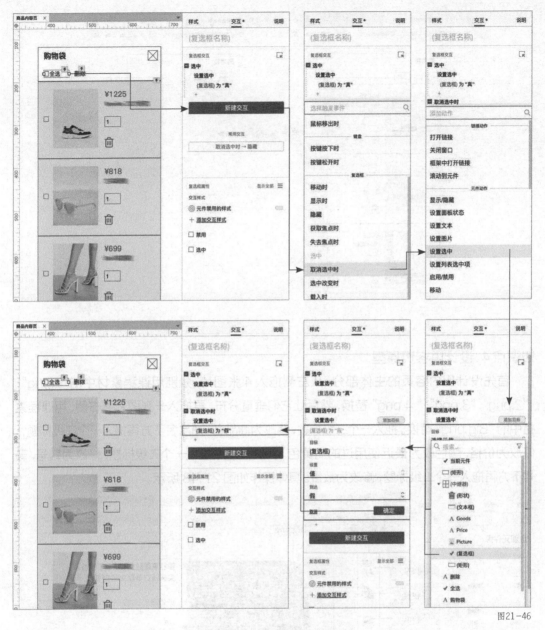

图21-46

预览时，勾选"全选"复选框选中列表中的所有项目之后，单击"删除"即可删除列表中的所有项目，如图 21-47 所示。

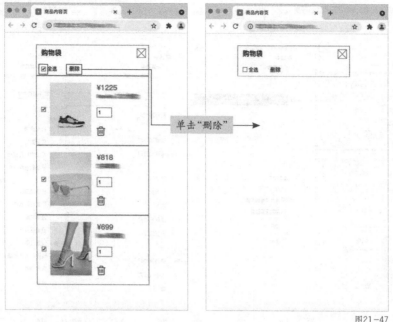

图21-47

知识点4 设计内容页原型

首先设计出内容页的主体部分。从左侧拖入4张图片，分别用课程素材中的"1.png""2.png""3.png"" 4.png"替换，然后让它们垂直分布。再拖入一张图片到右侧，用课程素材中的"Big.png"替换。拖入一个二级标题，修改为商品名。商品名下方再拖入一个二级标题，修改为价格，颜色改为最近使用过的橘黄色。在价格下方拖入一个二级标题，修改为鞋号，鞋号下方再拖入一个二级标题，修改为数量。具体操作如图21-48所示。

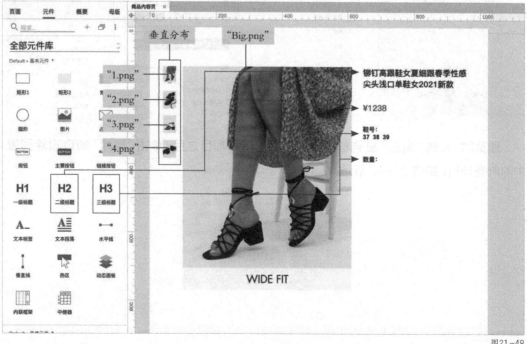

图21-48

在"数量"下方拖入两个按钮，双击并将文字修改为"-"和"+"。在按钮中间拖入一个文本框，双击文本框添加数字"1"。在"数量"增减按钮下方拖入一个主要按钮，大小修改为240 像素 ×60 像素，双击并将文字修改为"加入购物袋"，颜色修改为黑色，圆角半径设置为 0。这样就完成了主体内容区的设计。具体操作如图 21-49 所示。

图21-49

接下来对页面内容进行完善。将第 15 课设计好的顶部导航母版放置于页面顶部，将版权说明放到页面底部，并将本课第 1 节设计好的商品推荐内容复制到页面下方，如图 21-50 所示。

图21-50

按快捷键 Ctrl+C 复制设计好的购物袋列表。双击进入顶部导航母版，然后再次双击购物袋进入动态面板编辑模式，先删除之前的购物袋列表，然后按快捷键 Ctrl+V 将新设计的购物袋列表粘贴进来，如图 21-51 所示。

图21-51

单击右上角的"关闭"按钮，单击右侧"新建交互"按钮，在触发事件列表中选择"单击时"选项，在动作列表中选择"显示 / 隐藏"选项，在目标列表中选择"（动态面板）"选项，交互方式修改为"隐藏"。单击"确定"按钮，完成关闭交互的添加。具体操作如图21-52 所示。

图21-52

这样我们就完成了商品内容页的原型设计，预览效果如图 21-53 所示。

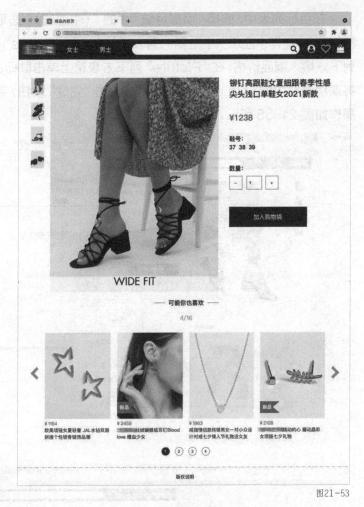

图21-53

知识点 5　添加行案例

选择页面上的"加入购物袋"按钮，单击右侧"交互"面板中的 "新建交互"按钮，在触发事件列表中选择"单击时"选项，在动作列表中选择"添加行"选项，如图 21-54 所示。

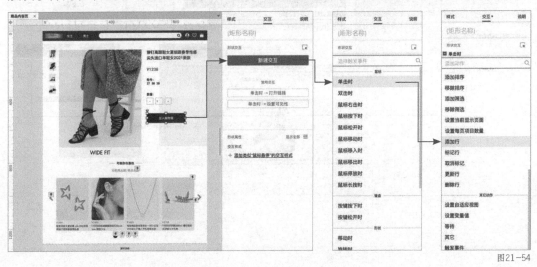

图21-54

在目标列表中，选择"顶部导航"中的"（中继器）"选项。单击"目标"下方的"添加行"按钮，弹框中显示了中继器的列表相关项。在"Goods"列下方填入商品名，"Price"列下方填入商品价格，在"Picture"列下方表格上单击鼠标右键，执行"导入图片"命令，将课程素材中的"big.png"导入表格。单击"完成"按钮，完成添加行交互的添加。具体操作如图 21-55 所示。

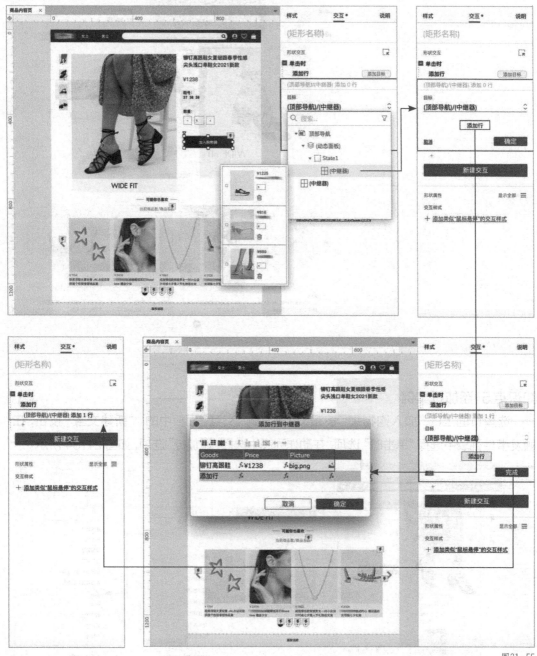

图 21-55

单击"单击时"下方的"+"按钮，在动作列表中选择"显示 / 隐藏"选项，在目标列表中选择"顶部导航"中的"（动态面板）"选项。保持默认"显示"交互，单击"更多选项"下拉按钮，勾选"置于顶层"复选框，选择"灯箱效果"选项。单击"完成"按钮，这样就完成了显示交互的添加。具体操作如图 21-56 所示。

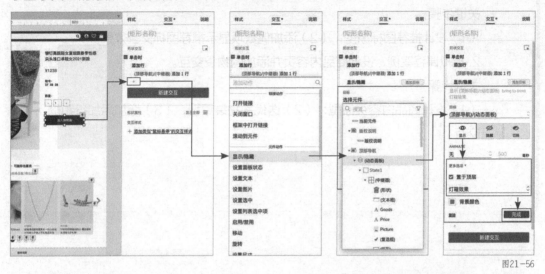

图21-56

预览时，在浏览器中单击"加入购物袋"按钮，顶部购物袋列表显示出来，列表中添加一行新的内容，如图 21-57 所示。

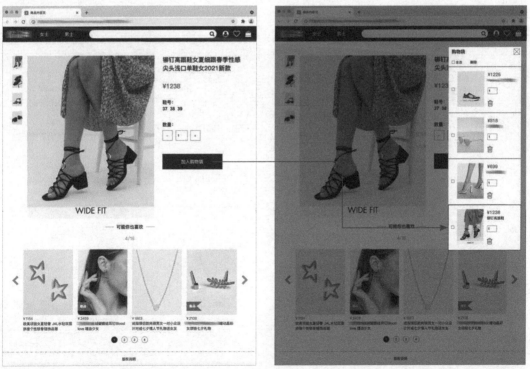

图21-57

本课练习题

操作题

1.运用中继器偶数项商品添加推荐图标。

关键步骤：

（1）设计推荐图标原型；（2）添加偶数项显示推荐图标交互效果。

2.模拟课程案例，设计商品内容页并添加购物袋交互。

关键步骤：

（1）设计商品内容页原型；（2）迭代购物袋原型；（3）增加添加行和删除行交互。

Azure 内包含了中继器、元件、窗口、字符串、日期、指针、数学等丰富的变量和函数，使用它们可以设计出复杂的案例效果，丰富原型中的交互设计。

本课重点

- 放大图片——元件变量
- 切换商品图片——元件变量
- 手机浮标贴边——元件变量
- 导航栏跟随页面——窗口变量
- 搜索关键字——字符串变量与函数
- 限定文字长度——字符串变量与函数
- 添加当前时间——日期变量与函数
- 动态时钟——日期变量与函数
- 单击元件位移——指针变量
- 获取随机验证码——数学函数

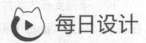
每日设计

第1节　放大图片——元件变量

使用元件变量中的 "top" "left" "right" "bottom" "x" "y" （元件变量的具体用途见附2表格），可以设计出图片放大的效果：当鼠标指针移动到图片上时，右侧会出现放大的商品细节；拖动放大滑块，右侧商品细节会跟随变化；当鼠标指针移出图片，放大效果消失。具体效果如图22-1所示。

图22-1

知识点1　设计原型

打开第21课第2节设计好的商品内容页，将大图的尺寸改为450像素×575像素，如图22-2所示。

图22-2

接下来需要在大图片上添加一个拖动滑块。拖入矩形1，大小改为150像素×192像素。在右侧"样式"面板中将矩形的填充颜色改为#169BD5（蓝色），将蓝色的不透明度改为10%，把边框的颜色改为色号#F2F2F2（灰色）。具体操作如图22-3所示。

图22-3

选择矩形，单击鼠标右键，在右键菜单中执行"转换为动态面板"命令，选择图片并把大图命名为"Shoe"，如图 22-4 所示。

图22-4

知识点 2　添加拖动交互

由于矩形需要在图片的内部移动，但不能超出图片上下左右的边框，所以接下来需要设定拖动坐标。

首先选择矩形，在右侧"交互"面板中单击"新建交互"按钮，在触发事件列表中选择"拖动时"选项，在动作列表中选择"移动"选项，在目标列表中选择"当前"选项，如图22-5 所示。

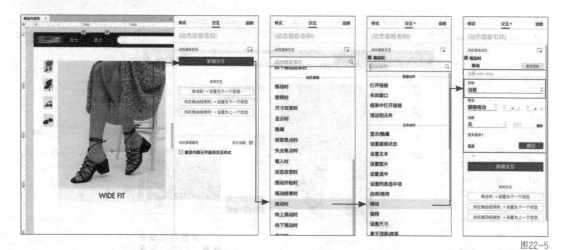

图 22-5

接下来单击"更多选项"按钮,然后单击"添加界限"。添加顶部、底部、左侧及右侧的边界,如图 22-6 所示。

顶部边界选择">=(大于等于)",单击右侧的 f_x 按钮,在弹框中删除数字"0"。单击"插入变量或函数",单击"元件"打开列表,选择列表中的"top"选项。文本框中直接出现"[[This.top]]"。具体操作如图 22-7 所示。

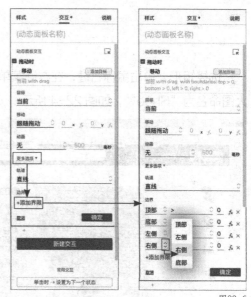

图 22-6

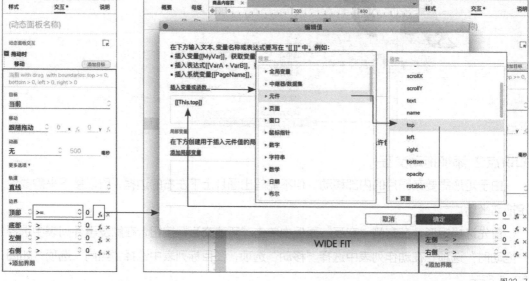

图 22-7

"This"代表当前元件，由于顶部应该为大图的顶部，所以需要用大图元件替换"This"。单击"编辑值"弹框下方的"添加局部变量"，修改名称为"Shoe"，将右侧的"元件文字"改为"元件"，并将其关联项设为"Shoe"，将文本框中的"This"改为"Shoe"，"[[Shoe.top]]"即大图的顶部。单击"确定"按钮，完成顶部坐标的添加。具体操作如图 22-8 所示。

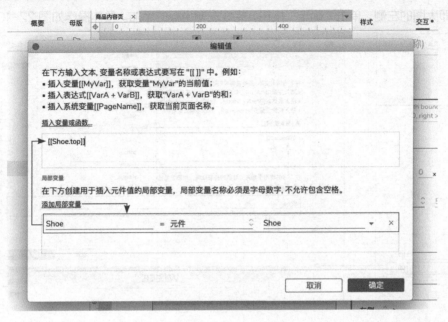

图 22-8

接下来添加底部边界。底部边界选择"<=（小于等于）"，单击右侧的 f_x 按钮，在弹框中删除之前的数字"0"。单击"插入变量或函数"，选择"元件"列表中的"bottom"选项。文本框中直接出现"[[This.bottom]]"。单击下方"添加局部变量"，修改名称为"Shoe"，将右侧的"元件文字"改为"元件"，并将其关联项设为"Shoe"，将文本框中的"This"改为"Shoe"，"[[Shoe.bottom]]"即大图的底部。单击"确定"按钮，完成底部坐标的添加。具体操作如图 22-9 所示。

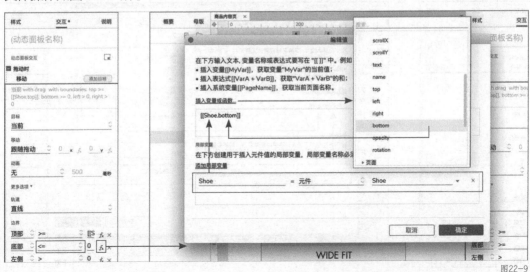

图 22-9

接下来添加左侧边界。左侧边界选择">=(大于等于)"，单击右侧的 f_x 按钮，在弹框中删除之前的数字"0"。单击"插入变量或函数"，选择"元件"列表中的"left"选项。文本框中直接出现 [[This.left]]。单击下方"添加局部变量"，修改名称为"Shoe"，将"元件文字"改为"元件"，并将其关联项设为"Shoe"，将文本框中的"This"改为"Shoe"，"[[Shoe.left]]"即大图的左侧。单击"确定"按钮，完成左侧坐标的添加。具体操作如图 22-10 所示。

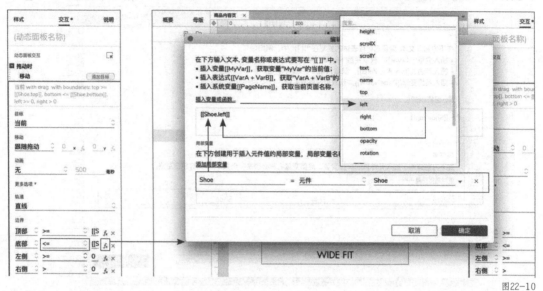

图22-10

接下来添加右侧边界。右侧边界选择"<=(小于等于)"，单击右侧的 f_x 按钮，在弹框中删除数字"0"。单击"插入变量或函数"，选择"元件"列表中的"right"选项。文本框中直接出现 [[This.right]]。单击下方"添加局部变量"，修改名称为"Shoe"，将"元件文字"改为"元件"，并将其关联项设为"Shoe"，将文本框中的"This"改为"Shoe"，"[[Shoe.right]]"即大图的左侧。单击"确定"按钮，完成右侧坐标的添加。具体操作如图22-11 所示。

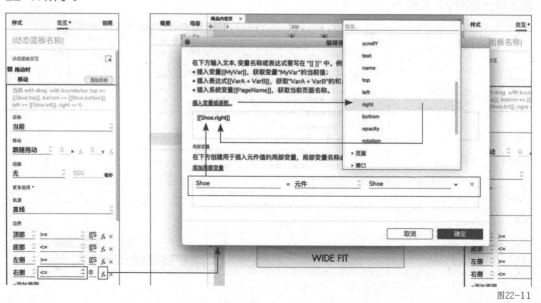

图22-11

预览时，按住鼠标左键拖动滑块可以把它移动到图片内部的任意位置，如图 22-12 所示。

图22-12

知识点 3　添加动态面板

从基本元件中拖入一张图片，放到当前大图的右侧，双击它并用课程素材中的"3x.png"替换，将图片大小修改为 1350 像素 ×1723 像素（左侧大图的 3 倍大小）。使"3x.png"与左侧大图顶部对齐，并将它命名为"3x"。具体操作如图 22-13 所示。

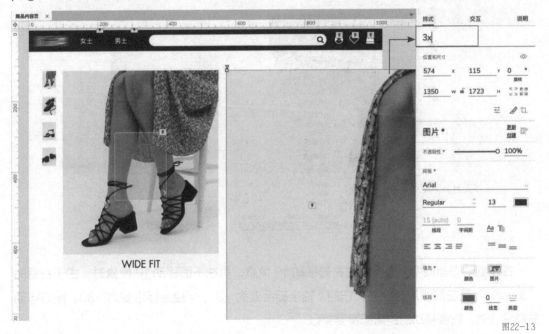

图22-13

在图片"3x.png"上单击鼠标右键，在弹出的右键菜单中执行"转换为动态面板"命令，将动态面板的大小改为 450 像素 ×575 像素，如图 22-14 所示。

同样，选择左侧的大图和滑块，单击鼠标右键，在弹出的右键菜单中执行"转换为动态面板"命令，如图 22-15 所示。

图22-14

图22-15

在左侧动态面板中,当滑块往右侧移动 10 像素,再往下面移动 10 像素时,由于右侧的 "3x.png" 是左侧图片的 3 倍,它的 x 轴坐标会变为 -30,y 轴坐标也变为 -30。所以移动左侧滑块时,右侧移动的距离都需要乘以 "-3"。

双击左侧动态面板进入编辑界面,将矩形移动到左上角坐标为 0 的位置,如图22-16所示。

打开右侧 "交互" 面板,将鼠标指针移动到 "移动" 位置,单击出现的 "添加目标" 按钮,在目标列表中选择 "3x" 选项,如图 22-17 所示。

将 "移动" 下方的 "跟随拖动" 改为 "到达",然后单击 "x" 右侧的 f_x 按钮,在弹框中单击 "插入变量或函数",选择 "元件" 列表中的 "x" 选项,将 "[[This.x]]" 插入文本框中,如图 22-18 所示。

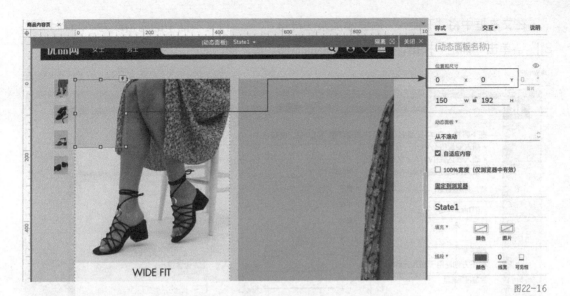

图22-16

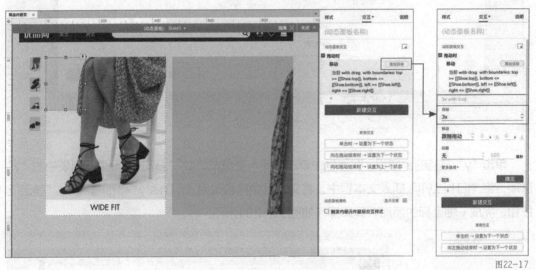

图22-17

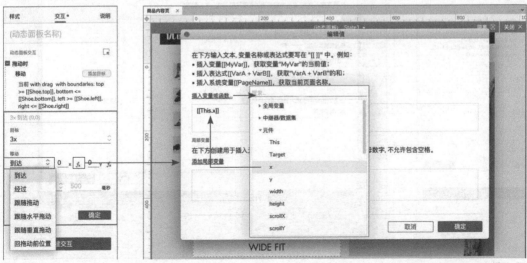

图22-18

在文本框中将"This.x"后面添加乘法符号"*",将文本框中的内容改为"[[This.x*-3]]"。单击"确定"按钮,完成 x 轴坐标的添加。具体操作如图 22-19 所示。

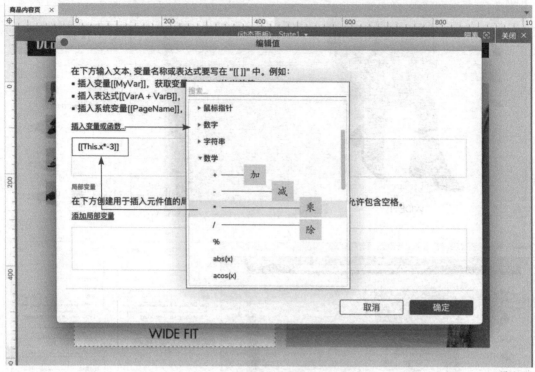

图22-19

单击"y"右侧的 f_x 按钮,在弹框中单击"插入变量或函数",选择"元件"列表中的"y"选项,将"[[This.y]]"插入文本框中。将文本框中内容改为"[[This.y*-3]]"。单击"确定"按钮,完成 y 轴坐标的添加。具体操作如图 22-20 所示。

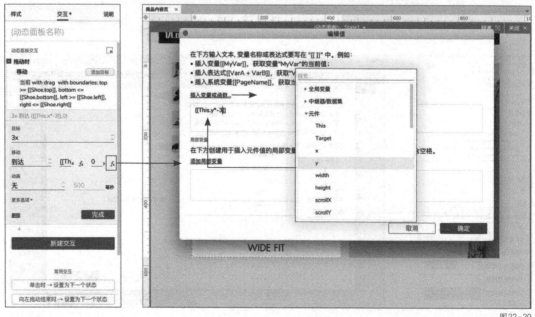

图22-20

预览时，拖动大图内部的滑块，右侧放大区域的图片就会跟随变化，如图 22-21 所示。

图22-21

知识点4　优化交互原型

接下来对原型进行优化。首先将右侧动态面板设置为默认隐藏状态，如图 22-22 所示。

图22-22

然后选择左侧动态面板，在右侧"交互"面板中单击"新建交互"按钮。在触发事件列表中选择"鼠标移入时"选项，在动作列表中选择"显示/隐藏"选项，在目标列表中选择"（动态面板）"选项，默认交互为"显示"。单击"确定"按钮，完成显示交互的添加。具体操作如图 22-23 所示。

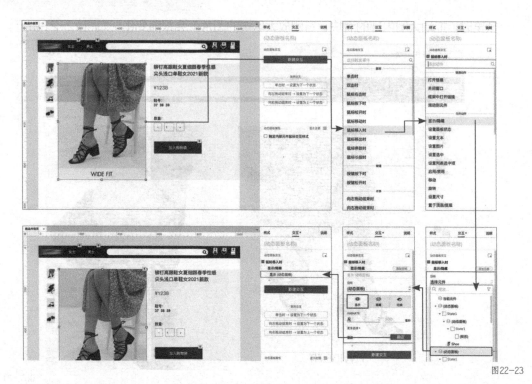

图22-23

　　接下来添加隐藏交互。在右侧"交互"面板中再次单击"新建交互"按钮。在触发事件列表中选择"鼠标移出时"选项，在动作列表中选择"显示/隐藏"选项，在目标列表中选择"（动态面板）"选项，交互选为"隐藏"。单击"确定"按钮，完成隐藏交互的添加。具体操作如图22-24所示。

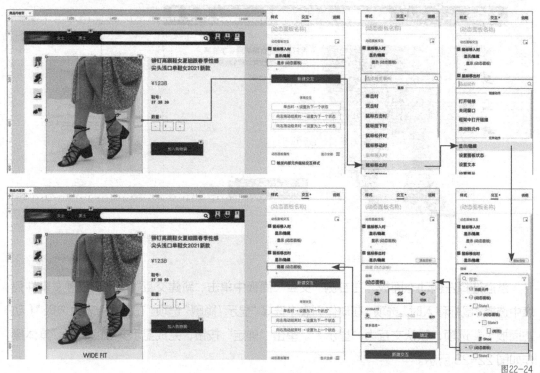

图22-24

　　单击"预览"按钮，当鼠标指针移到大图上时，右侧出现放大细节。拖动滑块，右侧的放大细节会跟随变化。当鼠标指针移出大图区域，右侧的放大细节会消失。具体效果如图 22-25 所示。

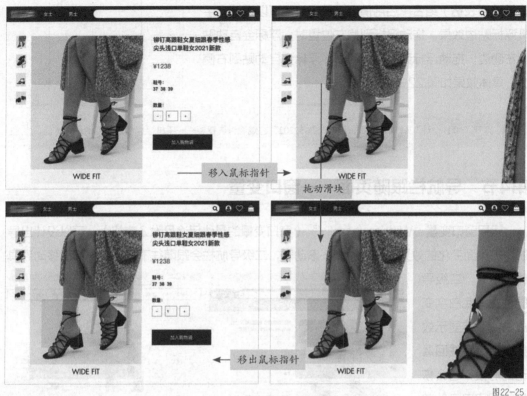

图 22-25

第2节　切换商品图片——元件变量

　　使用元件变量中的"x"和"y"（元件变量的具体用途见附 2 表格），可以设计出商品图片边框切换效果。单击左侧的小图，右侧的图片发生变化，同时小图的边框也会跟随移动到单击图片处，如图 22-26 所示。

> 打开"每日设计"APP，输入并搜索"SP052201"，观看讲解视频——切换商品图片的交互设计方法。

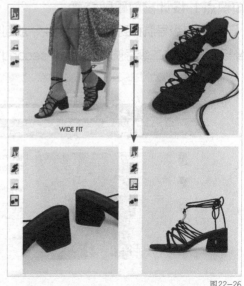

图 22-26

第3节 手机浮标贴边——元件变量

使用元件变量中的"x"和"y"（元件变量的具体用途见附 2 表格）结合"启用情形"按钮，还可以设计出手机浮标贴边效果。拖动浮标到偏左位置时；浮标会自动贴到左侧边；拖动浮标到偏右位置时。浮标会自动贴到右侧边。具体效果如图 22-27 所示。

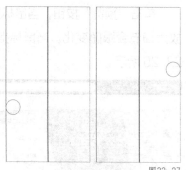

图22-27

📹 打开"每日设计"APP，输入并搜索"SP052202"，观看讲解视频——手机浮标贴边效果的设计方法。

第4节 导航栏跟随页面——窗口变量

运用窗口变量"Window.scrollY"（窗口变量的具体用途见附 3 表格），可以设计出导航跟随页面变化的效果。在页面往下滚动时，二级导航栏会跟随往下移动。当窗口移动到具体位置时，二级导航栏由黑底白字变成白底黑字显示效果；当页面往回滑动的时候，它会恢复为黑底白字的效果。最后，当返回顶部，二级导航栏回到导航栏下方，如图 22-28 所示。

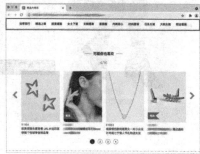

图22-28

知识点1 设计窗口跟随交互

复制二级导航栏到商品内容页中，放到导航下方。当前二级导航栏的 x 轴坐标为 0，y 轴坐标为 60，将二级导航栏命名为"second"，如图 22-29 所示。

图22-29

首先设计往下滑动页面时，二级导航栏跟随页面往下移动。首先单击中间页面区空白处，在不选择任何元件的情况下，打开右侧"交互"面板。单击"新建交互"按钮，在触发事件列表中选择"窗口滚动时"选项，在动作列表中选择"移动"选项，在目标列表中选择刚刚命名的二级导航栏"second"。具体操作如图22-30所示。

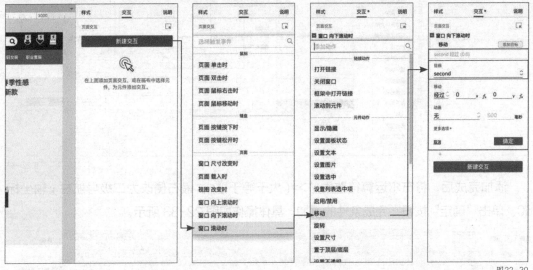

图22-30

首先将"移动"下方的"经过"改为"到达"，然后单击"y"右侧的 f_x 按钮，在弹框中单击"插入变量或函数"，选择"窗口"列表中的"Window.scrollY"选项。单击"确定"按钮，完成 y 轴变量的添加。具体操作如图22-31所示。

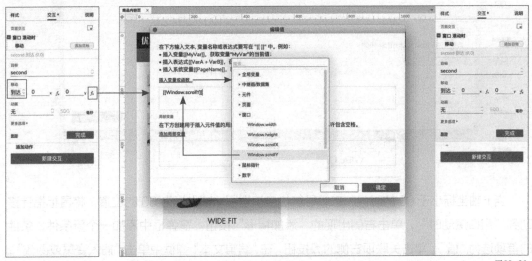

图22-31

接下来需要添加移动二级导航栏的条件。将鼠标指针移动到"窗口滚动时"，单击右侧出现的"启用情形"按钮。在弹框中添加一个新条件，条件的首项选为"值"，单击关联项右侧的 f_x 按钮，在"编辑文本"弹框中单击"插入变量或函数"，选择"窗口"列表中的"Window. scrollY"选项。具体操作如图22-32所示。

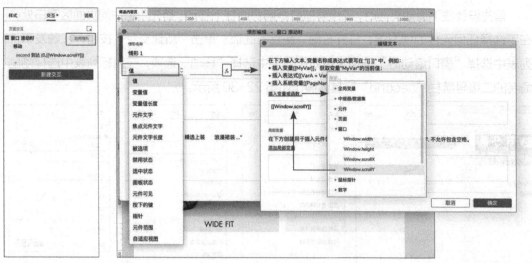

图 22-32

添加完成后，将布尔运算符改为">=(大于等于)"，最右侧改为二级导航栏 y 轴坐标 60。单击"确定"按钮，完成条件的添加。具体操作如图 22-33 所示。

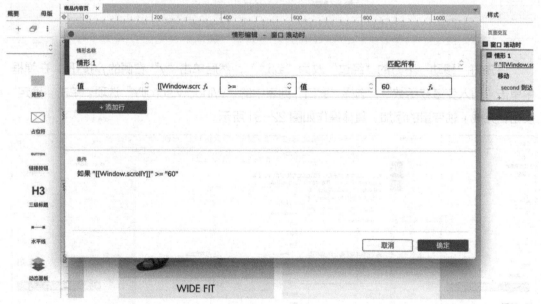

图 22-33

当 y 轴坐标小于 60 的时候，二级导航栏应该返回 y 轴坐标为 60 的位置。将鼠标指针移动到"窗口滚动时"，单击右侧出现的"添加情形"按钮。在弹框中添加一个新条件，条件的首项选为"值"，单击关联项右侧的 f_x 按钮，在"编辑文本"弹框中单击"插入变量或函数"，选择"窗口"列表中的"Window.scrollY"选项。具体操作如图 22-34 所示。

添加完成后，将布尔运算符改为"<(小于)"，最右侧改为二级导航栏 y 轴坐标 60。单击"确定"按钮，完成条件的添加。具体操作如图 22-35 所示。

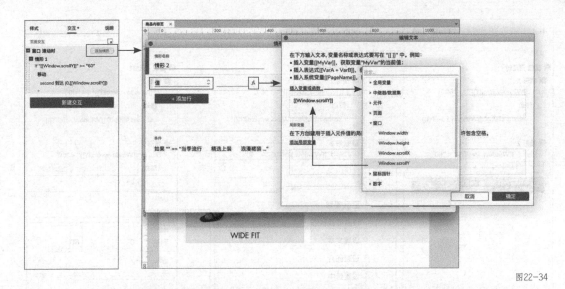

图22-34

图22-35

　　单击"情形 2"下方的"+"按钮，在动作列表中选择"移动"选项，在目标列表中选择二级导航栏"second"，"移动"下方改为"到达"，y 轴坐标设为"60"。单击"确定"按钮，完成新动作的添加。具体操作如图 22-36 所示。

　　在"情形 2"上单击鼠标右键，执行右键菜单中的"切换为 [如果] 或 [否则]"命令，将"情形 2"中的"Else if"改为"if"，这样就完成了情形 2 的添加，如图 22-37 所示。

　　单击"预览"按钮，当往下滚动页面时，二级导航栏会跟着往下滑动。当返回浏览器顶部页面时，二级导航栏也返回到之前的位置，如图 22-38 所示。

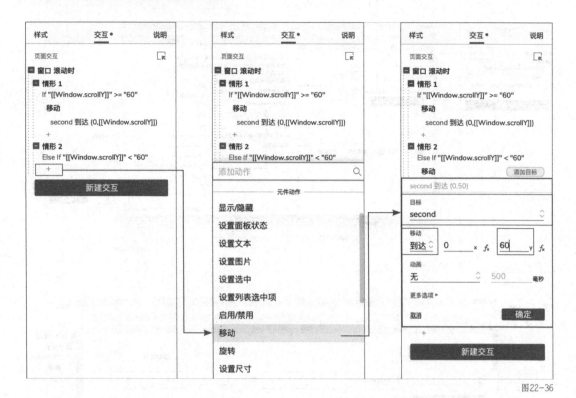

图22-36

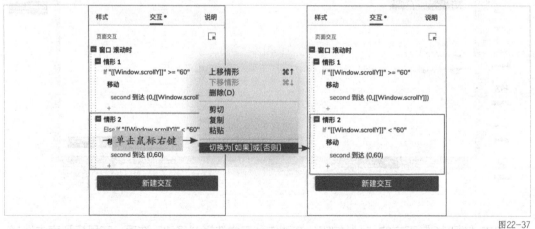

图22-37

图22-38

知识点 2　添加情形

接下来添加当页面滚动到具体位置时，二级导航栏由黑底白字变成白底黑字的交互，以及当页面往回滚动的时候，二级导航栏恢复为黑底白字的交互。

首先设置二级导航栏的选中样式，选中二级导航栏后，在右侧"交互"面板中添加"元件选中的样式"，单击"更多样式选项"，将选中的填充颜色改为白色，文字颜色改为黑色，边框宽度设置为 1 像素，隐藏左侧和右侧的边框。单击"确定"按钮，完成选中样式的添加。具体操作如图 22-39 所示。

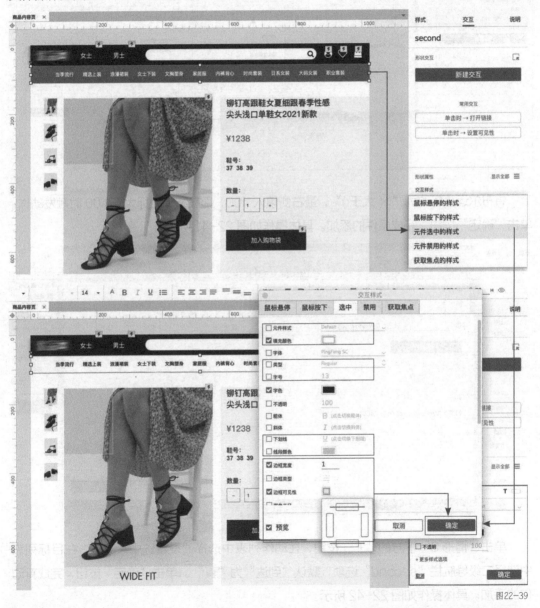

图22-39

单击页面右侧空白区域，在未选择任何元件的情况下，打开右侧"交互"面板。将鼠标指针移动到页面"交互"面板的"窗口滚动时"位置，单击右侧出现的"添加情形"按钮。

在弹框中添加一个新条件，条件的首项选为"值"，单击关联项右侧的 f_x 按钮，在"编辑文本"弹框中单击"插入变量或函数"，选择"窗口"列表中的"Window.scrollY"选项。具体操作如图 22-40 所示。

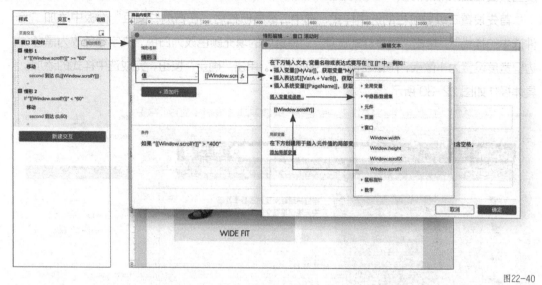

图22-40

将布尔运算符改为">（大于）"，最右侧填入 400，即在 y 轴坐标大于 400 时触发动作。单击"确定"按钮，完成条件的添加。具体操作如图 22-41 所示。

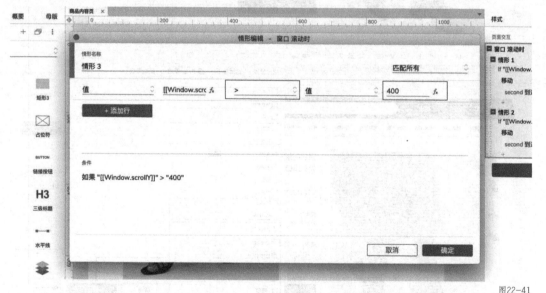

图22-41

单击"情形 3"下方的"+"按钮，在动作列表中选择"设置选中"选项，在目标列表中选择二级导航栏"second"选项，默认"到达"为"真"。单击"确定"按钮，完成新动作的添加。具体操作如图 22-42 所示。

在"情形 3"上单击鼠标右键，执行右键菜单中的"切换为[如果]或[否则]"命令，将"情形 3"中的"Else if"改为"if"，这样就完成了情形 3 的添加，如图 22-43 所示。

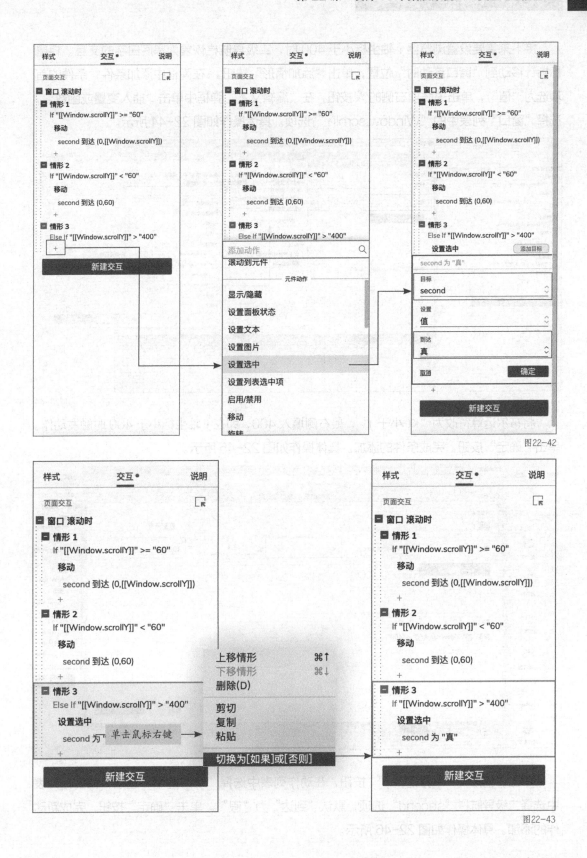

图22-42

图22-43

接下来需要设置浏览器 y 轴坐标小于 400 时，二级导航栏恢复为黑底白字的交互。将鼠标指针移动到"窗口滚动时"位置，单击"添加情形"按钮。在弹框中添加条件，条件的首项选为"值"，单击关联项右侧的 f_x 按钮，在"编辑文本"弹框中单击"插入变量或函数"，选择"窗口"列表中的"Window.scrollY"选项。具体操作如图 22-44 所示。

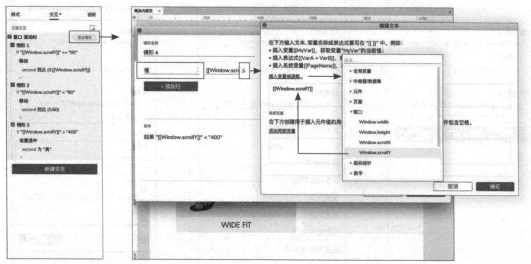

图22-44

将布尔运算符改为"<(小于)"，最右侧填入 400，即在 y 轴坐标小于 400 时触发动作。单击"确定"按钮，完成条件的添加。具体操作如图 22-45 所示。

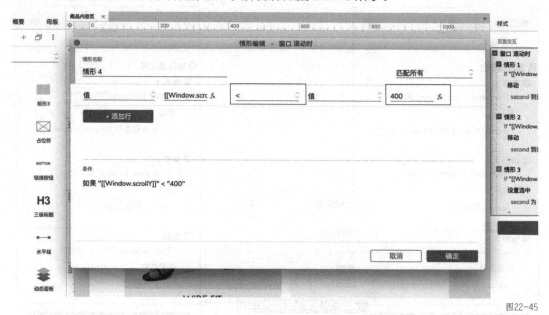

图22-45

单击"情形 4"下方的"+"按钮，在动作列表中选择"设置选中"选项，在目标列表中选择二级导航栏"second"选项，默认"到达"为"假"。单击"确定"按钮，完成新动作的添加。具体操作如图 22-46 所示。

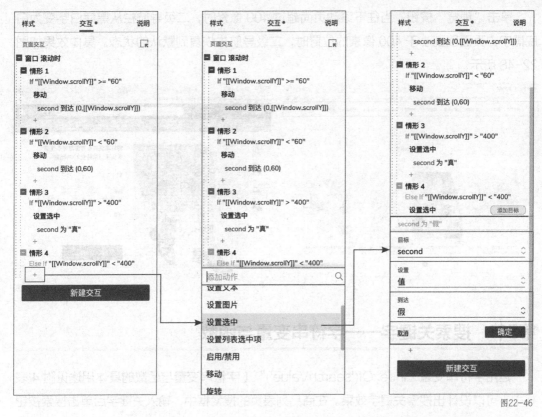

图22-46

在"情形 4"上单击鼠标右键,执行右键菜单中的"切换为[如果]或[否则]"命令,将"情形 4"中的"Else if"改为"if",这样就完成了情形 4 的添加,如图 22-47 所示。

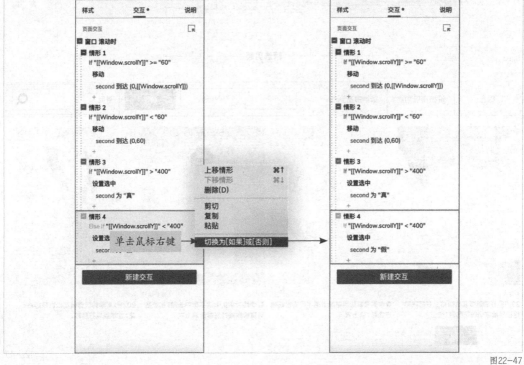

图22-47

单击"预览"按钮，当往下滚动页面超过 400 像素时，二级导航栏从黑底白字变为白底黑字，页面回到小于 400 像素的位置时，二级导航栏恢复到默认的状态。具体效果如图 22-48 所示。

图22-48

第5节　搜索关键字——字符串变量与函数

运用字符串变量"indexOf('searchValue')"（字符串变量与函数的具体用途见附 4 表格），可以设计出搜索关键字效果。在商品列表页的搜索框中，输入关键字后单击搜索按钮或按 Enter 键，页面中会筛选出包含关键字的商品，如图 22-49 所示。

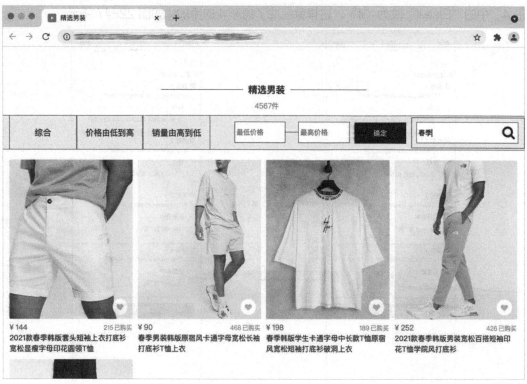

图22-49

知识点1 设置基本交互

　　打开第 19 课设计完成的商品列表页，在右侧放置一个文本框，文本框大小调整为 200 像素 ×40 像素，将它命名为"search"，输入提示文字"搜索"，"隐藏提示"设置为"获取焦点"，如图 22-50 所示。

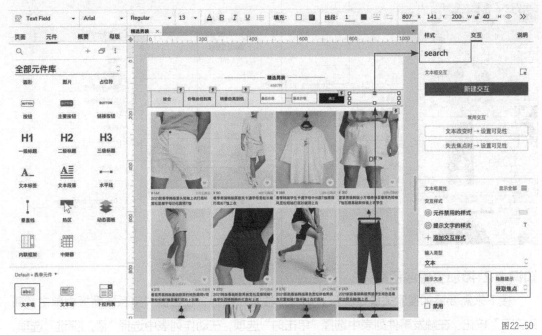

图22-50

　　在图标元件库（Icons）中输入"搜索"，将"搜索"图标拖到文本框右侧，大小改为 24 像素 ×24 像素，将图标命名为"search-button"，如图 22-51 所示。

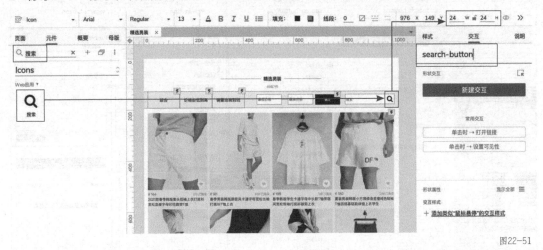

图22-51

　　想要添加在文本框输入文字后，按 Enter 键执行搜索的交互，只需选中文本框之后，单击文本框属性右侧的"显示全部"按钮，在"提交按钮"列表中选择"search-button"选项，如图 22-52 所示。

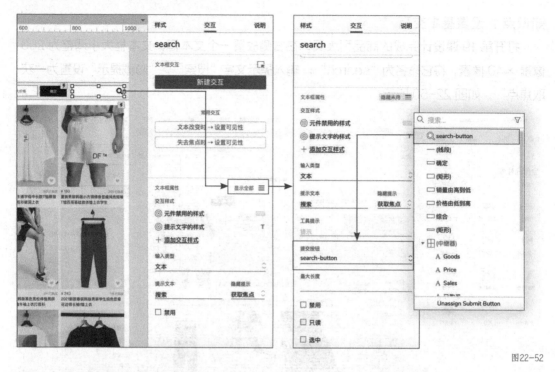

图22-52

知识点2 添加变量或函数

接下来需要添加搜索关键字交互。选择"搜索"图标，在右侧"交互"面板中单击"新建交互"按钮。在触发事件列表中选择"单击时"选项，在动作列表中选择"添加筛选"选项，在目标列表中选择"（中继器）"选项，如图22-53所示。

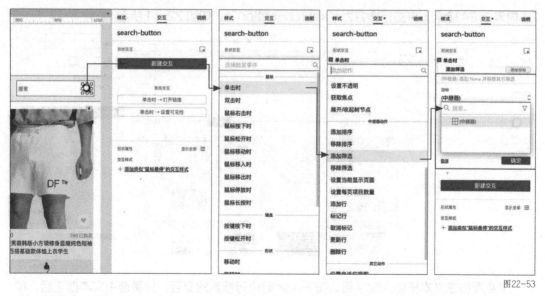

图22-53

单击筛选规则右侧的 f_x 按钮，在弹框中单击"插入变量或函数"，选择"字符串"函数列表中的"indexOf（'searchValue'）"选项，如图22-54所示。"indexOf"即查询包含文字，"searchValue"为查询的字符串。

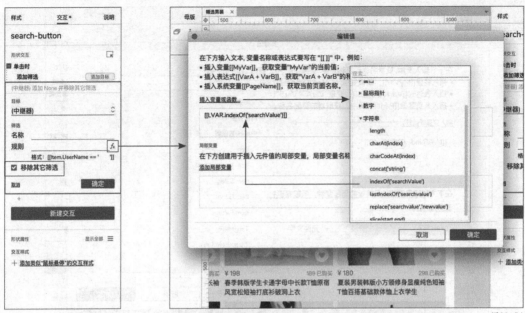

图22-54

　　单击"编辑值"弹框下方的"添加局部变量"，将变量名称改为"search"，在"元件文字"关联项中选择命名的文本框"search"。在上方的文本框中"（'searchValue'）"被替换为局部变量"（search）"。具体操作如图 22-55 所示。

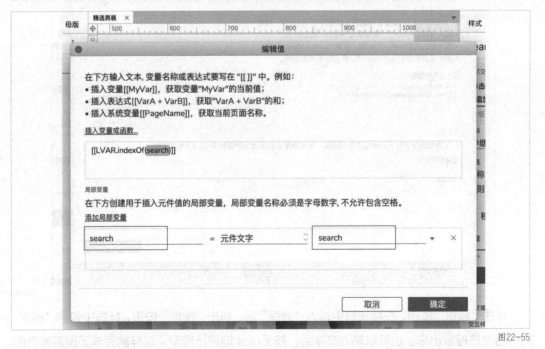

图22-55

　　选择文本框中的"LVAR"，然后单击"插入变量或函数"，选择"中继器 / 数据集"列表中的"Item.Goods"将其替换，即商品名中包含输入文字时。最后在表达式后面输入">=0"，单击"确定"按钮，完成交互的添加。具体操作如图 22-56 所示。

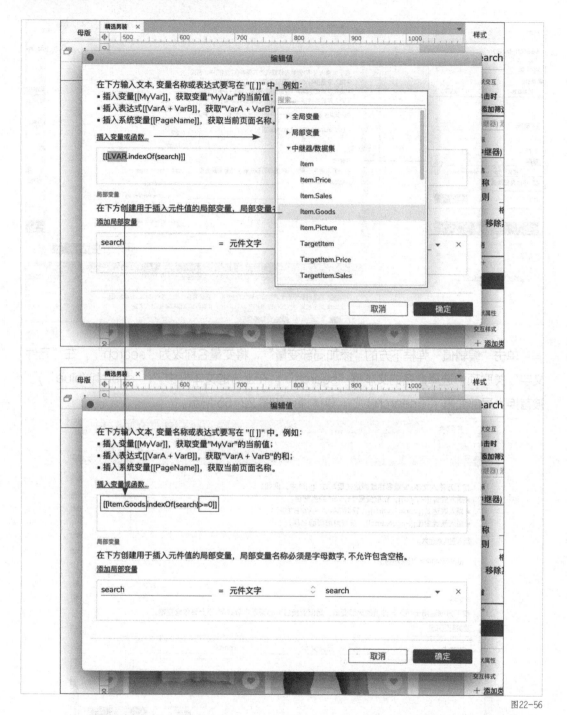

图22-56

单击"预览"按钮，在搜索框中输入"春季"后，单击"搜索"按钮，标题中包含"春季"的内容会被搜索出来。也可以输入文字后，按 Enter 键进行搜索。这样就完成了搜索案例的设计。具体操作如图 22-57 所示。

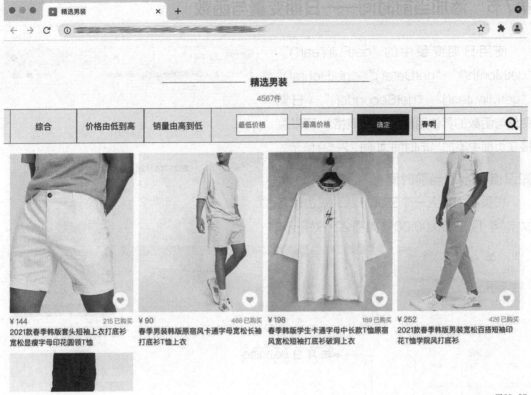

图 22-57

第6节　限定文字长度——字符串变量与函数

使用字符串变量中的"length""substr(start,length)"（字符串变量与函数的具体用途见附 4 表格），可以设计出限定文字长度的交互设计。在微信列表案例中，当文字数量超过 15 个时，会对文字进行截取，自动显示出 3 个点表示省略，如图 22-58 所示。

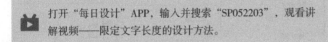

打开"每日设计"APP，输入并搜索"SP052203"，观看讲解视频——限定文字长度的设计方法。

图 22-58

第7节　添加当前时间——日期变量与函数

　　使用日期变量中的"getFullYear()""getMonth()""getDate()""getHours()""getMinutes()""getSeconds()"（日期变量与函数的具体用途见附5表格），可以直接在页面中添加当前时间,如图22-59所示。

图22-59

知识点1　读取当前时间

　　在页面中拖入一个三级标题，双击输入文字"年 月 日 00:00:00"，如图22-60所示。

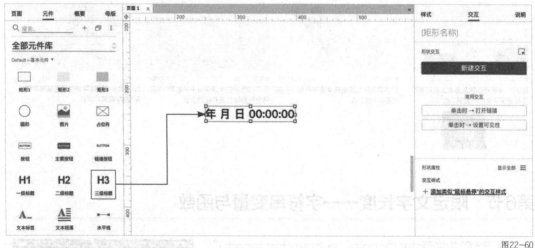

图22-60

　　在右侧"交互"面板中，单击"新建交互"按钮，在触发事件列表中选择"载入时"选项，在动作列表中选择"设置文本"选项，在目标列表中选择"当前"选项，如图22-61所示。

图22-61

单击"值"右侧的 f_x 按钮，在弹框中单击"插入变量或函数"，选择"日期"列表中的"getFullYear()"选项，将它插到文字"年"之前。然后再次单击"插入变量或函数"，选择"日期"列表中的"getMonth()"选项，将它插到文字"月"之前；继续单击"插入变量或函数"，选择"日期"列表中的"getDate()"选项，将它插到文字"日"之前。具体操作如图 22-62 所示。

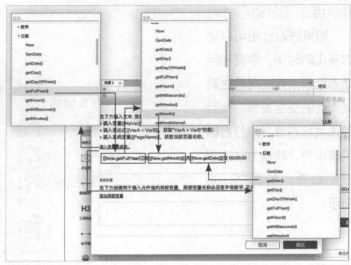

图22-62

单击"插入变量或函数"，选择"日期"列表中的"getHours()"选项，替换第 1 个"00"；再次单击"插入变量或函数"，选择"日期"列表中的"getMinutes()"选项，替换第 2 个"00"；继续单击"插入变量或函数"，选择"日期"列表中的"getSeconds()"选项，替换第 3 个"00"。单击"确定"按钮，完成交互的添加。具体操作如图 22-63 所示。

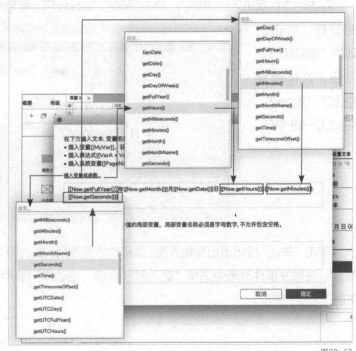

图22-63

单击"预览"按钮，浏览器显示出当前系统时间，如图 22-64 所示。

图22-64

知识点2 设计动态时间

如果想设计出可以动态变化的时间，需要利用动态面板。首先删除之前文本上的交互设置，然后单击鼠标右键，执行右键菜单中的"转换为动态面板"命令，如图22-65所示。

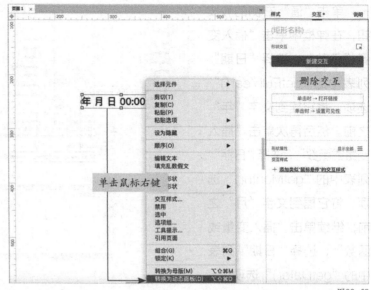

图22-65

双击动态面板进入编辑界面。单击顶部的"State1"，将鼠标指针移动到弹框中"State1"的右侧，单击出现的"重复状态"按钮。这样就复制出了"State2"，如图22-66所示。

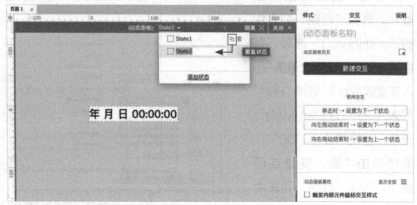

图22-66

单击"关闭"按钮退出编辑界面。选择动态面板后，在右侧"交互"面板中单击"新建交互"按钮，在触发事件列表中选择"载入时"选项，在动作列表中选择"设置面板状态"选项，如图22-67所示。

图22-67

"目标"选择"当前"，STATE（状态）选择"下一项"，勾选"向后循环"复选框。单击"更多选项"，勾选"循环间隔 1000 毫秒（即 1 秒）"复选框。取消勾选"首个状态延时 1000 毫秒后切换"复选框。单击"确定"按钮，完成循环切换的添加。具体操作如图 22-68 所示。

接下来需要添加状态改变时的交互。再次单击右侧"新建交互"按钮，在触发事件列表中选择"状态改变时"选项，在动作列表中选择"设置文本"选项，在目标列表中选择动态面板"State1"中的"年 月 日 00:00:00"选项，如图 22-69 所示。

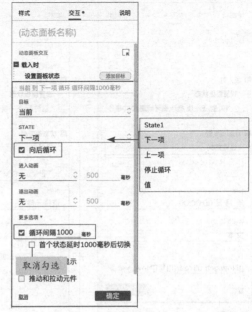

图 22-68

图 22-69

单击"值"右侧的 f_x 按钮，在弹框中单击"插入变量或函数"，选择"日期"列表中相关的函数插入文本框中。单击"确定"按钮，完成值的设置。具体操作如图 22-70 所示。

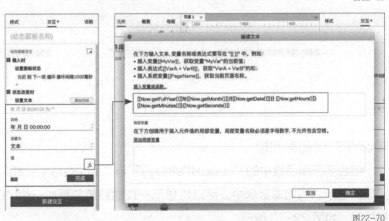

图 22-70

单击"设置文本"右侧的"添加目标"按钮，选择"动态面板"下的"State2"中的"年月日 00:00:00"选项，直接将"动态面板"下的"State1"中的值复制到"动态面板"下的"State2"中。单击"确定"按钮，完成交互的添加。具体操作如图 22-71 所示。

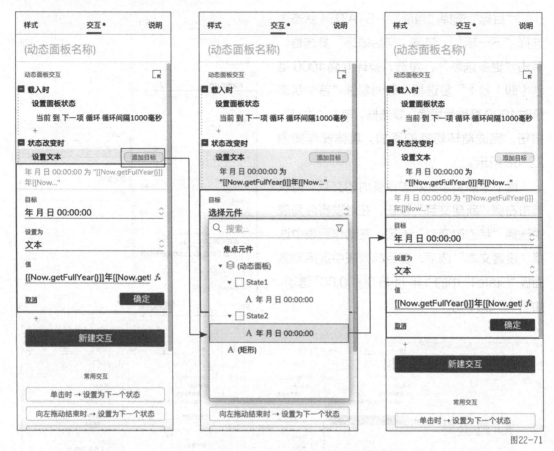

图22-71

单击"预览"按钮，浏览器会自动刷新，动态显示时间，如图 22-72 所示。

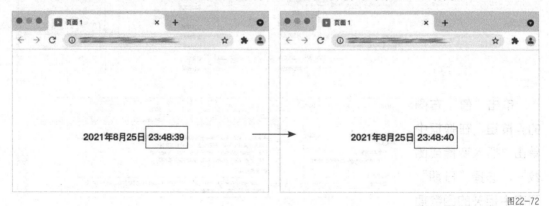

图22-72

知识点3 优化时间项

结合字符串函数中的"concat('string')"与"slice(start,end)"进行截取，可以优化时间项的显示。例如本案例中，可以将显示一位的秒数前增加一个"0"，而秒数两位时则正常显示，如图 22-73 所示。

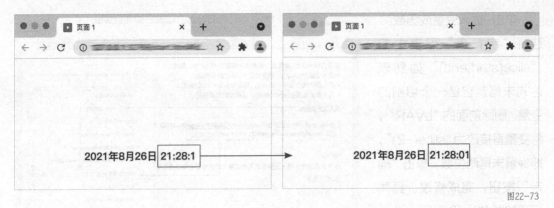

图22-73

单击"设置文本"中的第一项，在展开的内容中单击"值"右侧的 f_x 按钮，在弹框中单击"插入变量或函数"，选择"字符串"列表中的"concat('string')"选项，将它放在"Now.getSeconds()"之前，如图 22-74 所示。

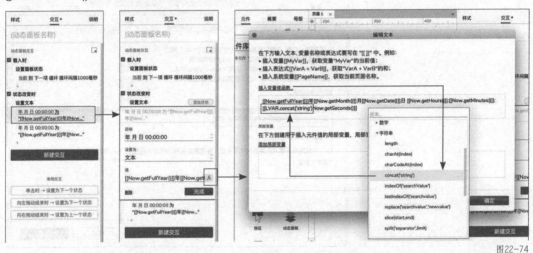

图22-74

将"LVAR"替换为"'0'"，即"'0'concat('string')"。用"Now.getSeconds()"替换"'string'"，即"[['0'concat(Now.getSeconds())]]"。具体效果如图 22-75 所示。

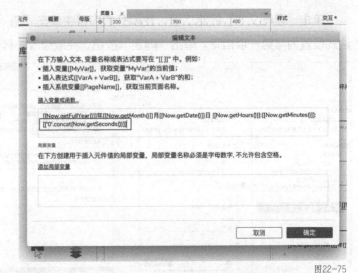

图22-75

单击"插入变量或函数"，选择"字符串"列表中的"slice(start,end)"插到表达式末尾，它是一个切割的变量。删除前面的"LVAR"，将变量直接改为"slice(-2)"，即保留末尾两位数。单击"确定"按钮，完成修改。具体操作如图 22-76 所示。

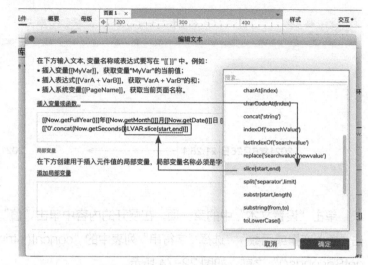

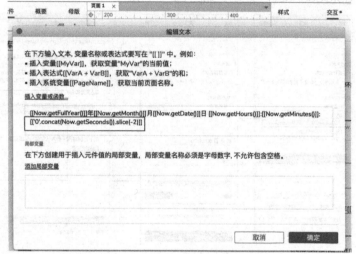

图22-76

单击"设置文本"的第二项，在展开的内容中单击"值"右侧的 ƒx 按钮，在弹框中将表达式设置为与第一项相同。单击"确定"按钮，完成修改。具体操作如图 22-77 所示。

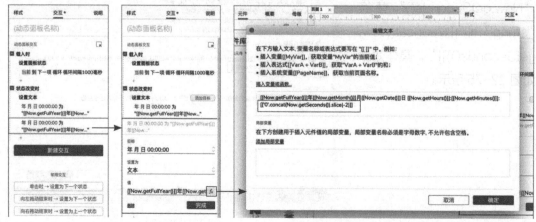

图22-77

　　单击"预览"按钮，当秒数为一位数时，前面就增加一个"0"；如果秒数为两位数时，则正常显示。具体效果如图 22-78 所示。

2021年8月26日 21:28:01　　　　　2021年8月26日 21:32:31

图22-78

第8节　动态时钟——日期变量与函数

　　使用日期变量中的"getHours()""getMinutes()""getSeconds()"（日期变量与函数的具体用途见附 5 表格），可以设计出显示当前时间的动态时钟，如图 22-79 所示。

 打开"每日设计"APP，输入并搜索"SP052204"，观看讲解视频——动态时钟的设计方法。

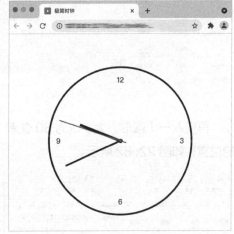

图22-79

第9节　单击元件位移——指针变量

　　使用指针变量"Cursor.x"（指针变量的具体用途见附 6 表格），可以设计出单击横条时，圆形移动到单击位置的交互，如图 22-80 所示。

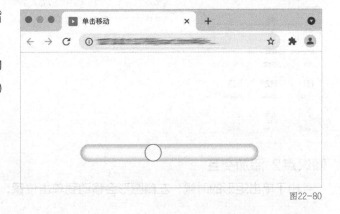

图22-80

知识点1 设计原型

拖入矩形1，将其尺寸设置为320像素×30像素。将矩形的边框线宽设置为0，圆角半径设置为15像素。单击"阴影"中的"内部"按钮，在弹框中勾选"阴影"复选框，将"X"和"Y"设置为0，"模糊"和"扩展"设置为5。这样就设计出带内部阴影的圆角矩形。具体操作如图22-81所示。

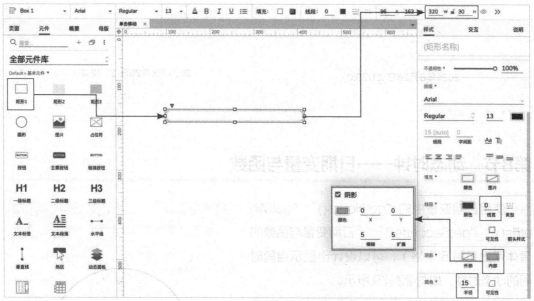

图22-81

再拖入一个圆形，大小改为30像素×30像素。将它放到与圆角矩形左对齐、上下居中的位置，如图22-82所示。

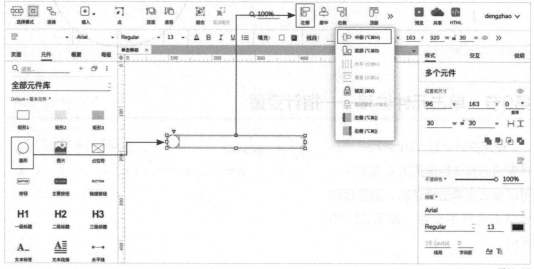

图22-82

知识点2 添加交互

由于单击矩形的时候，左侧圆形会移动到单击位置，因此交互是靠单击矩形来触发的。

选择圆角矩形后，在右侧"交互"面板中单击"新建交互"按钮，在触发事件列表中选择"单击时"选项，在动作列表中选择"移动"选项，在目标列表中选择"（圆形）"选项。将"移动"下方的"经过"改为"到达"，如图 22-83 所示。

图22-83

在移动时，圆形的 x 轴坐标会随着单击改变。单击"X"右侧的 f_x 按钮，在弹框中单击"插入变量或函数"，选择"鼠标指针"列表中的"Cursor.x"选项。单击"确定"按钮，完成添加。具体操作如图 22-84 所示。

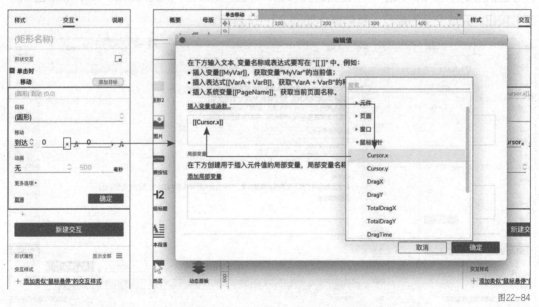

图22-84

在移动时，圆形的 y 轴坐标不变。单击"Y"右侧的 f_x 按钮，在弹框中单击"插入变量或函数"，选择"元件"列表中的"y"选项。将添加的表达式"[[this.y]]"中的"this"改为"元件"列表中的"Target"。单击"确定"按钮，完成交互的添加。具体操作如图 22-85 所示。

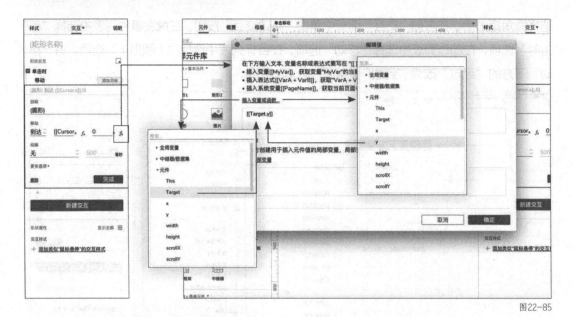

图22-85

此时单击"预览"，当单击矩形的最右侧时，圆形会超出圆角矩形，如图22-86所示。

图22-86

由于圆形的大小为 30 像素 × 30 像素，因此由鼠标指针单击位置减去 15 像素得到的位置才是圆形的中心点。单击"X"右侧的 f_x 按钮，将表达式改为"[[Cursor.x-15]]"。单击"确定"按钮，完成交互的修改。具体操作如图 22-87 所示。

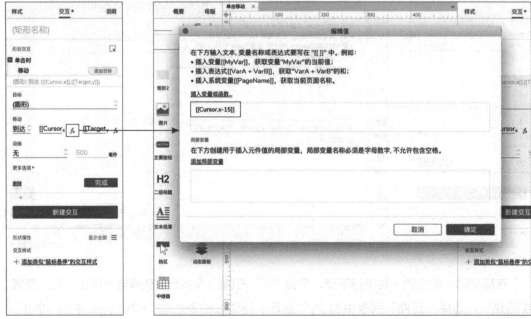

图22-87

预览时，单击圆角矩形，圆形的中心点就会移动到单击的位置，如图 22-88 所示。这样就完成了单击元件位移的交互。

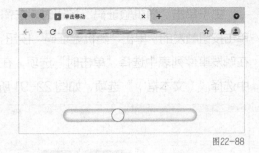

图22-88

第10节　获取随机验证码——数学函数

使用数学函数"random()"（其具体用途见附 8 表格），可以设计出显示随机验证码效果：单击"随机验证码"按钮，文本框中出现 4 位数的验证码，每次单击按钮，验证码会跟着改变，如图 22-89 所示。

图22-89

知识点1　增加按钮交互

从基本元件中拖入一个文本框，大小改为 100 像素 ×50 像素，文字对齐方式改为居中对齐，文字大小为 18 号。再拖入一个主要按钮放到文本框右侧，双击并将文字修改为"随机验证码"，大小改为 140 像素 ×50 像素，文字大小改为 18 号，圆角半径设置为 0。具体操作如图 22-90 所示。

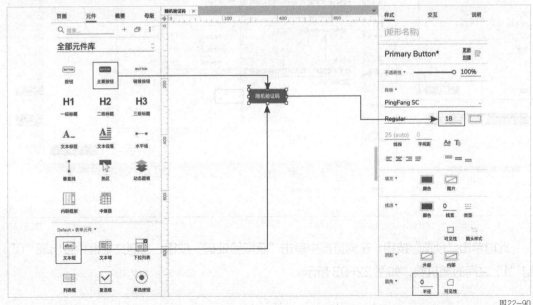

图22-90

　　由于单击"随机验证码"按钮时，左侧文本框中会出现 4 位随机验证码，因此交互是由单击按钮触发的。单击"随机验证码"按钮，在右侧"交互"面板中单击"新建交互"按钮，在触发事件列表中选择"单击时"选项，在动作列表中选择"设置文本"选项，在目标列表中选择"（文本框）"选项，如图 22-91 所示。

图22-91

知识点 2　设置数学函数

　　单击"值"右侧的 *fx* 按钮，在弹框中单击"插入变量或函数"。选择"数学"列表中的"random()"选项，将"[[Math.random()]]"加入文本框中。具体操作如图 22-92 所示。

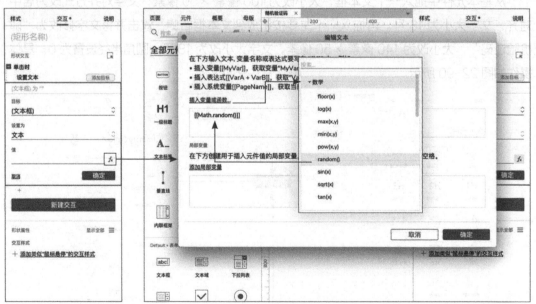

图22-92

　　此时单击"预览"按钮，在浏览器中单击"获取验证码"按钮，左侧文本框中会出现"0"到"1"之间的随机数，如图 22-93 所示。

图22-93

如果想显示 4 位数的验证码，可以用保留目前随机数后 4 位的方法来完成。单击"值"右侧的 f_x 按钮，在弹框中单击"插入变量或函数"。选择"字符串"列表中的"slice(start,end)"选项，将它放到表达式末尾。具体操作如图 22-94 所示。

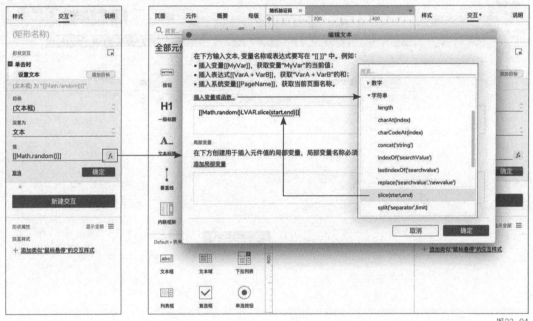

图22-94

删除前面的"LVAR"，将"（start,end）"直接改为"（-4）"，即只保留后 4 位数字。单击"确定"按钮，完成交互的修改。具体操作如图 22-95 所示。

再次预览，单击"随机验证码"按钮时，文本框中会出现 4 位的随机数。这样就使用数学函数并结合字符串函数，完成了随机验证码的设计。具体效果如图 22-96 所示。

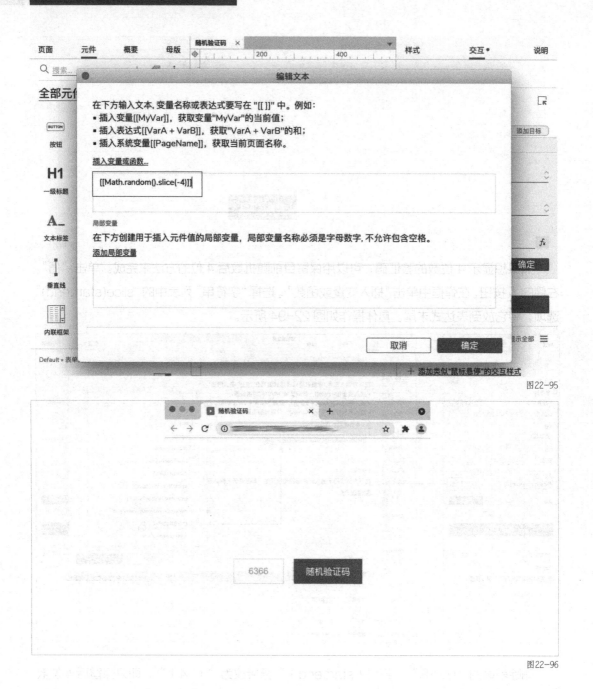

图22-95

图22-96

附录 A　变量与函数大全

附 1　中继器变量

在 Axure 中，可以使用中继器变量进行与中继器相关的交互设计，如表 A-1 所示。

表 A-1

中继器变量	用途
Repeater	中继器对象。Item.Repeater，即 Item 所在的中继器对象
VisibleCount	中继器项目列表中可见项的数量
itemCount	获取中继器项目列表的总数量
dataCount	获取中继器数据集中数据行的总数量
pageCount	获取中继器分页的总数量
pageIndex	获取中继器项目列表当前显示内容的页码
Item	获取数据集一行数据的集合，即数据行的对象
TargetItem	目标数据行的对象
Item. 列名	获取数据行中指定列的值
text	文本文字
index	获取数据行的索引编号，编号起始位为 1，由上至下每行递增 1
isFirst	判断数据行是否为第一行，是为 "true"，否为 "false"
isLast	判断数据行是否为最末行，是为 "true"，否为 "false"
isEven	判断数据行是否为偶数行，是为 "true"，否为 "false"
isOdd	判断数据行是否为奇数行，是为 "true"，否为 "false"
isMarked	判断数据行是否被标记，是为 "true"，否为 "false"
isVisible	判断数据行是否为可见行，是为 "true"，否为 "false"

附 2　元件变量

在 Axure 中，可以使用元件变量进行与元件相关的交互设计，如表 A-2 所示。

表 A-2

元件变量	用途
This	获取当前元件对象
Target	获取目标元件对象
x	获取元件对象的 x 轴坐标
y	获取元件对象的 y 轴坐标
width	获取元件对象的宽度值
height	获取元件对象的高度值

元件变量	用途
scrollX	动态面板水平滚动的距离
scrollY	动态面板垂直滚动的距离
text	文本文字
name	自定义名称
top	上边界坐标
left	左边界坐标
right	右边界坐标
bottom	下边界坐标
opacity	不透明度
rotation	旋转角度
isVisible	判断数据行是否为可见行，是为"true"，否为"false"

附 3　窗口变量

在 Axure 中，可以使用窗口变量进行与浏览器相关的交互设计，如表 A-3 所示。

表 A-3

窗口变量	用途
Window.width	浏览器中页面当前宽度
Window.height	浏览器中页面当前高度
Window.scrollX	浏览器中页面水平滚动的距离
Window.scrollY	浏览器中页面垂直滚动的距离

附 4　字符串变量与函数

在 Axure 中，可以使用字符串变量进行与文字相关的交互设计，如表 A-4 所示。

表 A-4

字符串变量与函数	用途
length	获取当前文本对象的长度，即字符个数；1 个汉字的长度按 1 计算
charAt(index)	获取当前文本对象中指定位置的字符，index 大于等于 0
charCodeAt(index)	获取当前文本对象中指定位置字符的 Unicode
concat('string')	将当前文本对象与另一个字符串组合，string 是在后方的字符串
indexOf('searchValue',start)	从左至右获取查询字符串在当前文本对象中首次出现的位置。未查询到时返回值为 -1。searchValue 为查询的字符串，start 为查询的起始位置

续表

字符串变量与函数	用途
lastIndexOf('searchValue',start)	从右至左获取查询字符串在当前文本对象中首次出现的位置。未查询到时返回值为 -1。searchValue 为查询的字符串,start 为查询的起始位置
replace('searchValue','newValue')	用新的字符串替换当前文本对象中指定的字符串。searchValue 为被替换的字符串,newValue 为新文本对象或字符串
slice(start,end)	从当前文本对象中截取从指定位置开始到终止位置的字符串。start 为起始位置,该值可为负;end 为终止位置,该值可为负
split('separator',limit)	将当前文本对象中与分隔字符相同的字符转为",",形成多组字符串,并返回从左开始的指定组数
substr(start,length)	从当前文本对象中指定起始位置开始截取一定长度的字符串
substring(from,to)	从当前文本对象中截取从一个指定位置到另一个指定位置区间的字符串
toLowerCase()	将当前文本对象中所有的大写字母转换为小写字母
toUpperCase()	将当前文本对象中所有的小写字母转换为大写字母
trim()	去除当前文本对象两端的空格
toString()	将一个逻辑值转换为字符串

附5 日期变量与函数

在 Axure 中,可以使用日期变量与函数进行和日期、时间相关的交互设计,如表 A-5 所示。

表 A-5

日期变量与函数	用途
Now	当前计算机系统日期对象
GenDate	原型生成日期对象
getDate()	获取日期对象"日期"部分的数值(1~31)
getDay()	获取日期对象"星期"部分的数值(0~6)
getDayOfWeek()	获取日期对象"星期"部分的英文名称
getFullYear()	获取日期对象"年份"部分的 4 位数值
getHours()	获取日期对象"小时"部分的数值(0~23)
getMilliseconds()	获取日期对象的毫秒数
getMinutes()	获取日期对象"分钟"部分的数值(0~59)
getMonth()	获取日期对象"月份"部分的数值(1~12)
getMonthName()	获取日期对象"月份"部分的英文名称

日期变量与函数	用途
getSeconds()	获取日期对象"秒数"部分的数值（0~59）
getTime()	获取当前日期对象中的时间值。该时间值表示从 1970 年 1 月 1 日 00:00:00 开始
getTimezoneOffset()	获取世界标准时间（UTC）与当前主机时间之间的分钟差值
getUTCDate()	使用世界标准时间获取当前日期对象"日期"部分的数值（1~31）
getUTCDay()	使用世界标准时间获取当前日期对象"星期"部分的数值（0~6）
getUTCFullYear()	使用世界标准时间获取当前日期对象"年份"部分的 4 位数值
getUTCHours()	使用世界标准时间获取当前日期对象"小时"部分的数值（0~23）
getUTCMilliseconds()	使用世界标准时间获取当前日期对象的毫秒数（0~999）
getUTCMinutes()	使用世界标准时间获取当前日期对象"分钟"部分的数值（0~59）
getUTCMonth()	用世界标准时间获取当前日期对象"月份"部分的数值（1~12）
getUTCSeconds()	使用世界标准时间获取当前日期对象"秒数"部分的数值（0~59）
Date.parse(datestring)	分析一个包含日期的字符串，返回该日期与 1970 年 1 月 1 日 00:00:00 之间相差的毫秒数
toDateString()	以字符串的形式获取一个日期
toISOString()	获取当前日期对象的 ISO 格式的日期字串
toJSON()	获取当前日期对象的 JSON 格式的日期字串
toLocaleDateString()	以字符串的形式获取本地化当前日期对象
toLocaleTimeString()	以字符串的形式获取本地化当前日期对象，并且只包含"时、分、秒"部分的短日期信息
toUTCString()	以字符串的形式获取相对于当前日期对象的世界标准时间
Date.UTC(year,month,day, hour,min,sec,millisec)	获取相对于 1970 年 1 月 1 日 00:00:00 的世界标准时间，与指定日期对象之间相差的毫秒数
valueOf()	获取当前日期对象的原始值
addYears(years)	将指定的年份数加到当前日期上，获取新日期。years 为整数数值，正负均可
addMonths(months)	将指定的月份数加到当前日期上，获取新日期。months 为整数数值，正负均可
addDays(days)	将指定的天数加到当前日期上，获取新日期。days 为整数数值，正负均可
addHours(hours)	将指定的小时数加到当前日期对象上，获取新日期。hours 为整数数值，正负均可
addMinutes(minutes)	将指定的分钟数加到当前日期对象上，获取新日期。minutes 为整数数值，正负均可
getUTCSeconds()	使用世界标准时间获取当前日期对象"秒数"部分的数值（0~59）

日期变量 / 函数	用途
addSeconds(seconds)	将指定的秒数加到当前日期对象上，获取新日期。seconds 为整数数值，正负均可
addMilliseconds(ms)	将指定的毫秒数加到当前日期对象上，获取新日期。ms 为整数数值，正负均可
Year	获取系统日期对象"年份"部分的 4 位数值
Month	获取系统日期对象"月份"部分的数值 (1 ~ 12)
Day	获取系统日期对象"日期"部分的数值 (1 ~ 31)
Hours	以字符串的获取系统日期对象"小时"部分的数值 (0 ~ 23)
Minutes	获取系统日期对象"分钟"部分的数值 (0 ~ 59)
Seconds	获取系统日期对象"秒数"部分的数值 (0 ~ 59)

附 6　指针变量

在 Axure 中，可以使用指针变量进行与鼠标指针相关的交互设计，如表 A-6 所示。

表 A-6

指针变量	用途
Cursor.x	鼠标指针在页面中位置的 x 轴坐标
Cursor.y	鼠标指针在页面中位置的 y 轴坐标
DragX	鼠标指针沿 x 轴拖动元件时的瞬间（0.01 秒）拖动距离
DragY	鼠标指针沿 y 轴拖动元件时的瞬间（0.01 秒）拖动距离
TotalDragX	鼠标指针拖动元件从开始到结束的 x 轴移动距离
TotalDragY	鼠标指针拖动元件从开始到结束的 y 轴移动距离
DragTime	鼠标指针拖动元件从开始到结束的总时长

附 7　数字变量与函数

在 Axure 中，可以使用数字变量与函数进行和数字相关的交互设计，如表 A-7 所示。

表 A-7

数字变量与函数	用途
toExponential(decimalPoints)	把数值转换为指数记数法。decimalPoints 为保留小数的位数
toFixed(decimalPoints)	将一个数字转换为保留指定位数的小数，小数位数超出指定位数时进行四舍五入
toPrecision(length)	数字格式化为指定的长度。length 为格式化后的数字长度，小数点不计入长度

附 8　数学函数

在 Axure 中，可以使用数学函数进行与数学相关的交互设计，如表 A-8 所示。

表 A-8

数学函数	用途
+	加法
−	减法
*	乘法
/	除法
%	百分比
Math.abs(x)	计算参数数值的绝对值。x 为数值
Math.acos(x)	获取一个数值的反余弦弧度值，其范围是 0~ pi。x 为数值，范围为 −1~1
Math.asin(x)	获取一个数值的反正弦值。x 为数值，范围为 −1~1
Math.atan(x)	获取一个数值的反正切值。x 为数值
Math.atan2(y,x)	获取某一点 (x,y) 的角度值。"x,y" 为该点的坐标值
Math.ceil(x)	向上取整函数，获取大于等于指定数值的最小整数
Math.cos(x)	余弦函数。x 为弧度数值
Math.exp(x)	指数函数，计算以 e 为底的指数。x 为数值
Math.floor(x)	向下取整函数，获取小于等于指定数值的最大整数
Math.log(x)	对数函数，计算以 e 为底的对数值。x 为数值
Math.max(x,y)	获取参数中的最大值。"x,y" 表示多个数值，而非两个数值
Math.min(x,y)	获取参数中的最小值。"x,y" 表示多个数值，而非两个数值
Math.pow(x,y)	幂函数，计算 x 的 y 次幂。x 不能为负且 y 为小数，或者 x 为 0 且 y 小于等于 0
Math.random()	随机数函数，返回一个 0~1 内的随机数
Math.sin(x)	正弦函数。x 为弧度数值
Math.sqrt(x)	平方根函数
Math.tan(x)	正切函数。x 为弧度数值